人

我
思

敢於運用你的理智

崇文學術·邏輯

穆勒名學

[英]穆勒 著

嚴復 译

长江出版传媒

崇文書局

圖書在版編目（CIP）數據
穆勒名學 /（英）穆勒著 ; 嚴復譯. -- 武漢 : 崇文書局, 2024. 9. --（崇文學術）. -- ISBN 978-7-5403-7751-9
Ⅰ. B812
中國國家版本館 CIP 數據核字第 2024AQ1450 號

穆勒名學
MULE MINGXUE

出版人 韓 敏
出 品 崇文書局人文學術編輯部
策劃人 梅文輝 (mwh902@163.com)
責任編輯 梅文輝 葉 芳
封面設計 甘淑媛
責任印製 李佳超
出版發行 長江出版傳媒 | 崇文書局
地 址 武漢市雄楚大街 268 號出版城 C 座 11 層
電 話 (027)87679712 郵 編 430070
印 刷 武漢中科興業印務有限公司
開 本 880mm×1230mm 1/32
印 張 17
字 數 280 千
版 次 2024 年 9 月第 1 版
印 次 2024 年 9 月第 1 次印刷
定 價 88.00 元
(讀者服務電話：027－87679738)

穆勒名學

(一)

穆勒 著

嚴復 譯

漢譯世界名著

穆勒名學部首目次

穆勒名學部首

引論

第一節　論開宗界說本非定論

世之言名學者。不獨其書人而殊也。即其界說已參差矣。自著書之人。所用之文字雖同。而所達之意旨多異。言庬義歧。固其所耳。如義理之學。法律之學。凡爲書者。界說之紛。與此正同。此由其學所包事義廣狹。初無定畛。故於發端之始。姑爲界說。以隱括所欲發揮講論之大意。且亦有先爲臆造界說。而後此所言。即以望文生義。此則本學所謂丐詞者也。（丐詞乃名學言理厲禁。譬如天文有文昌、老人諸星。其名本人所命。乃既命之後。而謂其星爲文明壽考諸應。此之謂丐詞。）

然此乃本學未極其精之徵驗也。夫爲書者。欲發端界說之皆同。必自其書所言之皆同始。凡物皆可爲界說。界說者。決擇一物所具之同德。以釋解其物之定名也。故必盡其物所具之德而喻於心。夫而後知決擇以爲此界。況夫一學之精深廣遠。所幷包之事理。至爲繁賾。往往爲一界說於今。及其學之擴充。則見以爲未盡。良由於散殊者或難盡窺。則不能隱括之而爲總義故也。譬如於物質之理。非博觀而明辨者。不能爲質學（俗翻化學）之界說。此所以生理之學。治化之學。其界說至今猶爲爭論之端。是知學未造夫其極者。其界說不爲定論。其學之方進而未止者。其界說亦屢變不居。而開宗明義之界說。極所能爲。不過取郛衆說。而吾今所立。亦特標其所欲討論思辨者而已。是非然否。後之人任自爲之。然而曰是非吾名學之界說則不可也。

第二節　辨邏輯之爲學爲術

案邏輯此翻名學。其名義始於希臘。爲邏各斯一根之轉。邏各斯一名兼二義。在心之意。出口之詞。皆以此名。引而申之。則爲論爲學。故今日泰西諸學。其西名多以羅支結響。羅支即邏輯也。如斐洛羅支之爲字學。唆休羅支之爲羣學。什可羅支之爲心學。拜訶羅支之爲生學是已。精而微之。則吾生最貴之一物。亦名邏各斯。（天演論下卷十三篇所謂有物渾成字曰清淨之理。即此物也。）此如佛氏所學之阿德門。基督教所稱之靈魂。老子所謂道。孟子所謂性。皆此物也。故邏各斯名義。最爲奧衍。而本學之所以稱邏輯者。以如貝根言。是學爲一切法之法。一切學之學。明其爲體之尊。爲用之廣。則變邏各斯爲邏輯以名之。學者可以知其學之精深廣大矣。邏輯最初譯本。爲固陋所及見者。有明季之名理探。乃李之藻所譯。近日稅務司譯有辨學啓蒙。曰探曰辨。皆不足與本學之深廣相副。必求其近。姑以名學譯之。蓋中文惟名字所涵。其奧衍精博與邏各斯字差相若。而學問思辨。皆所以求誠正名之事。不得舍其全而用其偏也。

俗謂名學爲思議之術。近代名學專家。（此指魏得利魏官教言牧長著名學言語學二書。）始取前說附益之。而爲界說曰。名學者。思議之學。而因以明其術者也。歐洲數百年來。科學駸駸日臻勝境。獨名學沿習陳腐。其進甚微。頗爲學人所詬病。獨是家所得。方之他人爲多。其著說風行一時。而時始知重審其界說之義。以學兼術。蓋必能析思之體。通其層累曲折之致。夫而後能遡所以然之理。而著爲所當然之法。以施於用。其義之善。較然無疑。今夫一思之用。其心境之所呈。心力之所待。與其間不可亂不可缺之秩序。使非昭晰無疑。將何所基而立致思之術。詔爲慮之方乎。故知方術既行。致知斯在。世之不待學而能者。其術必至淺耳。即有術焉。初不本於專科之學。亦以其術所本之學方多。抑非謂其無學也。蓋人事外緣。至爲繁賾。往往求一事之能行。必先盡多物之性。致衆理之知而後可。故曰不學無術也。

然則名學者。義兼夫術與學者也。乃思之學。本於學而得思之術者也。顧思之一言。自常俗觀之。若至明晳。而以科學（格致之事至於醫藥皆爲科學。名數質力四科之學也。名學雖其理有以統諸學。而自爲一科學。科學理瑩語確。故其律令最嚴。）之法律繩之。則歧義甚衆。蓋常俗所用之名。幾無一焉無歧義矣。窮一事之理。思也。致一物之情。亦思也。雖名學之事。方舍情而言理。而窮理有自同然而之獨然者。有自既然以推未然者。前思後亦思也。其混而無所專屬如此。格物內籀之事。與幾何外籀之功。其在名學。釐然兩物。而在常俗之意。無區別也。然則欲定名學之義。必先定思之義而後可。

治名學者。其所謂思。多從前義。（自同然而之獨然。）而此書所用。轉取後義。（自既然以推未然。）蓋後義較廣。而著書者宗旨不同。各適己事。非有意於叛前人也。吾此時決擇之當否。將入後而自明。第思之一言。既已多涵如此。吾寧取其兼賅彌廣之義。不必主於其一偏者也。

第三節　論名學乃求誠之學術

雖然。思之一言。尚不足以盡名學之界域也。自亞理斯大德以邏輯爲持論本原。然其爲書。持論部居第三。而解字第一。析詞第二。又有專論界說及分類諸術者。是知名學所包本爲甚廣。或謂此三四部者。乃爲持論張本。解字所以爲析詞。析詞所以爲連珠（義見後卷）。卽至界說分類諸篇。作者之意。亦以連珠法例而後爲之。連珠者。持論證理最要之器也。然則部分雖繁。要終以論思爲歸宿耳。此其言似矣。顧其中亦有專爲字詞二物而發。窮端竟委。至爲詳盡者。不必僅爲持論地也。雖晚近法國學者。纂著阿顆耶名學。亦以論思之術爲其界說。然每見世人於語言精當。部分辨晳。與凡物之秩然有序者。皆曰合於名學矣。且見人稱名學大家。及云善爲名理。與云名言名論。意皆不必專指其論思之合法也。記醜而博。機鋒警捷。排難如弄丸。釋紛如破環。不徒所聞見多也。所聞所見。皆若素部勒以聽當機之指揮因應者。皆當此稱。由是觀之。名學之界域。上本古人。中稽述作。下至常語單辭。若皆未必以論思一端盡其量者。性靈之用。思議二者之外。尙有事焉。亦爲名學之所統攝者。灼然可知也。

故若取名學而界之曰。名學者。所以討論人類心知。以之求誠之學。將可以賅心德之用。而亦不悖於古。不戾於俗矣。夫名學雖大。然舍求眞實不虛之事理無可言者。而一切名學之所有事。若名。若詞。若類。若界。與凡其學之所統治者。皆爲此一大事而起義。人之生也。非誠無以自存。非誠無以接物。而求誠之道。名學言之。夫求誠所以自爲也。而有時乎爲人。爲人奈何。設教是已。教人常以言詞。然其術非名學之所治。名學所治者。不外一己用思求誠之所當然。至於論人教人之道。則又有專術焉以分治之。此如言語術。教育術。二者皆專治之者矣。名學所論人心之能事皆自明而誠。其明其誠。皆以自爲。故雖六合之中。具有性靈之物。舍我無餘。我之能治名學自若。我之得爲名學大家自若。而名學之所討論。爲斯一人發者。猶其爲過去未來世中無數人發也。

第四節　言名學論推知不論元知

夫以名學爲求誠之學。優於以名學爲論思之學矣。顧後之病於過寬。猶前之病於過狹也。誠者非他。眞實無妄之知是已。人之得是知也。有二道焉。有徑而知者。有紆而知者。徑而知者。謂之元知。謂之覺性。紆而知者。謂之推知。謂之證悟。故元知爲智慧之本始。一切知識。皆由此推。聞一言而斷其爲誠妄。考一事而分其爲虛實。能此者。正賴有元知爲之首基。有覺性爲之根據。設其無此。則事理無從以推。而吾人智識之事廢矣。

誠之以覺性通者。如四體之所觸。中心之所感。譬如昔者之哀樂。今日之飽飢。凡此皆己之所獨知。徑知者。初無待他物他事。推證而後悟其然也。其待推證而知者。大抵境不相同。如言南極火山。北溟冰海。抑時不相接。如史冊所紀載。他如數學中問題證論之事。故境與時異者。則以左驗陳迹推之。其數理奧殫。則據公論界說。與夫一題之與數求之幾何算術。皆此物也。總之凡心知可通之物。不此則彼。非其推知。即其元知。非覺性所本具。即由覺性而遞推者耳。

人具覺性。而知識從之推演。此其端有幾。與其所以異於後起之智慧為何。其省察之方何若。其識別之事何居。凡此皆名學所不事者。以其為最初不二之物。非言語文字所可析。亦以其為他學所專論。非名學之所兼治。

凡知之原於覺性者。即知即誠。絕無疑義。亦無轉語。如一人所見所覺。無論接以官骸。抑或由於心知。誠見誠覺。不待更問。故不假文字言說。勘其誠妄。無文字言說矣。於名學復何所事之有。

然所不可不謹者。世人常即推知以為元知。往往一事一理。其人得之本由推較。第久習之餘。其推較至速。瞬息即辨。有若元知。其實否也。此如一事。久為異宗智學家所論定者。則觀物一事是已。人眼見物。遠近之差。淺者恆謂本於元知。不知眼之所見。止於色幕深淺。初無遠近之數。呈於眼界。當云見遠見近之頃。其所見者。實物形大小。色分深淺。其由此而分別遠近。正由推較。其推較之術。由眼簾瞳孔之縱縮有異。由已知遠近之物。形色不同。然後本所已知。推之當境。特自有生以還。操之甚熟。其推較若無推較者。

而人遂曰元知。不知方其孩稺之初。此事固由學而成。閱歷而得。且須年久。其事益精。以其益精。知非見性。故觀物之頃。所謂元知。止於形色。至於遠近虛實。則皆待推而知。推知可妄。故名學言之。元知無妄。故名學不言。

案穆勒氏舉此。其恉在誡人勿以推知爲元知。此事最關誠妄。今請更舉世俗易誤之事。以備學者參觀。如朝日初出。晚日將入。其時眞日皆在地平之下。人眼所見。特蒙氣所映發之光景耳。人謂見日。此無異以鏡花水月爲眞花眞月也。又眼爲腦氣所統。而眼簾受病者。往往著影不磨。遇感輒現。而人以眼簾所呈。拓之於外。遂謂當境實見種種異物。不知所見者乃眼簾中影。彷彿外物。非若平時外物形色。收之眼簾也。自不知此理。而世人目能見物者。遂以日多。而一切妖妄之說興矣。

是故欲究心知之用。自明而誠之理。莫切於先區何者爲元知。何者爲推知。顧其事不屬於名學。而他科之學言之。心學之書。必有專篇明人心之知。何者爲覺性所本有。何者由於外鑠。待閱歷學問而後明。即若古今聚訟之端。如物質之眞幻。神道之有無。與夫神質二者之終爲同異。宇宙二物（謂無限之空與不盡之時。）爲心中之意。抑心外之端。空之與物。時之與變。是一是二。皆其所深窮而詳辨者。至於名學。無取更爲覆論。但三占從二。以神質爲眞實。謂空時爲不幻可耳。然其物皆不二而最初。無由推證。其所以然。但知其爲覺性所同具而已。餘若意。（西名恭什布脫。）若覺。（西名悲爾什布脫。）若識。（去聲。訓記。西名孟摩利。）若信。（讀如篤信之信西名比栗甫。）皆求誠時心知之用。而爲心學所必言。名學雖據之發端。而其物之爲覺性元知。抑可更析他端。進求本始。所不問也。其他哲學疑義。人心感情通理之機。何者爲本然。何者爲後起。帝天之凜。同類之仁。果有良知良能。不待學而具者耶。抑繼性成善。自明而誠者耶。皆當訪諸他科。而非本學之所有事者矣。

故名學所講。在於推知。謂其學爲求誠之學。固也。顧其所重。尤專在求。據已知以推未知。徵既然以覘未然。其已知既然。爲公例可也。（此爲外籀術。）爲散著可也。（此爲內籀術。）名學所辨論。非所信者也。在所據所徵以爲信者。蓋信一理一言者。必不徒信也。必有其所以信者。此所以信者。正名學所精考微驗。而不敢苟者也。告吾以所以信者。吾能決其所信之當否。使其人信一理一言。而無所以信者之可言。雖有名學。末如之何也已。（元知、覺性。皆所信而無所以信之可言者。下愚之人亦有所信而無所以信之可言者。莫須有、黠稽是已。）

第五節　論名學所以統諸學之理

自人心莫不有知。而所知者。元知少而推知多。故名學之所統治者。不獨諸科學已也。即至日用常行之事。何一爲名學之所不關乎。大之此心之公理。小之至一物一事之然否。皆推證參伍而後可知者也。故推證參伍者。生人之一大事也。無日無時。無一息之頃。能無所推。苟非耳目之所親。官骸之所接。皆必參伍焉。而後心知其虛實。此不必學問藝術之事而後然也。處於人羣。生有執業。不如此其業不治。所處不安。治人之官司。御兵之將帥。爲舟師。爲醫者。爲農爲工。爲商。一言蔽之。皆察當前之符驗。而知其所當行已耳。凡皆測虛實。審情僞。而行其方。是方也。其所自爲可也。其他人之所立。守而用之可也。爲此而善。其業亦善。而其生休。爲此而不善。其業亦不善。而其生病焉。故推證者。人心不可離之用也。推證不徒名學之事也。致知之事。莫能外之。

雖然。名學與致知異。謂名學之所治。與致知同其廣遠可也。謂致知之事。即名學之事。不可也。致知者。執役者也。而名學者。聽斷者也。名學非能求左驗也。左驗具。而名學定可用不可用焉。名學非能實測也。非能造端也。非能探索也。其職在聽斷。執醫之業。問名學曰。慕蹶之候云何。名學不置對也。彼欲求此。必資之一己之實測。與平生之閱歷者。抑他人之實測閱歷。而垂諸簡策者。而是實測閱歷者。有當有否。則名學能以片言決之矣。察其案以論其治法。審治法以驗其方藥。是眞名學事也。是故名學不與人以證。而能教人何物之足證。與如何以決其證之是非。不言某事之證爲某。而言以何因緣。此可證彼。若夫求一事之左驗實測造端之功。則致知之事。科學之所分治。名學雖欲爲之。有不暇矣。故貝根曰。名學者。學學也。凡學必有所據。謂之原。（西名棣達。此言所與常俗曰案。）由所據而得所求。謂之委。又必有其所憑者以爲證。與其所證之理以爲符。名學者。詳審於原委之際。證符之間。則範之公例大法焉而已矣。使是二者之相屬。誠有不容疑不可倍之公例大法。行於其中。則凡一切分科之學。析理之書。與斯人之一言一行。與是例是法不可不合。不合則失誠而爲妄。而委與符皆違事實矣。故斯人種智。舍夫元知而外。其餘之尋原竟委。發證合符。無閒先知其例法而求合。抑玄契例法而不自知。但使其理誠眞。其言誠信。則其與名學所著而列之者。斷斷乎其必合也。

第六節　考名學之利用於何而見

由是而名學之全體明。亦由是而名學之大用見矣。夫物物爭存。而存者必有其所以存。使名學常存不廢。則名學之爲利用可知。苟推知之事。欲其无妄。則無閒先知後行。抑先行後知。其合於名學之法例一也。然而通理責合者。易无妄乎。抑偶得闇合者。易无妄乎。此又不假深辨而自明矣。世固有不知名學。而著書談道。冥契玄符者矣。卽科學之殊。亦有不深名學。而所得爲不少者。人類先名學而出者。不知幾何世。使不通名學。而所思輒誤。則人事一日無盡利之推行。卽本學且無由爲緣起。故謂必通名學而後能思者。無異言必審養生。而後知飲食。先有韜鈐。而後有兵戰也。是以不待奈端動例之興。而世有營造矣。不待歌白尼日宗之說。而世有律歷矣。然而三例未與營造之能。固有止境。八星未喻律歷之制。方滋積差。是知名學未昌。格物窮理之家。其所能爲必儉也。卽有一二先覺之士。將聖之資。可無待於名學。而熙攘之衆。中才爲多。欲使由之而知其道。免其妄而進於誠。是非析其理而著其法焉。斯無望已。且名學與格物窮理有相需之用。亦有相益之形也。故每聞科學釋一難題。進一勝境。則名學之業。亦有增高。而今日尙有二三科學。功苦道悠。未臻美善。不徒所得甚微。而是甚微者。尙非可據。則政以人類才力之微譾。所治於名學者未深。乏利器以善其事耳。然則詎非以其學爲道高用寡。不必亟講也哉。

第七節　標明本學界說

是故名學者。論人心知識之用於推知者也。自本已知以求未知之塗術。至於旁通發揮。凡以佐致知之功者。皆名學之所有事者也。故其所論。莫先於名。名者言語文字也。言語文字。思之器也。以之窮理。以之喻人。莫能外焉。於是乎有界說之用。亦於是乎有分類之學。蓋得此而後吾心日積之理。有以見其會通。有以施其綱紀。可默識而不至於遺忘。且部勒徽別之。以爲他日更窮新理之用。故界說明而分類精者。不可瑩以疑似之說。何則。彼所以推驗之者有其具也。凡此皆推知之功用。證論之器資。而卽爲名學所界域而統治者。至於上追心本。求人心之原行。若覺性念思之屬。雖事爲首基。而名學可資其用。而不必議。蓋其物不二。而無關於參伍錯綜之功故也。

是以名學正務。在取窮理致知之心術而分析之。以觀其變。與夫心之餘能。凡所以輔窮理致知之用者。於是知其層累曲折矣。則范之爲大法公例焉。以勘他日所據之以爲證驗者之當否。所由之以得事實者之圓滿也。

雖然。分析心術。以求其層累曲折之致矣。非曰分之至精。析之至微。至於不二之心德。所謂人心之原行者而後止也。吾名學之事。故無事此。今夫析一事物之變。以求其層累曲折者。與考一事理之實而具其左證符驗者不同。考一事理之實者。由甲知乙。由乙知丙。如是遞推。至於知癸。其事相承。不可一缺。設有缺者。諸證墜地。而析一事物之變者。行遠自邇。登高自卑。每進一解。皆爲至寶。不必後此之果能賡續也。此如質學。以今能事所得原行。至五六十。就令他日術精。知今原行。皆爲合質。而前者所得。要爲丕基。不可廢棄。蓋是五六十者。雖非眞實原行。而世間物質。皆所化合。而質學今茲所明。皆眞非妄故耳。今名學所分析。而據之以爲發論之基者。義正同此。

故此書所分析心術。而求其層累曲折之致者。至所以爲窮理致知之用而止。言其推知。置其元知。蓋名學者。其用主於別是非辨誠僞也。夫苟能是。何多求焉。吾聞訾謷名學者曰。人之用其筋肋手足也。不必知其經首之會而後能也。此得其一而遺其一之說也。向使一肋受傷。而肢體爲之偏廢。欲爲治療。非深明於其經首之會者。必不能也。故聞詖遁之辭。而欲辨其生心害政之所以然者。非於人心之用。達其幽隱離合之變者。或不能也。雖然。其事固有所底也。使達其幽隱離合之變。而足以變其生心害政之所以然矣。沿不知止。過於所以爲知言之用者。斯眞無解於訾謷者之言矣。故曰。彼遺其一而得其一也。名學者。求誠之學也。亦知言之學也。故其析心術也。猶治樂者之審音也。知六律之清濁合散。明隔八之相生。足其事矣。至於察音浪之短長。考震蕩之度數。則音學之事。而非合樂者之所要圖矣。哈德禮。李一德。洛克。汗特。之數公者。皆兼精於名理二學者也。顧其所異同。皆在於理學。而一入名學之域。則匪所紛爭焉。不佞所以嚴名理二學之界者。正以爲吾名學之精確不易故耳。（理學其西文本名謂之出形氣學。與格物諸形氣學爲對。故亦繙神學、智學、愛智學。日本人謂之哲學。顧晚近科學獨有愛智以名其全。而切性靈之學則歸於心學。哲學之名似尚未安也。）

然而名學固無待於理學。而理學欲無待於名學。則不能也。蓋理學之無待於名學者。惟其言覺性元知。事取內觀。辨證道斷者耳。自此以降。但有原委之可言。證符之足論。則必質成於名學。而一聽名學之取裁焉。由是觀之。則名學之視理學。猶其視他諸學矣。不能以一日之長讓理學。亦不得謂名學於理學近。而於他學遠也。故名學之不可混於理學。猶其學之不可混於他學。理學與他學容有未定之疑義也。名學以無疑。決他學之有疑。不容有疑義也。是書所標之名理。所舉之義言。無一非論定者。則不佞所能自信者也。

穆勒名學部甲目次

篇二　論可名之物……三二

穆勒名學部（甲）

篇一　論名學必以分析語言爲始事（凡及語言皆兼文字）

第一節　論名之不可苟

言名學者。深淺精粗雖殊。要皆以正名爲始事。名家謂名曰端（其說見後。）端有分類。今之所爲。從常法耳。其所以然之故。無俟深明也。夫講名學者。將以爲致思之術。而語言者。思之大器。使其器不具不精。抑用之而不得其術。其事將有紛淆牴滯之憂。而所得有不可深信者矣。故使人於心聲心畫之事。習爲潦倒不精。而於名言也。苟然而已。以如是之心習而爲窮理致知之功。將無異於疇人子弟。持管窺天。而不知伸縮裁量。使光度之合於其目也。

自夫窮理致知。爲名學之本業。而無閒在心以意。在口以詞。皆必有文字語言爲之用。使其人於世閒之名物。既然不達其義。苟而用之。則其所窮之理。所致之知。大抵皆誤。有必然者。是故言名學者以謂欲治其學。非於發軔之始。先去其叢過之端。則雖有至精之術。至嚴之例。將無所託始。而皆爲無益之學矣。夫具察遠顯微之鏡者。將以驗物也。乃今用之。而物形皆失其眞。則爲之師者。非先教之用鏡之方。取其相合而有助於目力者。又烏從以施其循誘逐節之教乎。此名學始教。所以莫不先治語言。而求祛其蔽也。不寧惟是。夫名學者知言之學也。言必有名。使於名之義蘊昧然。則無以察言。而知言學廢。故正名之事不僅以敕過已也。欲知言。先正名。其事有不容已者。

且名學之事。吾於引論既言之矣。凡以迹推知之所由來。理有有徵而不容疑。有無徵而不可信。吾心疑信之用。當以何者爲指南。使由之而不惑乎。事理之呈於吾前。其以覺性官骸接者。不待再驗矣。降此乃有別。別之奈何。論其證據是已。名學所以審鞫證據者也。顧欲言審鞫之方。必先察所審鞫之物。徒名不足以與此也。故正名而外。莫重於析詞。夫事固有其可思。而亦有其不可思。理固有其可窮。而亦有雖窮而不至者。凡此皆必待詞晰而後可言也。

第二節　論析詞第一層工夫

無論設何等問題。其對答之言。必成一詞。或一有謂之句法而後可。蓋非一詞。非一有謂之句法。則是非然否無由施。而可信不可信之異。亦無由見。故誠妄之理。必詞定而後可分。所謂誠者非他。言與事合者也。所謂妄者非他。言與事爽者也。取一切之言。而考其義蘊同異者。實無異考天下凡可設之問題。與凡可以是非然否者耳。夫曰天下可設之問題有幾。曰可下之斷語幾何。曰斯人所稱之詞。其有謂者凡幾類。此特一事而所從言之者異耳。自天下疑信之理。可論之事。莫不以言為之。故但取諸種之詞。而考其義蘊之同異。斯古今所設之問題。與其所信之理。皆可由此而得其所以然也。

請試即最簡極易之詞而先觀之。將見詞者。聯二名執兩端而成者也。試為詞之界說曰。詞者何。執兩端而離合之者也。兩端猶二名也。可以喻矣。今云地為圓物。此乃執地與圓物兩端而合之者也。如云耶穌不生於歐洲。耶穌一端也。生於歐洲者。又一端也。此一詞。乃執二者而離之也。

是故凡詞必具三物。詞主一也。所謂二也。綴系三也。（詞主一曰句主。如前文地與耶穌。皆句主也。圓物及生於歐洲。則所謂之名也。而綴系則為與不也。名少者一字。多者無數字。綴系非名。而有正有負。有見有隱。如前文為字正系也。不字負系也。正系為字而外。如曰、如是、如乃、如爰、皆常用者。行文句法隱系多。而見系少。）詞主言者意之所屬。有離合之可言者也。所謂者。所離所合之物。若德也。而離合之實則於綴系見之。

今置綴系以爲後論。則將見言雖至簡。必有二名。特離合之情不同而已。且是二名者。常居一詞之首尾。此自古名家。稱名曰端之所由來也。析詞見物。其事如此。人聞一語。而欲致其然否之情。一名不足。必聞二名而後可。爲疑爲信。必意存兩物而後能。物者何。可名之物也。近世理家。多舍物而言意。彼曰言者離合二意之所成也。又曰詞主所謂二者皆意之名。而無與於物。以一意合諸他意。如地與圓然之事也。以一意離諸他意。如耶穌與生歐洲者否之事也。夫謂名爲物之名。抑意之名。二者孰是孰非。初學之人。尙不足以與此。則姑置勿論可也。今但云必遇兩物。而後有然否是非之可論。此兩物者。形下之物可也。形上之物可也。非二其在心。不能成分別見。非二其在口。不能成詞。一物止於可念。二物而後可思。一物止於可名。二物而後可議。此不易之定理也。

設吾今而皦然曰日。此其所皦然者。固不得謂之無所念。而人之聞吾聲者。亦皆知吾意之所屬也。使吾少焉而叩聞者曰。吾所云是耶非耶。吾子亦信之否耶。彼必茫然不知所以置對也。何則。一名不足與於然否信不信也。乃今吾將於日而有所謂。且擇其最簡之所謂而云之。曰日在。當此之時。設從旁人而叩之。彼將曰然。其可以然者何。云日者一名。云日在者二名故也。二名云何。日一而凡在之物又其一也。或者曰。但云日。則日固在矣。何必更云在耶。曰。是不然。日而不在。固可思議之一事也。僅云日。日之不必在。猶僅云吾父。吾父之不必在也，猶僅云有角圓形。有角圓形之不必在。且無所在也。故使吾僅云日。僅云吾父。僅云有角圓形。則吾詞爲未畢。世無人焉能然否之也。能誠妄之也。必曰日在。吾父在。有角圓形在。夫而後世之人於其一則然而信之矣。於其次則或然或否。或信或不信之矣。於其終乃咸曰否。而莫之能信也。

第三節　論欲觀物宜先審名

夫成詞而後有是非。詞而析之。其先見者如右。此其義雖至淺。而所關甚鉅。顧詞之可論者衆矣。其先及此者。以其理不待既詳名類。而已可言也。今者欲益進而論詞。則將見欲曉夫詞之義者。非進明夫名之義不能也。詞必有兩端。推其一名。以離合於一名者也。人方爲是詞也。口其名而心其物。必物有所以離合者。而後於其名而離合之。是故欲究乎詞之義。必更審夫名之義。且取夫名與物之相待者。豫考而微論之而後可。

或曰。既云物有離合而後名有離合矣。且究詞必先審名。而審名自知物始。則曷先觀物之爲得理乎。夫名之無實久矣。故窮理而徒於名求之。最其所得。將不過昔人立爲是名者之旨。名學之所求者。物之誠也。非昔人之旨也。故其名而求之。不若卽物以求者之易得眞也。此其陳義甚高。第欲從其言。豈惟吾難之。將天下莫有能者。果用其術。必盡棄前人之功。而謂窮理盡性之事。自是人始而後可。今試問一人所知於萬物者。舍其所受諸人存者幾何。卽若人能卽物窮理矣。而所得又甚多矣。顧曰是一人之所得。過於古今人類之所共得者。彼之得者皆實。而人類之所先得共得者。誠妄方不可知。有是理乎。

用一人之心思耳目。而各審夫物。其所稱舉而別屬者。必囿於其心思耳目之界域無疑也。而後之人欲知其事之當否。所爲之詳略。又必卽其所立之名而求之。則何若起事於名。由名審物之爲徑乎。名之存而傳者。非一人心思耳目之所得也。乃無數人心思耳目之所得也。非不知人類之於名也。固亦有稱舉其無所稱舉。而別屬其無事別屬者。而此又非初學之所敢議也。故名學之始基。必卽名以起事。迨學進而有以見古人之失。然後匡之。彼先立虛義。以轄軛天下之實物。而後乃徐審其立義之當否者。此其塗術。繩以名學之義。固先有其不合者矣。奈之何其從之也。

篇二　論名

第一節　論名乃物之名非意之名

名家郝伯斯。嘗爲名之界說曰。名者。徽識也。以一字或數字爲之。用以起吾心舊有之意於己。亦以宣吾心今有之意於人者也。此其界簡易明白。吾無間然。雖名之能事。實不止起意於己。示意於人。顧皆由此二者而生。此吾於他日所當更詳者也。

精而論之。名物之名乎。抑意之名乎。自古今之公言常法觀之。則名者固物名也。而理家或以爲未盡。則以名爲意之名。謂由物起意。由意得名。其爲分雖微。而於名理之所係至重。郝伯斯睿於名理者也。察其意。亦以後說爲當。故其說曰。方言之頃。言者所用之名。皆以名其意。而非以名其意所由起之物。蓋方吾言石。其以石之音。而得爲塊然一物之徽識者。以人聞是音。知吾之意方在石也。聞名而知吾意。則名固意名也。

然而有辨。夫謂方吾言石。其吾心之所存。與所嘑而起於聞者之心者。乃石之意而非石。此其說固無可議。顧吾終從常說。而以名爲物名者。亦自有說。如云日。是固天上之日之名。而非吾意中之日之名。蓋名之於言也。非但使聞吾言者意吾意也。夫固將有所謂。而蘄其吾信也。信者信其事而非信其意也。設吾曰日者。所以爲旦也。此非曰以吾日意。起旦之意也。夫固曰有天象焉。曰日行者。（自注。此而析之至微。將爲覺性而非意境。）以是爲因而有旦晝之變現也。吾爲前言。固以白其事實耳。則以名名物。爲徑爲實。而以名名意。爲迂爲虛。此吾是書所用之名。所以終從常說以爲物名。不從理家之說以爲意名也。

然而名者固以名物矣。其所名者果何物歟。將爲此答。則宜列諸類之名。以詳論之。

第二節　有不爲名之字必與他字合而後成名

欲取諸種之名。區以別之。須先知言語文字中。有其不爲名。而必合之而後成名者。如之。如其。至一切文律所謂區別字。如佳花之佳字。跋來之跋字。吾子之吾字。凡此皆不能獨指爲名。而加以所謂者也。設有曰佳。難常佳。獨立。之好我。其孔莊。則於言爲不詞。而曰佳美也之爲語助。其爲指屬之字。此則訓釋之詞。卽字爲名。原無不詞之誚。至於常語。則必曰佳景難常。佳人獨立。之子好我。其容孔莊。夫而後詞完義備耳。

案西字區爲八類。一曰名物。二曰動作。三曰區別。四曰形況。五曰代名。六曰綴句。七曰綴名。八曰嗟歎。名物。如天地山川是也。動作。如愛惡歌哭是也。區別。如方圓美醜所以別名物者也。形況。如勃然、莞爾、頎然、黝然。凡以寫動作之不同。抑區別之殊等者也。代名者。我爾彼汝是已。綴句如然而。如且。如爾迺。如抑。如雖然。如第。綴名如之。如與。如若。如及。嗟歎若嗚呼。若猗歟。若唉。若叱嗟。此其大略也。而中文則宜增語助一類。焉哉乎也。爲西文之所無者。但西文用字母以切音成字。是以八類之字。易於爲別。中文以六書制字。形意事聲爲經。假借轉注爲緯。字形既立。不容增損。故變之以聲。在古有長短緩急之讀。迨四聲用。而有讀破之法。本緩者急之。本仄者平之。凡以爲虛實異用之別而已。故西文不可爲名之字。五尺之豪。有以知之。而中文則名非名之間。非達於文理者不能辨也。能文字者。正在用虛爲實。用實爲虛之事。故同一字也。在此爲名物。在彼爲動作。爲區別。爲形況。在讀者自得之耳。其用散見於小學諸書。無專書言文律也。

名物居一詞之兩端。故詞主與所謂皆名物。此常道也。而有時區別之字。可以爲所謂。如云雪白。是以區別字爲所謂也。(雪白句。其綴系字隱。若顯之則云雪乃白。中文綴系隱者最多。與西文異。)且有時可爲詞主。如云白爲本色是已。凡區別字如是用者。其在文律。謂曰文欘。文欘者。如欘員然。形削而意在也。若全言之。當云雪爲白物。今但云雪白。意已具矣。（中文文欘最多。故分類析義。非通人不能。）希臘羅馬二國文字最精。其區別字。爲詞主。爲所謂皆通。而吾英語言。固有時而不能用。如云地員可也。第若云員則易轉。於英文爲失律。當云員體易轉。始合法也。（員則易轉。中文正通。可知震旦文字。文欘之用最多。）雖然。此皆文律之事。無關名學宏旨。自名學言之。則區別之字。既有所別。斯有其物。則謂名物區別二類之字。皆名可也。名物區別代名三類而外。無有能爲詞主與所謂者。非有所傅合。皆不能自爲名。凡字不能自爲名者。希臘名家謂之沁加特歌勒馬的。此云合謂。蓋待合而後有謂也。其可居一詞之兩端而爲詞主所謂者。謂之加特歌勒馬的。此云謂。其字本有所謂也。聚二類之字而成一名者。有時謂之雜端。如此立名。本爲蛇足。本學之事。但取其爲一名而已。雜否固不論也。

其用字雖多。而所指但一。此自一物之名。不能爲二。如云。其地以古先哲人之區畫而爲後王之所都者。此名用字雖多。萃有謂合謂二屬以爲之。然自名家觀之。一物而已。指一地而已。凡別一名衆名之法。在取其名其加以所謂。則試觀爲一事乎。爲二事乎。斯名之爲一爲二可知。如前名云。其地以古先哲人之區畫而爲後王之所都者今廢矣。此固一事也。則不能爲二名。又如云。倫敦令尹諾基約翰茲晨化去。此亦一事。則倫敦令尹與諸基約翰不能爲兩名。雖緣此詞。人知諸基嘗爲倫敦之令尹顧早爲其名之所涵。不因云化去而後知其然也。第云倫敦令尹與諸基約翰云云。則云化去知爲兩事。故二名耳。右之所明。皆至淺之義。稍知文律文理者。莫不知之。固無取於贅論。則請繼此而言以義分名之事。

第三節　論有公名有專名

凡名必有所名之物。物或實或虛。無論已。顧物物不必皆有專名。物之貴者。與別之而後事便者。乃有專名。此於人約翰。路嘉。毛嬙。西施。是已。於地如倫敦。柏林。泰山。黃河。是已。於畜宋鵲。韓盧。獅子花。玉鼻騂。是已。其他雖言語所常道。固無取而一一專名之。而意有所屬。乃加以區別之字。如言此日。如言穀城山下黃石。雖乃之其字爲他日他石所同用。而當爲言之頃。固專指一日一石。而非餘日餘石所得混也。由是而公名生焉。公名者。類同德無數物之名也。物有公名。非僅以濟語言之窮而已。夫語言固公名之一事。顧公名之用不止此。必公名立而後有通謂之詞。而後可以離合一德於無窮之同物。而民智乃以日充也。是故物有專名有公名者。自有言語以來。其事已起。而爲名物至大之分殊也。

故公名界說曰。用其名而有以謂無窮之物者。曰公名。而用其名其所謂止於一物者。曰專名。譬如人。公名也。設吾於人而有所謂。則吾所謂者。統約翰。佐芝。妥瑪。馬理。至於前古後世無窮之衆而通言之。無所揚抑輕重者。蓋物之克膺是名而爲人者。固有同具之形德。今吾一言謂之。是同德者莫或外也。設吾曰后稷。則所云者止於棄之一身而止矣。雖古之爲稷者不止棄。而吾之所言。意專指棄。非取古中國稷官而通謂之也。設吾又曰。中國三代以降享國最久之人君。此其名用字雖衆。亦一人也。設有所謂。亦謂此一人而已。或又爲公名界說曰。公名者。通一類之名也。此雖可用。然不若前界之善。何以故。界說律令。不得以義深界義淺者。公名與類。二義深淺。尚未可知。自我觀之。類義爲深。公名義淺。與其以類界公名。不若以公名界類。類者何。統無數之物。而共一公名者也。乃合律令也。專名之對爲公名。然公名又與總名異。人於公名而有所謂。其所謂者。加於同名之物。總名不然。設有所謂。謂其總者。不謂其散者。如曰英國第七十六隊步軍。此總名也。如曰中國翰林院。此又總名也。苟於斯二者而有所謂。必謂其全軍全署。如一物然。如曰英國第七十六隊步軍最健戰。此固謂其一軍。非必曰隊中之卒。如約翰如雅各如威廉等。人人皆健戰也。如曰中國翰林院在京師。此亦謂其一署之僚。非曰如某如某乃在京師也。且總名者。自其內之合而成之者言之爲總名。如會。如軍。如鄉。如黨。自其外之離立者言之。又爲公名。何則。天下固不止一會一軍一鄉一黨也。

第四節　言名有𢆉察之別

其次。名之分殊。莫要於𢆉察。察名何。所以名物也。𢆉名何。所以名物之德也。如約翰。如海。如几。皆物之名也。以其昭著故曰察。如智。如義。如壽考。如凶短折。皆德之名也。以其附於物而後見。又可離其物而爲言。故曰𢆉。（中文之義。𢆉者懸也。意離於物。若孤懸然。故以取譯。）名或可𢆉可察。視其用之如何。若白。前云雪白。其白爲察名。此猶言雪爲白物。凡白物之名也。今設云白馬之白。前白爲區別字。合馬而成察名。後白言色。謂物之德。則爲𢆉名。不可混也。人。察名也。仁。𢆉名也。人之德也。老。察名也。而考爲𢆉名。前謂物。後謂德也。

案𢆉察之名。於中文最難辨。而在西文固無難。其形音皆變故也。如察名之白。英語淮脫也。𢆉名之白。英語淮脫業斯也。獨中文𢆉察用雖不同。而字則無異。讀者必合其位與義而審之。而後可得。西文有一察名。大抵皆有一𢆉名爲配。中文亦然。如周易八卦。乾健坤順云云。皆指物德。皆妙衆物而爲言者也。系西文曰阿布斯脫拉脫。此言提。猶燒藥而提其精者然。

以𢆉察中文之無所分別。譯事至此幾窮。故稍變本文爲之。期於共喻其理已耳。

名有玄察之分。自希臘諸理家始。希臘諸公談理。雖未必皆臻勝境。顧設立名義。則往往見極。後有更易。觸處成病。卽如所謂糸名本名物德。乃洛克（英理學家）以謂一公名之立。實皆妙衆物以爲之。遂徧稱公名爲玄名。而置物德於無所名。物德而無所名。名學幾無由以發論。今者此書。寧復希臘之舊。而洛克。康智諸家之說。不敢從也。

或曰。名有公專之分矣。又有玄察之異。則所謂玄名者。爲公名乎。抑專名乎。曰玄名有專者。有公者。蓋有一玄而統衆德。則其名爲公。此如德之本名。所名不一德也。仁義忠信是已。又如色。不一色也。青赤黑黃是已。他如塵。如根。皆如類已。顧亦有專爲一德之名者。如可見之德。可觸之德。如平。如方。此皆不二。則皆專名而已。要之於玄名而論公專。固不若別存玄名。而不以公專論之爲善也。

難者曰。不獨玄名所以名物德。而有時區別之字加於名物之前者。亦所以名德也。而子分前之名德者爲玄名矣。又謂後之名德者爲察名。此何說耶。吾不聞白牛之白。前白之言色。異於後白之言色也。顧前察而後玄者。其義何居。曰是不然。欲知同名而異用。必從所謂而後見之。如今云雪白。乳白。絮白者。固非謂雪乳絮三者之爲色也。謂三者之具是色耳。至云白雪之白。吾所謂者。固在色而非在雪也。故知言雪白乳白絮白者。其白爲凡白者之物名。故曰察。而云白雪之白者。其白爲色名。色物德也。故稱玄。非不知物之有是名者。由其有是德也。然此可謂名因德起。不可合德物二者而一之。如謂有仁之德而後爲人。然心人與仁而一之。固不可耳。此其理觀於下節分名之事而自明矣。

第五節　論名有涵義有不涵義

名之以義區者曰涵不涵。此爲第三分類。乃名物一最要區別。而關於文字語言之全體者也。何謂不涵之名。其名專名一物。或專指一德義盡於名。則皆無所涵者。其命一名而義涵一德。或不止一德者。則所謂有涵之名耳。不涵之名。如約翰。如倫敦。如英倫。此專名一物而無涵義者也。如白。（白牛第白白二之字。）如長。（如云一節之長長字。）如善。（如云繼之者善也善字。）此專名一德而無涵義者也。是以皆爲不涵。而白。（如言其白如荼白字。）長。（如言寸有所長長字。）善。（如言性本善善字。）又皆有涵之名。何以故。蓋三者皆物之名。命其物而涵其義。如白以命白物矣。（如雪。如素。如海沫。）而涵白之德。方其言時。所謂在物。而所涵在義。吾今曰善。此其名實舉古今無數善人。自蘇格拉第。郝務得等。至於無窮之善人。而一命之。而此無數人所以能膺是號者。以有善德之故。必有是德。而後統於是名。無是德者。所不統也。

是故凡公名而察者。皆爲有涵。如曰人。公名亦察名也。其所命之物。如彼得。如約翰。如馬理。至於無窮。凡已古未古之男若女。皆統於此名者也。然是無窮之物。其所由統於是名者。則以具同德之故。其同德惟何。取其顯者而數之。則具體一也。含生二也。秉彝三也。所同有之外形四也。兩間之物。合於此四德者。皆命爲人。使有物焉。有其一而亡其三。有其二而亡其二。甚至有其三而亡其一。將皆不得冒於此名。蓋僅具體。則土石非人也。僅具體而含生。則草木非人也。卽具體含生而有秉彝之性矣。獨其外形大異。則若古所謂四靈之畜。猶之不得稱人也。今設於非洲奧區得一物焉。其聰明思理。與人正等。獨其形似象。吾恐俗將曰此靈象耳。不曰人也。往有詞家瑞茀德者。撰小說言馬國焉。有倫理政教。名曰彙寧牡。不稱人也。又使物類之中。具人之三德。而獨少秉彝之性。思慮道絕。使果有之。世亦將肇錫之以新名。未必遂混爾以人稱也。（自注云。吾於此若有疑詞者。其說見後。）由是人之爲名。涵前者之諸德。而命物之涵此德者。其所命者。物而非德。其所涵者。德而非物。德自有名故也。故公名而察者。命物而涵德。所命者見其名之廣狹。所函者見其名之淺深。廣狹者謂之外幟。深淺者謂之內弸。

有涵之名。亦曰定稱之名。蓋其物之稱。定於所涵之德故也。雪絮之所以稱白物。以有白之德。彼得。雅各。威尼。稱人。以其具人之德也。名由德定。必有同德。而後有同稱。

名之公而察者。皆有涵固矣。乃至玄名。本以稱德。亦有時乎有涵。以德又有德。命者一德而涵者又一德故也。此如弊字凶德之名也。弊不一弊。則其所命者廣而涵害義。未有無害而可名弊者也。譬如今言馬之行遲。是爲一弊。此不必便爲凶德。但馬而有此。不便主人。或致害事。故稱弊耳。弊爲玄名。而涵害德。然則玄名亦有所涵。以爲其內弸者矣。

公名有涵。具如前論。獨至專名。實皆無涵。蓋專名之立。理同徽識。取便指呼。施諸言論。不必命名皆有義也。今如有人命其子爲保羅。抑呼其犬爲凱徹。凡此之名。皆同徽識。初無有義居於其間。固知人物立名。多緣事義。但名以義立。既立之後。常與義分。今如西俗。父子不妨同稱。則人名約翰。或以父名約翰而爾。又如地名汾陰。以居汾水以南之故。假使此爲定義。則凡名約翰。其父當必同稱。而不爾也。即汾陰之名。亦不常涵前義。何則。假使忽逢地震。陵谷變遷。汾水遠移數百里外。汾陰之名。未必遂改。由此可知其名與事。兩非相傅。假其相傅。其事既變。厥名必更。以其不更。故不相屬。名事不屬。故知無涵。

夫專名不涵固矣。然亦有專名而涵者。蓋人取專物而命之以名。所以便於舉似。聞者得其聲而不知其義。凡此皆不涵者也。然亦有由名得義之專名。物雖止一。而德著於斯。則非不涵者矣。此如云日。日止一耳。又如奉一神之教者之云神。神亦一也。然必云二者之名。乃專非公。亦視其爲說何如耳。諦而論之。即謂日與神皆公名可也。嘗聞古者數日並出矣。疇人子弟亦謂恆星皆日。能自發光矣。然則日公名也。員輿之上。信多神之教者。居人類大半。則神又公名也。公名而察。故皆有涵。可勿具論。第吾今所欲辨。尙有眞專名而涵者。如此之名。專卽其所涵之一德。如云某公之獨子。又如云羅馬之始皇帝。又有其名所涵之德。卽其定名之事。其理必不可二。如云蘇格拉第之父。又有其事但爲一物之所能有者。如云撰著伊黨遏德之人（伊黨遏德希臘古詩作者名鄂謨爾）又如云弑顯理括特者。雖著書弑君。有時不皆出於一手。然英文之律。凡以底字定名。皆有專指。（西文名物既有衆獨之別。而又有定名之區別字。故不能誤）有時雖無定名專指之字。而觀其本文上下。其義自瞭。如云凱徹之軍。若文敍專役。則此名爲專。不與其他軍混也。卽至羅馬軍。十字軍。皆可用此法。而决其名之有專屬。他若多字之名。雖其主爲公名。而有諸區別之字傅之。使其全名能專指而不能通謂。此如云今英國首相。夫首相公名也。雖同時不二。而由來積多。雖在國獨立。而列邦均有。然自傅以今字而時定。別以英國而地專。則其名爲專非公。不待外證。有涵專名。其義如此。總之名之絕無所涵。盡於立爲徽識之專名。聞聲知物。更無餘義。而有涵之專名。雖顧名可以思義。然其義亦在於所涵。而不存所命也。天方夜譚者。大食志怪之書也。（天方夜譚不知何人所著。其書言安息某國王。以其寵妃與奴私殺之後。更娶他妃。御一夕。天明輒殺無赦。以是國中美人幾盡。後其宰相女自言願爲王妃。父母涕泣閉距之不可。則爲具盛飾進御。夜中雞旣鳴。白王言爲女弟道一古事未盡。願得畢其說就死。王許之。爲迎其女弟宮中。聽姊復理前語。乃其說旣弔詭新奇可喜矣。且抽繹益長。猝不可罄。則請王賜一夕之命。以褒續前語。入後轉勝。王甚樂之。如是者至一千有一夜。得不死。其書爲各國傳譯。名一千一夜。天方夜譚誠古今絕作也。且其書多議四城回部制度、風俗、教理、民情之事。故爲通人所重也）言盜以蜃灰識別居人屋廬。其所爲亦僅識別而已。非蜃灰能言是中有可欲者。抑此爲某富人居。爲羣盜利市也。當其爲此識別也。盜之意固謂。此間屋廬。多相類者。吾覵此屋久。今捨此。後更來。且不可辨。無已。則以法爲之。使無與他混。庶他時目而得之。此其所爲盡此。而於其中之貧富有無。則未暇及也。惟其如此。故主人之婢摩眞那見之。盡畫他屋。如盜所爲。而盜之謀敗。其前畫者。固猶在也。而於盜無所用。何則。其所以爲別者亡也。向使所爲不止於識別。將見畫知蘊。其謀又烏從敗乎。

然則吾人以專名命物者。其所爲與前盜等耳。專名之識別。不加於物也。而加於其物之意。然爲無有意義之名。俾他日復見其名。或聞其聲。而思存於是物。不加於物。非以別物。如盜。加於物意。則他日設於是名而有所謂。知所謂者。爲吾前覯之某物也。

故取專名而謂之者。如今指以示人曰。此人爲布侖。此人爲斯密。或曰此邑爲約克。不過告以其名。等於無所謂也。且苟欲是地合於其意中所有之一地。則更卽所知而告之曰。此爲約克郎閔士特大教寺之所在者。然此不過用其人之所前知。而非於名有新義也。設今取一有涵之名而謂之。則其事大異。此如曰其城以白石爲之。此於聽者。或爲新知之事。其得此新知者由以白石爲之五字。成一有涵之名故也。故如是之名。其能事不止於識別。其立也。亦不止於僅備遺忘而已。名固徽識也。然此爲有義之徽識。如兵弁之軍衣焉。兵之同所屬者衣同。物之具同德者名同也。而德者卽其所涵之義也。在物稱德。在名稱所涵。

夫有涵之名。以德而立固矣。而卽謂爲其德之名。則大不可。蓋有涵之名。取以命具德之同物。猶專名之命專物。特專名其德不自名見耳。故卽名以求其物者。異於從名而尋其義。一物固有數名。而名之義各異者有之矣。有古人焉。吾知其名曰蘇芳匿斯古。而他日又謂之曰蘇格拉第之父。是二名者。所謂特一人耳。而其稱互異。異者以其二用。前者所以識別。後者所以指事也。設吾更謂其人爲男子。爲希臘人。爲雅典人。爲像工。爲老者。爲廉節士。爲勇者。凡此之名。固非蘇芳匿斯古所得獨。彼與無數人焉。克共有之。其取而謂之也。各有其所以然之故。聞者苟知其訓。則每舉一名。將由之而得其人之行實。惟不知者。將徒聞其以稱是人。而不得所謂也。故往往知名爲先。而通義居後。且知其名。幷知其所名之物矣。而問以義。乃茫然者。亦多有之。不見孩提之子乎。孰爲其兄。孰爲其父。皆能言之。而所以父此人。兄此人而不父兄其餘者。彼固茫然莫能辨也。故曰名無間有涵無涵。皆以命物。而非以名其物之德也。

有時知其名之有所涵矣。亦知所涵之爲何德矣。第所涵之淺深多寡。因之以定其名者。有不可得而決也。此知人之一名。其所涵之德。生也。秉彝之性也。而又有一定之外形焉。顧欲斷然言必何形而後有人之稱。則未易也。設今於未經人跡之區。得一新種。吾不知其異於常形者必幾許。而後可靳人之號而別錫之以新名也。即至秉彝。雖爲恆性。亦有等差。吾不知物之可企爲人者。其至少之分當得幾何。其至多之分定爲幾何。古及今無定論也。如是者。其公名之義。常泛而難以指實。然此泛而難以指實者。亦不必遂爲言語之梗。而有時轉以便事。此余於論分類術時。將詳言之者。兩間之物。雖顯然不淆。而各自爲類。顧其界畛之際。常以漸而不以頓。欲於自然之中。求所謂等次截然分明者。蓋幾幾無是物也。則物德分限之泛而難指也亦宜。

用一名而於其義憮然者。是謂不審。欲祛不審之弊。非用名至慎者不能。迹其習之所由來。大抵用有涵之名。而於所涵昧然。其所知者。不過即所命之物。泛然苟然。得其所同然者。此吾人自有生髫稚以來。觀物學語之同情也。今如一稚子。其漸知人字白字之義。其始必聞諸長者。見若等外物。加以此名。徐乃爲其推概分析之事於不自知。用以得是諸所名者之同德。第人白二言。其推概分析之事至易。初不待學問而後能。萬物之中所稱爲人。諸相之中所號爲白。其與他物他相。絕不相蒙。故易爲也。至於他物餘事。必由學問而後不爲疑似之所熒。下此則往往徒爲皮相。見其相似。遽稱同名。而是名所涵之德因而茫昧模糊。泛然而言。憮然以思。其於名義之間。無異齠齔之兒之云兄弟姑姨已耳。今夫嬰婗之子之遘一新物而不知其稱也。彼未嘗因之而或疑訝也。常有長者焉。從其旁而辟咡詔之故也。及歲之後。違其父師。而耳目所覩聞。新者愈衆。彼非自用其權衡焉。勢固不可。由是遇一物而不知其名。則據其外之形似。以類之於所前知之某物。譬如地上之物。所前知者沙也。土石也。茲行深山。俯拾一物。則姑即所最似者亦沙之土之石之而已矣。以俗之爲此。故有一物之名。貤稱日遠。至於無可舉之定義。其所命之物懸殊。至於無可言之同德。其民之文字語言。遂以日窳。而不足以爲窮理致知之器者。蓋不止一國之語言也。且用名不審者。不獨無學之童騃氓俗然也。科學之家。其用名宜最審矣。乃有時其破壞文字也。與彼正同。此其故坐無所知一也。或坐苟且。不顧舊名之有定義。而猥以稱新物之貌似而實不同者。意以謂必如是。乃不至於駭俗。由此而一名所命。日以益棼。所命益棼。則所涵之德。日以益寡。前後互視。遂不知其名內外之界果爲何也。

案所謂一物之名。貤稱日遠。至無可舉之定義。此弊諸國之語言皆然。而中國尤甚。培因曰。今試觀石之一名。概以稱山中礦質之物矣。乃果中之堅者亦稱石。膀胱之積垢致淋病者亦稱石。且同爲石也。乃質理密緻。略加磨礱。又謂之玉。其可揭爲薄鱗而透明者。又謂之馬加鐵養可吸鐵者。則謂之慈石。夫語言之紛。至於如此。則欲用之以爲致知窮理之事。毫釐不可苟之功。遂至難矣。卽爲界說。勢且不能。蓋界說之事。在舉所命之物之同德。以釋其名也。今物之同名者。不必有同德。而同德者。又不必有同名。界說之事。烏由起乎。是以治科學者。往往棄置利俗之名。別立新稱。以求言思不離於軌轍。蓋其事誠有所不得已也。培因之言如此。顧吾謂中國尤甚者。蓋西學自希臘亞理斯大德勒以來。常教學人先爲界說。故其人非甚不學。尚不至偭規畔矩。而爲破壞文字之事也。獨中國不然。其訓詁非界說也。同名互訓。以見古今之異言而已。且科學弗治。則不能盡物之性。用名雖誤。無由自知。故五緯非星也。而名星矣。鯨鯤鱘鰉非魚也。而從魚矣。石炭不可以名煤。汞養不可以名砂。諸如此者。不勝僂指。然此猶爲中國所前有者耳。海通以來。遐方之物。詭用異體。充牣於市。斯其立名。尤不可通。此如火輪船。自鳴鐘。自來水。自來火。電氣。象皮。（其物名茵陳勒勃。樹膠所製。）洋槍之屬。幾無名而不謬。此眞穩勒氏所謂坐無所知者矣。嘗記英羣學家魯拔約翰爲余言。南非洲新開。歐人驅牛運致裝物入境。黑人見之則大駭。私相議曰。是厖然大形。而行于于者。非鬼物耶。白人力能使物。必遣此怪。來殘吾類。觀其頭各戴二利鉤。可以知矣。已而偵之。覺無他異。且牛甚馴伏。行稍遲。御者輒鞭之。或用利鏃刺其股。則大悟曰。前說非也。是特白人之妻耳。故爲之負裝。不力雖遭鞭刺。不敢叛怨。是特白人之妻耳。蓋彼俗以婦人任重也。遂相說以解。通其語者。爲記其實如是。嗟乎。智各囿於耳目之所及。彼黑人者。何嘗不據其已明之理。相傳之說。以爲推乎。不實驗於事物。而師心自用。抑篤信其古人之說者。可懼也夫。

物名多憮而不精。常語皆然。而其弊於講論性靈。考覈道德之言。乃大見。此其因言語之病。致其理之聚訟而難明。其學之拘閡而不進者。凡治是學之家。皆能言之矣。雖然。事經數百千年之後。欲革其舊。使悉從其新。甚難。就令能之。恐於本學亦未必遂有大益也。是故爲今之計。凡愛智家所得爲。與所當勉圖其難者。在用舊有之文字詞義。而力求有以祛不審不賅之弊也。求祛其不審不賅之弊。則莫若取一切公且察之物名。而定所涵之物德。使舉似之頃。聞者讀者。瞭然於持論者心意之所存。庶幾有其遏末流之加甚者耳。顧其事難之中尤有難者。則在定其所名之物德矣。而又使其名所命之物。無大加亦無大減。其廣狹之量。不大變夫前。而古之建言。凡生人所信守服執者。理非甚違。大較猶立。此則俟後之治文字者。

彼取物名而爲界說者。皆欲定所涵之物德。而去其不審不賅之弊者也。故其爲界說也。或擽其涵義。抑析其名義而得之。試觀自古人著書言道德以來。其爭辨之最棼。其互攻之最烈者。莫若其最大公名之界說。則吾此篇所指物名不精之弊。有以明其非過實之言矣。（此如柏拉圖主客論諸書大抵設爲主客以發明公字、恕字、誠字、自由字之義。往往數百往復。終莫能明。然其書最發人神智也。）

然宜知名無定涵。與名之有歧義者異。一名而數訓者。文字中固多有之。然雖歧而不惑。蓋其義皆定。而聞者所已知。故雖歧不害也。且世間之物無涯。而人之爲名有數。則一名數用。亦以濟人事之窮。未必遂爲詬病也。故不可與有涵而不審不賅者一概論也。歧義之名。直異物異德之名。而其形與音偶合而已。至形同而讀異者。已爲區別。尤不得鹵莽而一之矣。

第六節　論名有正負之殊

名之第四區分。曰有正負。正者如人。如木。如善。負者如非人。如非木。如不善。凡名之正而察者。皆有負者與之並立。故吾人既定一物一類之名矣。將自有一名以統宇內之餘物。亦以便言者之總論。使其正者爲有涵之名。則其負者亦爲有涵。特所涵絕異。不爲前德之有。而爲前德之亡也。如言非白。此名所命。乃籠天下之物。而獨距白者。故其名所涵。乃白德之不存也。不存之德。亦爲一德。苟具斯德。則被此名。故有負名之察者。則亦有負名之𢆉者。

案穆勒之意。以謂正負二名。統宇內一切物。如曰人。其名盡人類矣。又曰非人。則物之不可以人稱者皆屬之。是宇內萬物。無能外此二名者矣。顧其弟子培因之意。不以謂然。曰正負二名。不能盡宇內之物也。如云白不白。僅能統物之可以色論者。至於色界以外之物。無白不白之可言。則二名加之。爲無謂矣。雖然。名家之意。終謂即以不白之名。被之聲味。不爲悖義。且從培因之說。其爲分難。故仍穆說也。又案正負之名。指物德之存亡。與差等之名大異。且亦與反對之名不同。譬如小大二名。非正負也。賢愚二名。亦非正負也。蓋小大之間。尙有齊等。賢愚之際。猶有中材也。惟不大而後爲大之負。可以盡物。言不大者。自平等以下。至於更小。皆盡之矣。言非愚。自中材以上。至於賢聖。幷舉之矣。由是而推。知美醜巧拙忠奸善惡諸字。皆不足爲正負。而尋常對偶之字。如晴雨方員之屬。愈不可以正負言。反對之字。獨有無動靜數偶可謂正負。餘即生死。亦幾幾不得爲正負之名也。（說見後段。）

名固有似正而實負。而亦有似負而實正者。如云不便。本負名也。然其名所涵者。不止於便。德之不存。而兼涵煩惱。窒礙。諸義。則可正也。他若不妙。亦負名也。顧所涵者。不止於妙亡。亦兼有凶災之意。則亦正也。至如遊手。誠正名也。叩其何義。則不事事耳。無常職耳。非負名耶。至若醒不醽也。邪不正也。皆形正義負之名。可類推也。

正負二名而外。有別爲一類者。是爲缺憾之名。缺憾之名者。兼涵正負之德者也。正者其物所應有。負者其物所今亡。譬如瞽。無目者也。抑不能視者也。顧其名必被於當有目當能視之物。使非詞章寓言。其斷不被於木石水土明矣。人畜可以瞽稱。如曰盲人瞎馬。以其本有見性故也。又曰盲進。又曰瞽說。大抵皆謂宜見而不見者。惟文字中有時言盲風。而井之枯者曰眢井。雖爲寓言。然亦必其有不盲不眢之時。而後有以得此。故曰缺憾之名。同時而涵二德。一曰本有。一曰今無。以其兩涵。故於正負之外。而別爲一屬。(故死亦缺憾之名。物本無生者。不得稱死。)

第七節　論名有對待獨立之殊

名之第五區分曰對待與獨立。顧獨立之義。名家謂未盡善。故不若即用其負名。曰無對待之爲愈也。對待之名。如父子。如君臣。如言同言等。言不同言不等。言長短言體用言因果。凡此皆對待之名。對待之名。

無慮皆偶。當言其一。先有其一在於言外。與爲對待。譬如方謂一人爲子。意中必有其親。方言一事爲因。所論必及其果。謂一距之遠者。以有近者與之方也。謂一物爲同者。必有所同者與之較也。對待之名。常語皆異。惟言同則二物一名。所對之名與本名合也。

使對待之名爲察。則其名必皆有涵。其所命者物。其所涵者德。其德必有玄名。故有同物之名。斯有同德之名。於父子兄弟之名。亦有父子兄弟之德之名。前名皆察。而後名皆玄（西文物德異字。而中文則同字而異義。如云是其生也與吾同物。此察名也。至云雖其同有同乎。則玄名也。父父、子子、君君、臣臣諸語。皆上察下玄。上物名下德名。尤易見矣）第對待諸名所涵之德。與常名所涵者同乎抑異乎。此又可得而言也。

或曰。對待之名。其所涵之德。卽所謂倫理者耳。顧其能言。盡於此矣。設更問之曰。倫理果何物耶。吾決其不能置對也。此誠由來言理論道諸家。所謂甚精微渺不可猝言者。顧自吾觀之。誠不知對待所涵之義。何由而較他名所涵者加精微也。且其物之可言。似較諸他名所涵爲尤易。必能言對待之所涵。而後言他名所涵之物德。乃迎刃解耳。

則試卽一對待之名而論之。譬如父子。是二名者。其所命之物不同。而其名之所由起。以爲所涵之義者。

則共一事實也。夫二名誠不可謂爲同德。爲父者。誠異於爲子。然方吾謂一人曰父。更謂一人曰子。其所指之事實。則無有殊也。言甲爲乙父。與言乙爲甲子者。特同事而異云耳。豈有異乎。甲之所以爲父。乙之所以爲子。初非兩事。設取而擘析之。將見其爲一聯形氣之事。銜接而成。是二人爲之事主。而父子對待之名。從之以生。故是名之所涵者。此一聯形氣之事是已。斯爲其名之義。亦爲其名之全義而無餘。其名之所求達者此義。而所謂倫理者。卽在此形氣之事之中。是以古希臘學者。其言人倫。有所謂倫基者。卽此謂也。倫基者。一切對待之義所由起也。

互對之名。同一倫基。倫基一事可也。衆事可也。旣爲此涵之義。亦卽爲彼涵之義。如觀貝然。所見不同。而終於一物。父子一名。所涵者此事。本之以爲父道。子之一名。其所涵者亦此事。本之以爲子道。直所從言之異路。而義初無二致也。推之凡有對待之名。皆有對待之基。有一事而兩家與於其際者。皆有對待之名。而其事遂爲二名之所共涵。

是故以二名而稱對待者。皆有第三物處於其間。倫理是已。（此倫字所名較廣。不若舊義之專主於人也）如是之名。非二不備。欲明夫此。必及其彼。孤言其一。將莫能喻。蓋獨立之名。雖兩間無餘物。猶可以存。對待之名。謂能孤存者。在口不能詞。在心不能意者也。

案此節所指皆對待之名。而無對之論。幾不齒及。審其用意。以旣明對待則無對者不言而喩。然不止此。蓋自名理言之。天下無無對之名也。今如但言淺近。則父子夫婦諸名。爲異名之對待。朋友一名。爲同名之對待。而無所對待者。如水風草木諸名。不並舉而可論者是也。顧培因氏及諸名家則謂不然。人心之思。歷異始覺。故一言水。必有其非水者。一言風草木。必有其非風非草非木者。與之爲對。而後可言可思。何有無對獨立者乎。假使世間僅此一物。則其別旣泯。其覺遂亡。覺且不能。何往思議。故曰天下無無對獨立者也。往者釋氏嘗以眞如爲無對矣。而景教（本爲耶穌教之一宗。今取之以名其全教。名家固有此法。）則以上帝爲無對矣。顧其說推之至盡。未有不自相違反者。是以不二之門。文字言語道斷。而爲不可思議也。今穆勒氏所言。固先指其粗近。而未暇遂及其精微。然透宗之義。學者又不可不略明也。

第八節　論名有一義有歧義有引喩之義

名家區名。恆云名有一義歧義之異。顧特用字異耳。不可謂卽名之體。有二類之別。如前者之五事也。一義之名。其用只一。最爲貞信。然此求之言語文字之中。不獨難得。蓋幾絕無。夫字義本一。自不知者取而用之。不幸通傳異義遂衆。而不足以爲致知窮理之資。故居今而求一義之名。轉在後起之科學也。他如常用名義。歧者最衆。俯拾卽是。不假深搜。如中文師字。既訓軍旅。又稱所從受業解惑之人。又如田字。既爲受耕之地。又爲從禽之功。名有數義。絕不相蒙。直是異名。偶爾音形相合已耳。（本文所舉。皆爲英字。譯者以中文易之）以其羣歧言思多惑。是故欲治名學。先從審歧義始。

然歧義雖訓義懸殊。苟易識別。尚無大累也。獨至引喩之義。以其彌近遂多亂眞。而爲求誠學術之荊棘矣。夫引喩之義。其始皆有牽涉。及用之既久。乃忘分殊。此如中文風字。本言地氣動者。不知何時。貤名狂易之疾。然而本喩義也。乃傳說既久。遂謂人得狂疾。乃風入恆幹。亂其神慮。又如朕字。初云朕兆。降而爲支那天子之自稱。遂與塞黈懸旒同爲穆穆高拱之意。他若節竹約也。乃訓用財之嗇。乃爲奉使之符。乃爲守義死貞之事。榮木之華也。而爲汚辱之反對。英草之秀也。而爲出羣拔俗之姿。豪野彘耳。乃稱人傑。徑微行也。而名過圓心線。凡此皆引喩之義。雖其初名。以意爲轉。大氐由於耳目之顯。而假以達心意之微。其本義之存。尚可跡而得也。其名雖異於歧義者之逕庭。而諦以言之。終爲二而不可合。自古欵言之衆。繆說之滋。莫若卽歧義爲同名。尤莫若以喩義爲本義。此余於後卷匡謬發欵之篇所當與學者反覆而詳辨者也。

篇三　論可名之物

第一節　言欲正名非歷數可名之物不可兼論亞理斯大得舊立之十倫

今試取前論而覆觀之。則見所論定者。名學爲審勘證據之學一也。言證據則必有其可證可據者。可證可據必以詞。惟詞而後有是非之可論。然否之可施二也。顧詞必有二名之離合。惟詞必執其兩端。故吾心所然否是非者。亦必思屬夫二物。二物者。即兩端之所指。得正負之綴系而以成詞者也。是故知凡名之所命者。無異知凡天下可言之物（詞主。）與凡所可取之以言他物（所謂）者也。三也。吾於前篇。既取一切之名。審其分殊。察其內外義之廣狹深淺矣。此非徒然也。亦將由此而審其所命之物已耳。乃今將取一切之物。區以別之。設於此而克有所明。然後返而更觀一詞之所以爲離合者。庶幾察言脩詞之功。差以易歟。

今夫名學之事。必基於類族辨物。而後有眞功實效之可言者。古之學者其知之矣。亞理斯大德者。古名學之碩師也。所爲具在。雖以言思精。不必盡然。以云體大。後莫能過。嘗取宇內萬物。分爲十倫。十倫於希臘文名加特可理。於拉體諸文稱布理的加門。將以盡宇內可名之物者也。意亦曰。凡天下之可言。無閒大小精粗。爲卒爲察。爲正爲負。有對無對。已名未名。但使其物爲人心所可思言語所可議。莫能外此十倫者。爲列其端如左。（十倫二字。用名理探舊譯。）

薩布斯坦思阿。　此言物。言質。

觀特塔思。　此言數。言量。

瓜力塔思。　此言德。言品。

胡里勒底倭。　此言倫。言對待。言相屬。

阿格知倭。　此言感。言施。

巴思倭。　此言應。言受。

烏辟。　此言位。言方所。言界。

觀度。　此言時。言期。言世。

悉塔思。　此言形。言勢。言容。

此言服。言習。言止。

哈辟塔思。

右之分類。其爲舛漏。乃不待諦觀而始見。如帳簿然。不過取常稱之名物而粗條之。於物理固未深察。亦未嘗有析微窮變之功也。其於物也。闕漏複沓。有其莫屬。而又有其兩屬者。如是而云分類。何異爲動物之學者。區其所論。爲人獸馬驢駒乎。已標對待爲一類矣。乃更取感應施受形習之類而分標之。世豈有舍感應形習以言對待。而能賅盡精確者耶。位時二倫。亦同此失。位與形非兩物也。特所從言異耳。即區服習爲第十倫。其失亦易見也。故所謂十倫。物德二類。足以盡之。何必十乎。且十倫所謂物者。自在之物也。則將以何倫處人心之感覺與其他情想乎。如願望。如歡欣。如恐懼。情也。如聲。如臭。如味。感也。如哀。如樂。如思慮。如識別。如懷想。凡此人心之用。又何倫以待之。吾意自其學者言之。固曰是數物者。感應二倫可分屬也。雖然大謬。蓋是數物者。自其用而言之。屬之感應可也。自其體而言之。屬之感應大不可也。覺意情思之事。其爲眞實不幻。與萬物同。而於前設之十倫。固無可屬也。

案。穆勒氏訾議亞理斯大德十倫之粗。可謂入其室而操其戈者矣。吾聞泰西理學。自法人特嘉爾之說出。而後有心物之辨。而名理乃益精。自特以前。二者之分。皆未精審。故其學有形氣。名袠輯。有神化。名美台袠輯。美台袠輯者。猶云超夫形氣之學也。而柏拉圖學派。至以心性之德。同於有形。亞理斯大德親受業其門。則無怪以物概之矣。顧其分類。雖爲穆勒氏所掊擊。而後人尚有以穆爲失亞旨者。如培因云。亞之十倫。非以盡一切可名之物也。非取言語所可謂之物以區分之也。亞之意固謂。置一物於此。其可以言可以謂者。凡幾事耳。故十倫非以類族辨物也。十倫所以詢事考言也。今取喜怒哀樂而問十倫當屬何者。十倫不汝對也。設曰。人心之情。如喜怒哀樂所可論者伊何。則彼將曰。是可以論其本物也。可以量言也。可以品言也。可以所對待感應言也。自其本旨而觀之。則穆勒氏之所訾議者。彼未必皆任受也。培因之說如此。雖然。培說固亞立爲十倫之本旨。然其學數傳之後。實有執十倫以統攝可名之物者。故從培因氏之說。有以中十倫之舊義。用穆勒氏之說。所以救亞學之末流。此言所以各有攸當也。

第二節　論用名之難以經俗用而多歧義

夫古人於名物之事。其分屬之本盡善如此。乃今吾黨以後起之得所藉而易爲功也。思更爲之。期於無憾。則將見卽此類物之事。已有其甚難爲者。以常用之名。多歧義故也。蓋欲盡可名之物。則必先立一凡物之公名。顧求諸習用之中。何名可用耶。吾英文字。徒有其乎者。曰額悉斯定期。（譯言在。言住。言存。言

有。）有其玄矣。更求其察。則幾於無義不歧。此誠文字之大不幸。而無可如何者也。今吾試取一名。以命
一切羣有。有無閒爲有形。爲無形。爲道。爲器。爲物德。爲人情。但與無爲反對者。皆可以名。則其習用者皆不
雖薩布斯坦思之義。（義已見前。）顧薩布斯坦思不足以盡羣有也。傳於物者爲德爲相。生於心者爲
意爲覺。但使可論。不可謂無。而又非薩布斯坦思之名所可攝。既前論之矣。由是則將稱之爲鄂卜捷乎。
（此言品。）爲丁格乎。（此言物。）恐一矢口。聽者以爲有形象體質者矣。使有人言物爲一物。而其德
別爲一物。聞者得勿訝其不詞乎。方吾取可名之物而類分之也。意學者將謂此如格物多識之事。取天
生之物。顏別部居。既區以爲動植金石諸大部矣。徐而支分派析。科等州家之也。何則。彼以謂必有形體
而後得稱物也。今設置品物二名而不用。則英字之中。宜若莫庇音。（此言然者。內典亦譯作如。）考庇
音本始。實涵額悉斯定斯義。似以額悉斯定斯爲玄名。以庇音爲察名。可毫髮無憾矣。詎知本義固爾。而
世俗濫用率稱。爲日綦久。義之歧混。乃過於前。故以常義言庇音。與薩布斯坦思二名。實相通轉。特庇音
雖屬形質。尚可通稱鬼神。不若薩布斯坦思偏於形質之意。其義乃愈隘耳。然物德人意。不稱庇音。庇音
者。能攝觸人意而具諸德者也。是以上帝靈魂。用此者喻。而設以是名加諸形相色聲。智慧德行。人將謂
我如古之理家。以名德爲含生之物。抑如柏拉圖學派。張義理自在之談。或如伊辟鳩魯舊說。以道德爲

有形。能自入身旁魄四射。如放光然。以與他之官骸相接。此無他。謂名德爲庇音。則聽者之意。屬於質象故也。

以文字之有此缺憾也。於是一時名學之士。不得已而假一旣僊且俚之拉體諾名曰嬰剔訶者（此言然言在）而用之。南歐學者。始立此名。固以爲乎。非以爲察。觀其字體。可以見也。乃自名家假爲察名。其義乃常察非乎。其同時所立之字。曰額生思。（義均前名。後乃漸轉爲精。）義亦由乎轉察。至其末流乃以名壺鼎中物。（如丹家煉液名額生思。至今藥肆酒家。凡取一物之精。則名額生思。）斯其義破壞。不可復取之以爲名理之事矣。故二字之中。獨嬰剔訶爲變差寡。顧心學所用之名。歷久之餘。義多偭古特淺深異耳。無由獨完也。假如今者謂一心德爲嬰剔訶。雖負形抱質之意。不若庇音之深。然亦未嘗盡脫其累也。大抵如是之名。所命至廣。而涵義至純。當其立名。所涵者不過與無爲反對。而歷時之後。本義漸差。譬如始義爲在。爲存。爲有。而其所以在。所以存。所以有。或自有形。或惟體物。或爲意境。無所異也。乃歷時之後。人意自生。而純者遂雜。在也浸假而爲自在矣。存也浸假以爲獨存矣。有也浸假而爲分有矣。夫其名之所命。既必其自在獨存分有之品物。斯德相之麗於物而後有而後存。而後得其所在者。胥非其名之所得統矣。故其始差也。常命物而舍德。自物德旣距而不得入。斯人心意識之事。亦從之不爲其名之所並稱矣。夫人類能言。而知德者寡。則名之由廣而狹。義之由純而雜也固宜。所可異者。名學之士。窮理之家。以名義之僭差。方羣苦於心之精微。書不能文。言不能達矣。乃著書談道之際。其有所稱舉也。往往置一物本有之名字而率稱他名。流轉之餘。名義彌蕪。遂使甚精義蘊。無名可稱。彼名知言。而苟於為言如此。則於世俗。又何怪乎。此器之所以日窳。而道之所以難明也夫。

譬工之為業也。求器之善者而無從。則其次莫若深知其器之所以窳。此余所以詳論諸名意也。務使學者知所不得已而用之名。其義大抵歧雜。必求其純。無此物也。雖然義不純矣。而用之必精。使無所疑者。則著書者之責也。故吾方不拘拘於一名。而隨在各審其宜者而用之。苟吾意之能達。又何必拘拘一義。而自矜精審乎。蓋文字之道。為其嚴潔精審易。而求理之無不達難。苟必純於一義而置其餘。將必至理具於心。而無所託以為喻。就令自我作始。悉立新名。而如讀與聞者之不通其義何哉。夫名學之事。多妙萬物為言。其解人本為難索。但使稱名指物之頃。得藉習聞之舊義。以通其思。如瞥見光景。得大解悟者。此正講是學者之所勤求。而義訓微差。或有不暇計及者矣。

且用不精之文字。以求達至精之思。凡此言與聽者之所交難者。亦未必皆無其利也。名學一大事因緣。正以為此。夫名之多憮而不精。義之少純而恆雜。此不獨利俗之言語然也。即在愛智求誠之家。方不知何時而免此。使器必待其宋削吳刀。而材必求其規員繩直。而後成幬爾之輪。挈然之輻者。將民無望於攻車之用。而奚取於所謂國工者哉。名學之事。何以異此。正惟得此。而後此學之切於人事見耳。用名之難。既明如右。乃今將進而數可名之物。則請先言意。蓋物類最簡。而心知所始。莫意若也。第此所謂意。乃從其最廣之義。夫固無假丁寧。而爲學者所共悉者矣。

第三節　論意理

意與覺雖二名。而在義言。實爲同物。凡吾心之所覺者皆意也。心之有覺。如身之有生。故待覺而心見。積意而心存。第自謠俗之言語觀之。則覺意二名。若有異者。蓋常語謂覺多屬於官。如耳目之所聞見。肢膚之所振觸。或以專屬情感而言。別於思想之事。（西語覺爲非林。其義誠如所論。而中文覺字尙無此弊也。）然此自俗義。無關重輕。正如言性靈。乃有時專言思慮之理。而不兼感奮之情。與解覺字。事恰相反。甚者至謂惟有觸根可以云覺。取義愈狹。去理彌遙。皆非本學所取者也。

意爲幹爲綱。而感情思三者爲支爲目。所謂思（讀去聲）者。心有所思之意之名。自一花一葉。偏反不見之小思。至於智者詩人。所爲窮天際地之大慮。無間深淺。皆名爲思。第所不可不謹者。此所謂思。全屬在心。不關外物。如云人方思日。或思天帝。日與天帝。是物非思。思者。獨其心中所懸日輪與帝載耳。後二者純爲心境之端。而與所思外物。釐然爲二。卽如所信之理。日帝有無。亦爲其意。不涉在物。至想像之事。本屬心造。而意物二者。亦當細區。譬如吾思天吳。此與吾思昨日所嘗饅首。抑思翌晨當發之花事正相等。顧從來未可之天吳。其異於吾意中之天吳。與今亡之饅首。未發之晨花。其異於吾意中饅首晨花者。不能有毫末殊也。是故三者眞妄雖異。而於當思之頃。皆爲無物。要皆所思。不得稱思。至於言感。義與前同。當知感爲意境。而與感我之外物大異。如見白物。以具白德。吾感其白。是在感者自爲一物。旣非白物。亦非白德。第文字中能生感者。常有其名。（如云白馬白牛。）卽其物德。亦可稱舉。（如云白馬之白第二白字。）獨至感意。尙虛無名。蓋言語文字。事資日用。旣非所亟。乃未立稱。儻欲明辨。不嫌辭費。如云白色之感。抑言白之所感。名同詁訓。義必不淆。取濟名稱之窮而已。夫白物外因。白德傅物。而感白在人。三者絕非同物。（一物一德一意。）蓋雖感白之意。起於外緣。然而絕無外緣。仍有感白。（狂易之人以其昏亂。往往有此。）事亦偶有。理非難思。由是可知。感與物德。本非同事。固宜異名。依今文字。假有根心所生。眼見白色。用前二名。皆爲違誤。而理有不斷者矣。此其事之所以爲缺憾也。獨至聞官之感。則其名早立。如音字是已。且有一屬之名。以別諸音之異。此緣是官覺感之時。當前不必有物。故能離因言果。特立專名。欲證此理。祇須閉眼聽樂。設想世間一切盡滅。僅有音聲與吾聞者。則悟事之易於離緣爲想者。其得特別之名亦易也。至於餘官之感。大抵在物之德。在心之感。共稱一名。不爲異字。此如色味諸名。皆同此闕。辨色知味。所辨所知。皆其意境。而淺者以爲在物。則亦名淆之耳。

第四節 言意屬心知與氣質之變先意而有者異兼論何者爲別見

言感爲意。知其與所感之外物殊矣。尤當知其與當感之時。體中之變大異。使於此而不分。以言心理。未有不謬者也。蓋方其爲感也。體中氣質之變常先之。而吾心由是而覺感。故是變爲物之近因。而不可謂爲吾心之所覺。二者辨徵而嚴。不可不審也。今如吾見青色。心覺其然。是名爲感。而吾眼簾中影。與涅伏（俗名腦氣筋）腦中之變。所以使吾覺此青色者。是爲氣質之變。吾心實無所知。須待科學審驗而後告我者也。青色之感。屬於心知。眼腦之變。屬於氣質。後因前果。釐然不同。其所以淆亂者。緣常俗分感爲二。一曰體感。一曰心感。不知以心學之理言之。是分最爲無據。凡感皆心。無所謂體。特所由不同。由外物者。雖官受變而覺感者心與發中之感。心所覺者。無以異也。果無所異。因有不同。可分者因。而不在果。分感爲二。乃分其果。豈足據乎。

由外生感。先變於形。形變之餘。心斯有覺。而近世言心諸家。輒謂變覺之間有第三事。其事云何。是名別見。（西名波塞布知阿。）別見者。心卽感因加別識也。先別後感。幾若同時。二者皆心所爲。而有健順施受之異。方其爲別。以其健德。卉然而施。方其爲感。本其順體。隤然而受。至於發中之感。雖無外因。而有別見。此如人知天有上帝。身有靈魂。至一切形上之物者。皆此心健德之所爲也。

別見旣心之所施。則無論其物何等精微。自我觀之。終爲一意。抑吾心覺性之一事耳。顧吾此言。非於心理有所特標。亦非判別見不由外因者爲眞爲妄也。乃近頗有人。訾吾於心德發見。不過略加區分。以謂等於一心變境。無可精析。以求異同。不知吾於此事。所以默不多談者。良以其事非名學之所宜問也。卽如所稱別見。此心所以爲知。無間形上形下。但其所別是物非心。旣涉有無。卽同信否。特其信否。覺性所爲。無待外證而已。今有一石。恰當吾前。由彼而生諸種感意。此吾心之所知也。但謂吾心此物。乃由所見外物而來。此無異言必有物因。乃生感果。則其所信實由元知。旣由元知。斯無可證。名學所言事止於此。至夫元知公例與云必何因緣。而後元知可信。此非名學。吾已前言。苟若求通。請咨心學。

心學所言。豈徒別見。卽如前言心有健順二德。施受攸殊。是之別異。誠近時日耳曼理學諸家。所最重者。而法英二邦學士。引其緖者。亦繁有徒。彼謂人心於所接外物。於一切閱歷之事。能有所受。亦有所施。施者。心之能事。可謂心功。受者。心之所經。斯爲心境。心功亦謂心能。心境亦名心所。此誠至精之別。而爲智慧思慮之首基。不佞豈爲異議。第今吾此書所欲治者。非智慮之發端。與此心之能所也。此之所急。在求明何術而得推知。故視一切心境心功。皆爲此心之變現。統名意覺。無取深求。而所斤斤致謹者。則在心物之間。內外之域。此設而混。則因果之際。有言之而不能明者矣。

第五節　論志論爲

若取心之發於健德者而言之。則將有一事焉。其關於名學甚鉅。非以其物之本體也。蓋有甚多有涵之名。義基於此。故不可以不論也。此如志是已。志者。有所欲爲之意也。有知之倫。其得對待之名者。其義多本於兩造之所爲作。其所爲作者。已往可也。當境可也。未來可也。如君與民。其所以有是定稱者。非以二家所爲。君之所以待民。與民之所待君者乎。他若醫者病者。首從師弟。皆此屬矣。且有時兩造之名雖立。而其義起於他人之所爲。則兄弟是已。亦有兩造相與爲矣。而必有他人所爲而後其名定者。此如原告被告。立約受約。與一切訟獄刑名所稱舉者。皆此類也。由此觀之。則名之待所爲而立。而遂爲其涵義者。固至衆也。然而爲何物乎。曰。爲者。非一物之所就也。一物不足以言爲。言爲者必資二物。二物者何。心之志爲之因。而得事焉爲之果是則眞爲而已矣。志一物也。而事從之。又一物也。有志而無事。有事而不由志。皆不足以爲爲。二者合而爲出焉吾今者欲爲一舉手。此吾志也。心之意也。不紾不痺。則吾手從而舉焉。此形氣之變也。而必吾志爲之先。乃有此一舉手之爲。故曰爲者。志之得果者也。志之有驗者也。

第六節　論物（乙）

僂指可名之物。莫先於吾心之變境。故以意爲第一幹類。從之而分三支。感也。思也。情也。其感與思。既詳言之矣。至於情以其物之不疑。故無取於深論。而事功之際。名義所生。惟志最重。故以志爲第四支。而心之能所。大較備矣。乃今將進言其存於吾心之外者。則物與物德爲二幹類。請先言物德二者之殊。

今夫物與德二者之間。名家爲之界說者衆矣。顧其說之所標舉。非能於二者之本體有所明也。其意多嫥嫥於文字閒。示學者以言物言德之術之不同。此其界說何關名理。直論文法而已。其言曰。德者。有其得者也。故德必爲某物之德。如言色然。必爲某物之色。如言善然。必爲某事之善也。假某物某事者。一頃滅絕。抑其所具之德已亡。則其德必無處所。不能孤立獨存也。惟物不然。物自然自在者也。當其爲言也。其名之先。不必加之字。譬云石。不必曰某之石也。如云月。不必曰某之月也。惟有時吾欲爲對待之名。則以其有所相屬也。而先之以之。然屬矣。而其情與德之爲屬又異也。何則。有其物者雖亡。而屬者尙自在也。譬云父。稱父者必有子。故曰某之父。此其用同於物德者止此矣。夫謂無子不爲父固也。然此猶云子亡。則其人不宜以父稱耳。而前之稱父者。不隨其子而俱亡也。豈惟子亡不與俱亡而已。卽天下之人物莫有存者。而彼歸然獨存可也。而德固何如乎。物之不存。德將焉傅。使天下無白物。將何往而遘白色也耶。此德與物之異也。昔之名家。其所以區此二類之名者如是。

凡此皆載之於尋常名學之書者也。使學者而猶昧於二名之殊用。則試求之於此等。可以喻矣。雖然。其義固未備。而於二者之本體無所發明也。夫使二名之辨。在於有之無之之居於其前。則固當先明之之義。而後能言二者之眞殊明矣。彼以之之義爲淺乎。諦而論之。未爲淺也。則何能取之以喻他義乎。至謂物雖有屬。可以自存。而德則不爾。似也。不知物與物論。物固可以獨存。而德與德論。德亦未嘗不可以獨存也。且德無物不存。而物無德。吾不知其果何物也。故曰其義未備。而於二者之本體無所發明也。

若夫言心學者之所明。則過此遠矣。其言物也。義備而理精。以物爲幹。而分形上形下爲二支。形下者。體也。象也。有形質之物也。形上者。神也。心也。無形質之物也。二者心學家皆爲之界說。而其說則皆不可易也。

第七節　言形體

形體者何。近世心學家爲之定論矣。曰。形體者。吾心覺感之外因也。有金於此。方吾之目見而手觸之也。其色其堅其重。皆其感我者也。設吾更取而故毀之。審諦之。其感我者將不止於是三。而皆與是三者睽然異也。當此之時。吾心之所覺。盡於所感者而已。而是感也。知其一切悉主於外物。爲吾所隤然順受而不自由。不屬於吾心矣。且在吾形骸官體之外焉。是在外者。吾不知其果何物也。則命之曰形體是已。或起而難之曰。子何由知是感之必因於外耶。子以感爲因於外也。果有據耶。昔之言心神之學者。固有起而疑此說者矣。彼以謂吾心之感。其因且不可知。必歸之於所謂形體。抑無論何者之外因者。其說皆武斷也。此其辨諍之久。與其義之推勘而益微。固無關吾名學之事。特今欲明形體之果爲何物。則試列其往復之論而觀之。於吾學未必無助也。則自其無可疑之說而言之。此所謂形體者。其接於吾心。實由於同時畢現之叢感。凡有心知之倫。其覺物也。莫不由此。叢感者何。今如吾所據而書之几案。吾心之知有此也。必以其可見而知之形式大小。此叢於吾目者也。又以其可揣而知之形式大小。此叢於吾身手膚肋者也。則又有其重輕焉。又有其堅脆焉。此亦叢於身手膚肋者也。叩之而得聲。感以耳也。睇之而得色。感以目也。至於質理鬃相。凡一切此几之所具者。吾皆官以接之。以爲吾感。且如是之感。吾心受之不自今始也。自初生以來。遇之者多。而習之者久矣。是諸感者。大抵一時並呈。抑以次而得之。則吾之所得自爲者也。又以其常合而不離也。於是吾思其一。餘者將不期而自集。集之又集。是無數感者。乃相附而不可分。方雜糅於吾心。以成此一物之覺。故如一几者。此心學之家如洛克。如赫脫理。所稱爲錯綜之意者也。（此意字作想像解。與覺意稍異。）

而心學家又曰。今有一形於此。視之澤然以黃。臭之鬱然以香。撫之攣然以員。嘗之滋然以甘者。吾知其爲橘也。設去其澤然黃者。而無施以他色。奪其鬱然香者。而無畀以他臭。毀其攣然員者。而無賦以他形。絕其滋然甘者。而無予以他味。舉凡可以根塵接者。皆褫之而無被以其他。則是橘之所餘留者。不等於無物耶。使猶有物存者爲何。其曰猶存。於何而見。夫察一物之在亡。非官莫可用也。而官之所以訊於吾心者。以其感也。且吾知是諸感之爲雜糅錯綜也。常有公理大例焉。行於其閒。而非旁午雜遝。紛然萃也。是故其見於此者。爲如是之叢感。而他所他時之所遇。其叢感將與此同。其局法秩序焉。此所謂天理物則。而造化之玄符也。雖然。是叢感者。叢於吾心矣。又不必有物焉以爲之底質。使是感者。有所附麗蘊積。以呈於吾官也。夫曰有其底質。以爲叢感之所託寓者。誠人心之窮於爲思。彼見此粲然而呈者。旣常萃而不分矣。且必有其局法秩序矣。使其無所附麗蘊積。則若失據而難思。故以爲有此底質者。人心之則於習。而爲思之不得已也。雖然。即謂其誠有。乃今忽毀而無存。獨是叢感者。尚呈而如故。則底質之乍亡。將於何而覺之。不知其已亡。則雖以爲猶存可也。然則他日之亡。將以爲存矣。則今日之云存。安知其非亡歟。是故所謂形體者。與所感者不可以二也。非曰其誠一也。無以知其爲二。則雖二之等於一也。然則形體者。雖曰衆感之聚而秩然有則者。誰曰不然。此意宗愛智家形體之界說也。（泰西愛智家向分三宗。有意宗。有理宗。有名宗。詳見後部。）

昧昧以思之。斷斷而辨之。非以爲苟察而止也。將以求物誠之所底。此今心學所以多可據之進步也。折中前論者曰。凡吾心之所覺而受之者。夫既至賾而不可亂矣。亦既各有其秩然常然者矣。則理之可推而知者。不獨是叢感者。其相爲係屬。有其不易之法則也。且必有其外因焉。不屬於吾心。而具自然之性。以其自然（自然猶行自有自以）之性。而定此秩然常然。所發現於諸感。而覺之以吾心者。此諸宗學者之定論也。是之外因。昔之學者謂曰薩布斯他丹（此言底質。梵語曰淨）而爲諸德諸形諸相之所附著。格物疇人。取便言談。謂之曰質（西言馬太）顧是物也。雖有如是之名稱。而其物之有無。必不可以推證而得之。比格利者。英之愛智家。而紬底質之說者也。自其難起。學者應之曰。底質者。元知之事也。

以感爲果。則必有因。如云無因。非心之理。又以其物非吾心身之所得張主也。故外之。是故以形體爲吾心覺感之外因者。思理不得不如是者也。過是以往。非所知矣。雖異者持論之際。嘗紬此說。然而至於爲用。及乎談言措思之際。亦與此同。亦以吾心感意爲緣於外因而後起也。故其事必爲元知與吾心之覺感爲同物。夫旣爲元知矣。斯無可證。無可證斯非名學之所關。而爲心神之學。

卽意宗所立界說。以形體爲衆感之聚。秩然有則。捨此更無餘物者。後之愛智家亦不從也。夫後賢最重之旨。在底質之事。其有無均不可知。所可知者。止於秩然之衆感。過斯以往。不得贊一詞。其言有非也。而其言無者亦非。故雖德儒汗德。其所標舉與比格利、洛克二家無稍差殊。汗德之言性靈與物體也。至謂有自在世界。與對待世界絕殊。立紐美諾之名。（譯言淨言本體。）以命萬物之本體。與斐訥美諾（譯言發言）之感於吾心。物所可接之形表爲反對。似其意主於以可接者爲幻相。而以不可接者爲眞體矣。然亦明言物之可知者。盡於形表。（汗德尙謂一切形表色相有法實二義。實者吾心之所受。而法者吾心之所施。）自吾人有生以後。常爲氣質之拘。於物本體。斷無可接而知之理。則紐美諾終爲神閟之事而已矣。英理家罕木勒登。亦謂至物本體。斯無對待。此無對待之本體。爲外爲內。吾無所知。知者知其不可思議而已。卽言其有。亦必自其所發現者紆迴而通之。從其形表之接於吾心者而思之。顧吾心有習。欲以爲無所循附延緣而不克也。是故人心一切之知。主於所發現之形表。形表者何。不可知者之所形。不可見者之所表也。吾英理家之言如此。至法之孤生。則說與此同。而加明夬。孤生之學原於日耳曼。頗有變本加厲之處。故其學多言物體生初。天則之事。而所言乃與前人若合符節如此。則是分慮一致。異塗同歸。而此理必爲定論。愈無疑矣。

尙有進者。夫以形體爲因。而吾心之叢感爲果。因果之間。判然二物。非若父子相傳。二者必相似也。夫既曰其因不可思議矣。則相似與否。奚有定論。世人好爲因果相似之言。則試問袷衣料峭。爲此春寒。晨鐘砰訇。發於擊者。正不知吾身寒意。吾耳聲聞。與東風老衲。有何相似之處。體之底質。何由而與吾心之感意必同。物之至精。奚由與吾官之接塵相合。彼誤者可以自失矣。夫以一物爲因。一事爲果者。不過謂得此爲因。則果從之耳。此義而外。非所云也。總諸家前後之所發明者如此。則吾得爲學者正告曰。人心於物。所謂知者。盡於覺意。至其本體。本無所知。亦無由知。

案右所紬繹。乃釋氏一切有爲法皆幻非實眞詮。亦淨名居士不二法門言說文字道斷的解。及法蘭西碩士特嘉爾出。乃標意不可妄。意住我住之旨。而中庸誠者物之終始。不誠無物之義。愈可見矣。其末段因果殊物一例。腐於談理者。往往倍之。如云種瓜得瓜。種豆得豆。據此遂謂因果當同。第不知彼所謂因者。謂瓜豆種子乎。謂種者之人乎。抑謂種者之事乎。三者任取其一。與後來瓜豆。實無一相似者。若曰誠如此言。則爲善者何以獲善報。爲惡者何以獲惡報。不知此乃平陂往復之事。與名家所謂因果。絕不相同。謂之因果者。常俗之用名誤耳。譬如旋規作圜。有其趨左之前半規。則亦有其轉而趨右之後半規。同一線也。二者會合。而圜成焉。此謂之消息。可謂前半規之左者爲因。後半規之右者爲果。不可也。何則。屈伸存於一物。而起滅不爲二事故也。噫。考理求極。恆言誠有可用之時。顧其理者常不及其替當者常不如其謬。此察邇正名之學。所以端於無所苟也。

第八節　論心

吾之類可名之物也。先意。而此復言心。何耶。曰。意者。心之覺。非心之本體也。若夫言心之本體。則雖形神不同。固亦物也。亦薩布斯坦恩也。亦庇音也。其與形體。同爲自在自然之物。特內外異耳。夫體之界說。既曰感所由起之外因矣。（或曰感所由起不可思議之外因。更精湛。）則心之界說。當云何。雖然。既明夫體之爲物矣。由此而言。心非難也。蓋吾之所知夫體者。既爲不可思議起感之外因矣。則吾之所識夫心者。亦惟其爲不可思議之覺感而受感者矣。其所覺且受者。固不止感。凡意之屬。皆其所覺受者也。體者。

不測之外物。能感吾心。使爲種種覺念者也。心者。不測之內物。能爲是覺念者也。茲之言心。固無取於若前之言體。詳列諸家所駁辨。以明舍夫積意。舍夫綿延不絕之心功心境而外。心之自在本體。果爲有無也。顧所不可不明者。是能思能感之內主。與夫致思生感之外因。舍其發現者以爲言。則二者同於不可思議已耳。

不獨先我者莫之知也。而後此之莫能明。固可決耳。是故雖爲吾心。而吾之所知。不逾此綿綿若存之覺意。而所謂覺意者。感也。思也。情也。志也。與其所錯綜雜糅。而爲一切之心德者是已。此吾父所前言者也。（穆勒約翰父名穆勒雅各。心學識志也。）若有物焉。吾以爲我。吾以爲吾心。而與是綿綿若存者異。心非思也。非情也。能爲是思而有此情者也。向使無思無情。特心無所爲而不得其朕耳。而其本體固恆住而自在也。雖然。吾以爲我矣。吾以爲吾心矣。而吾於我。於吾心之本體。又無所知。知者其變現之覺意也。抑非心也。若形體焉。吾緣所感而以爲外因。而此所謂我者。吾亦緣覺意而識其爲內主。是故我方不自知我。姑即其能思有覺者而稱焉。就令他日吾於我有所新知。將不過新悟此心之能事。爲吾所前忽者。又非其本體也。亦意耳。思耳。所欲耳。寧有他哉。

是故謂外物爲形體。形體者。不靈之外因。而吾感爲之果。以內物爲心神。心神者。含靈之內主。（西言薩布捷特）能爲覺而有一切意念者也。顧吾於形體心神。舍其所循附發現之德相意念。以形氣之囿。均之無能思議。形上形下之物。所能名。所可言。盡此。今將置之而論最後名物之一類。

案穆勒雖累云於心學元知之事不談。然其所不談者。特未定之說耳。至定論要旨。亦未嘗宛舌而固聲也。如前二節。於萬物吾心之本體。其指示學者至親切矣。實總額里思羅馬至於竺乾今歐言心論性諸家之所得。而具其要略於此。惟其知之明。故其言之晰如此也。大抵心學之事。古與今有不同者。古之言萬物本體也。以其不可見。則取一切所附著而發見者。如物之色相。如心之意識。而妄之此般若六如之喻。所以爲要偈也。自特嘉爾倡尊疑之學。而結果於惟意非幻。於是世間一切可以對待論者。無往非實。但人心有域。於無對者不可思議已耳。此斯賓塞氏言學。所以發端於不可知可知之分。而第一義海（斯賓塞天演學首卷）著破幻之論。而謂二者互爲之根也。竊嘗謂萬物本體。雖不可知。而可知者止於感覺。但物德有本末之殊。而心知有先後之異。此如占位歷時二事。物舍此無以爲有。吾心舍此無以爲知。占位者宇。歷時者宙。體與宇爲同物。其爲發見也同時而幷呈。心與宙爲同物。其爲發見也歷時而遞變。幷呈者著爲一局。遞變者衍爲一宗。而一局一宗之中。皆有其井然不紛。秩然不紊者以爲理。以爲自然之律令。自然律令者。不同地而皆然。不同時而皆合。此吾生學問之所以大可恃。而學明者術立。理得者功成也。無他。亦盡於對待之域而已。是域而外。固無從學。卽學之。亦於人事殆無涉也。

第九節　論物之所有而先言德（丙〇物之所有他處逕譯作德卽十倫之瓜力塔思）

苟旣明夫物。斯物之德可不煩言喩矣。使舍物之所以感我者。吾於物爲無所知。則究極言之。其所以感我者。卽其德而已矣。夫自人心言之則爲感。自物體言之則爲德。然則是二名者。非其物之果有異也。特所從言之異路。設爲二名。便言論耳。言物之所有。常分爲三目。德也。（十倫曰瓜力塔思）量也。（曩亦稱數。十倫曰觀特塔思。）倫也。（十倫曰胡里勒底倭。量倫實皆物德。同爲物之所得故也。特析言之。則有三者之別耳。）請先言德。而量與倫二者。繼今言之。

則試舉一形相以明之。如前舉之白。方吾謂一物爲白。謂一物有白之德。如雪。吾之言果何謂歟。豈非曰當雪之與吾官接也。吾覺一種之專感。是專感者。人謂之白也耶。設再叩曰。子何由知官之所接者爲雪耶。將無曰。此無他塗。緣所感覺耳。緣吾心覺是一局。抑是一宗之叢感。心知其非雪莫能爲也。方吾謂之爲白也。亦曰於是局是宗叢感之內。有其一焉。爲白色耳。

前之所言。言物德者之一解也。然有他解焉。彼則曰。形相之物。舍其所感。吾無由覺。固也。故以雪當前。吾心感白。吾乃謂雪爲具白德。以有前事。乃生後名。前事者。後名之義所由起也。然因果終爲兩事。不可混而一之也。在雪之白德。與在心之感白。不可謂同。德固在物也。是故當云雪以具白德故。而有感白之能。以有此能。吾心乃感。然則方吾謂雪爲白也。非但曰吾之所感於雪者有是白也。亦曰雪具是德。是性。是能。而後有是感耳。其言如此。前義止於吾心。而後義屬於外物也。

顧二義雖異。而名學於二者無所用其決擇也。言心性者。語之至詳。而自吾觀之。二者之分。不關理實。特強作解事者必欲分之耳。常人每聞二名。雖實一義。心輒以爲必有異事焉當之。不知此如觀物。以人眼易位。而呈異形。形雖異。物只一也。夫曰在物爲德。在心爲感。言在者。指其物之爲一也。一者何。以物爲因。而吾心緣官而有覺也。乃今以二名之故。遂謂其物不可以同。而於理解又無所進。則何益耶。故吾終以前說爲已足。而諸家之爭。或以物德爲自在。或謂物有致感之精。此其理固非吾之所得與也。昔法之名家摩賴耶問一醫曰。不知罌粟何以食之而寐。醫曰。以其物有令人嗜睡之性耳。摩乃大笑。謂理家主物有專能之說者。皆此類也。

摩何以笑。笑醫之爲是答也。等於無所答耳。彼非能言其所以然也。不過取摩所問而複述之耳。然則謂雪之所以能爲白者。以含白性。其與人直云雪從白覺。豈有異耶。設必問吾之覺白何者爲因。則應之曰卽其物耳。其物非他。此當前一局一宗之叢感也。且於異後異時。更逢此物。是一局一宗一叢感。當與此時此地遇者正同。至矣盡矣。蔑以加矣。旣知其可知之因矣。乃必叩寂索隱。求其所謂精者。所謂性者。以謂必有是精是性。乃有如是之感覺者。於理解果有進耶。使彼又問物何以能感吾。雖深思。不能答也。亦祇曰。此乃物我本然。天之所設已耳。雖使我於問答二義之間。更設無數他解。環接鱗次。以爲解義。究之物我之間。終歸未達。此無數義。非蛇足耶。則言物以具性儲精而後生感者。轉不若言物爲感因之無所漏而直捷簡當明矣。

雖然。若必取二家之說而定其孰長。恐所論將無畔岸。而爲名學出位之思。致取足吾事。寧調停其說。使二者皆莫吾疵。而於理又無所倍。則將曰。謂某物有某德者。其名以吾心之所感爲之基。如此不獨爲前二家所不疵。且與名家言倫者可以一律。倫與德皆物之所有也。倫有倫基。則德有德基。白之德在物。而其名基於吾心之感白。彼白而我白之。而我白實彼白所由起。名學之論物德也。於物德之名之所涵也。其所重皆在感。過是以往。非推證物理之所資也。感旣有徵。物德斯在。物旣感我。自有其能。何勞辨乎。

案使穆勒之言有合。則中土藥經所言諸藥之性。爲無所發明矣。藥經之言藥也。凡爲一藥。必有一性。

而究之所謂寒溼和平有毒者。果奚由驗乎。曰從其效而云之已耳。得其效於人身。推之以爲諸藥之性。則其所云云與法士摩賴耶所嘲之醫果有異乎。

第十節　言倫（丁）

前謂物之有德。以吾心所感爲之基。今倫者。猶物之一德也。特物德之基在感。而物倫之基在事。事者兩物所共之事也。故言德。物與覺心足矣。言倫。物與覺心之外。必益之以第三物焉。故德盡於二而倫及於三。此不易者也。

兩物遇而倫生焉。對待之名。因之以起。故欲觀倫之果爲何物。莫若歷舉對待之名。而察其所同有者爲何義。蓋卽諸異而取其同。此求公名之義之定法也。

則請卽其甚睽者而論之。人有謂一物同於彼物者矣。有謂一物異於彼物者矣。有謂二物爲相近者矣。有謂二物爲相遠者矣。以其位。則有前後並立者焉。以其形。則有大小相等者焉。一事以爲因。一事以爲果。一人謂之主。一人謂之奴。或君之。或臣之。或親之。或子之。有夫婦。有師徒。此司契。彼司徹。此訟者。彼所訟。至於一切能所二名之所分。富哉名乎。凡此皆對待而立者也。而是中果有一義焉。爲是諸名之同有者乎。

則請姑置同異。此非專論不明也。至於其他。固可一言蔽也。且必求所同涵。亦僅僅此一而已。不能多也。是一惟何。曰。必有一事焉。或去或來或今。爲對待之物之所共者。（此卽中文交涉二字。而所以不云交涉者。因交涉待解。而名學例不得以待解之字解他名也。）而此一事。卽亞理斯大德以來治名學者。所稱之倫基。如有二形於此。有大小之可論。則其倫基爲何。豈非彼可爲此之所容。而尙有窕而不塞者耶。又如主奴。豈非惟此所命。彼將陳力趨功而爲此之所利也耶。而其事之出於心服與否。又不論也。（此當云使者事者。不當云主奴。亦不當云君臣。蓋此謂之主奴君臣。非此基所得盡。尙有名分之事。如所謂三謂之義是已。）諸如此倫。殆難悉數。然可知二物相爲對待。必有一事。抑一宗之事。而爲二者所同涉。又使一事抑一宗之事。關夫兩造。是兩造者。將必有對待之名。基於前事。民生世間。必有與立。卽令無所相涉。將亦有同類並世之稱也。是故物必有交。無由獨立。而其交自至常極泛。以漸及於事之特起。情之專屬。所立之名。從之爲異。而對待之名。與萬物之交情相爲廣狹。有可思之交。卽有可立之名也。

然則物倫之基於交。猶物德之基於感。其義可以見矣。顧二者所基雖異。而皆本於吾心之覺則同。使無覺心。則二者之物情皆不可見。今如言國民交際。其名爲國律所常有事者。如貰者貸者。（以財假人謂之貸借財於人謂之貰）貸主。任事。保父。孤兒。此其倫基實不外主名與涉於其事者之思慮情志。與其所發施之事爲而已。使主名當局者。不知顧名思義。溺其所當爲之職分。抑侵其所與交者應享之利權。則將出於訟。訟而李官慮其獄而斷之。斷矣。則將有可見之爲作。如所施之刑罰然。無疑義也前者已言之矣。爲者非他志因而事果也。而所謂事者。舍人心之感覺情意。又無可言也。然則物倫固基於交而交。析以言之。又無往而非此心之意境。非不知是所謂思慮情志者。必有物體焉爲之外因。又必有心神焉爲之內主。而後感有所由起。意有所從覺也。特非覺意。則心與物二者皆不可知。而與無等耳。故曰。倫德所基雖殊。而原於吾心之覺則一也。

物必有倫。相屬之謂也。其相屬之情。不必皆若前所舉似者之繁重也。蓋事物最簡之倫。莫若先後與同時。假使吾言天曙先於日出。則先後之倫基於二事而止。非有第三事。參於其際。以爲之基也。而或謂其所基者。在於秩然之序。然此秩然之序。卽見於天曙日出二事之中。非二事之餘。別存其一事。而爲此秩然之序也。方吾心之爲覺。是二事者。相承而來。而卽以爲序。序之覺。非第三覺也。非先覺事而後覺其相承也。且以時言者。不僅是天曙日出二事已也。凡有二覺。非其先後。卽其同時。二法之外。不能有三。故言感言意。最簡之倫。盡於二者。欲更析以求其易簡者。莫之能也。

第十一節　言同異

論同異之倫。與前言先後之倫差相似。今試即感意之最簡者觀之。假如所感者為二白色。抑所感者為一白一黑。則吾謂前之二感為同。後之二感為異。此亦倫也。而為之基者乃何事耶。曰先有二感。而同若異之意從之。則請但言其同。夫曰同者。固吾心之一意也。觀物者之心所也。顧是意為別於二感之外為第三覺耶。抑若先後之倫。無第三覺。而即存於二感之中耶。此未易即為了義者也。特二法之間。無間為此為彼。所決然可知者。同異之分。根於覺性。此不徒無可復析。且常用此以析吾心他法者也。是故物倫之有同異。與以時言之有先後同時。其為物實與餘倫迥別。而各自為類者也。二事雖皆物德。而基於事情。言基事情。即基覺意。此覺意者。屬於最初。迥異常等。而為不可分析解說者也。

然言同異。有簡有繁。最簡同異。不可分析解說。而其繁者。又當分析為言。其義始見。如有二物相似。而是二物。皆為合體。此其相似。固可析也。有體中諸部。部部相似。一也。有諸部位置格局大同。二也。如傳神之與本人骨相。如圖畫之與本地景物。離合之際。當有幾分。而後可稱相似耶。俳優者之擬人聲音笑貌也。欲其全似。必有其無數之分似而後能之。容止坐作。造次相承。一也。音聲清濁。言語頓挫。二也。所喜稱道。

名物辭氣。三也。笑貌態色。取達意想。四也。四者之外。不知幾事。然則簡同無所析。而繁同覺意。正可析也。凡事物異同。皆覺意之異同也。譬如今云此物爲彼物相似。所謂似者。固必在德。而德舍感無可言也。然則云二物相似者。無異言二覺相似明矣。而云二德相似。愈爲覺似無疑。獨至二倫相似。似者雖亦在覺。顧其所指。在於對待之情。對待情同。是謂比例。布理安之於赫脫爾。猶斐立白之於亞烈山者。同父子也。康摩勒之於吾英。猶拿波侖之於法者。同爲革命之閏朝也。雖後之比例。不若前者比例密合而無間。顧其相似之比。皆必於倫基求之。則無疑也。

然則言物之似。固有等差。自其無所分殊。至於相似而極微淺者。皆可言也。如辭章設喻。有言聖人之心之於象也。猶息士之於種也。蓋聖人之心得象而生無窮之理義。猶息士得種。而出無窮之嘉實也。故聖心於象。息士於種。有其可比例者。其比例之倫基云何。得其能生。衍其同物是已。是故善爲喻者。見兩物之對待。而審其倫基。復有兩物。但使倫基能有所同。皆可取之以爲喻。往往物愈相絕。其發義愈警。其喻人也亦愈速。此所謂罕譬者也。然則物之可以相似論者。其多寡淺深之際。豈有窮哉。

然而無窮矣。而言同之詖辭窾言以起。此吾黨所不可不詳。而吾見能達之者寡也。夫物有相似。至無毫髮之差。而二者不可復辨。則往往謂之同物。而其實非同物也。吾云往往者。有不盡然之辭也。蓋兩物可見如二人焉。其極似雖至於相亂。不謂同也。獨至言心之意境。則恆用之。如云今見某物。使我所感。與昨者同。又如吾之所見。與某所見正同。甚者或言與之爲一。此其用同用一之義。可謂不審者矣。蓋昨日之感。已去不回。今之所覺。又爲一意。雖與前極似。固非同物。命曰一同。疑誤斯在。又兩人之意。法不能同。非若言與同席。二人所坐。固一席也。意非席比。如何可同。必以爲同。是同之爲名。有歧義矣。又如人云同病。或云同官。凡此皆以相似爲同物。與所謂同舟共濟同國同患難諸同之義大有異。以其用字之不詳。而以相似爲同物。理由是而晦。意由此而棼。晚近名家。知致謹於此者。獨威德理而已。

餘名與此義近者。則若齊均埒等是已。等者。數之不殊者也。以德言則謂之似。以量以數言則謂之等。量也。數也。其爲物之德均也。則請由物倫而言物量何如。

第十二節　言量

試設兩物焉。匪所不同。其不同獨量而已。如一格倫水與一不止一格倫水。此一格倫水之當吾前。而吾知之者。如他物然。以一局之叢感也。十格倫水之當吾前。而吾知之者亦然。今吾不以十格倫爲一格倫者。則二感之間。固有異也。又試以一格倫之水。與一格倫之酒較。而吾不迷者。亦以二者之叢感異也。顧前後二異。其所以為異又有異焉。前之異也異於其量。而後之異也。異於其品。量異者品同也。品異也。量同也。此所以為異之異誠有能言其故者歟。是誠可析以益求其所謂元知者耶。抑此即元知。而不可以更析也。二者皆非吾名學之所宜問也。然則名學之所得言者何。曰。當吾覺一格倫之水之叢感。與吾覺一格倫之酒之叢感也。是二感者固異。而又未嘗盡異也。有所同。有所異。而其所同者。即一格倫十格倫二水者之所以為異也。水與酒之所同。一與十之所異。人之所謂數。所謂量者。量之同異之無可解。等於德之同異之無可解。獨吾所欲言者。量之同異。猶德之同異。必以感為之分。持十格倫之水。而視之飲之者。其心之所覺。與持一格倫之水而視之飲之者。不可謂盡同也。察一尺之木。與審五尺之木者。其所覺必有異也。其所以異吾不知也。事固有人人之所知。而為人人之所不自解。生而瞽者。不知何者為白色。欲告之以見白之為何狀。固不能也。蓋其事皆以官接。以心知。然則物量之基之於叢感。猶物德物倫之基於叢感。即覺即知。無可析言也已。

第十三節　申言物德基於人心之覺（己）

品與量皆物之德也。而皆基於吾心所受於彼之叢感。而其名以立。然則雖謂為其物致感之能。無不可也。品與量之外。則有倫。又物德也。以言其基。則大抵亦等於品量。倫之有基。在其所同之事。而事舍心之所感。中之所發者以爲言。則無物也。然則雖曰是對待者致感之能。又蔑不可也。雖然。倫固有其後起而繁者。而亦有其爲元知而簡者。簡者何倫。若相次之與同時。若相似之與不肖是已。凡此其名之所由起。皆即存於本物。非對待者之外。別有所同涉之事也。如此。故其義不可以更析。雖然。如此之倫。固不必別有覺意以爲之基。而其本物。則皆覺意之事也。言同者。吾意同也。言相次者。亦吾意之相次也。萬物固皆意境。惟其意境。而後吾與物可以知接。而一切之智慧學術生焉。故方論及於萬物。而明者謂其所論。皆一心之覺知也。

案觀於此言。而以與特嘉爾所謂積意成我。意恆住故我恆住諸語。合而思之。則知孟子所謂萬物皆備於我一言。此爲之的解。何則。我而外無物也。非無物也。雖有而無異於無也。然知其備於我矣。乃從此而黜即物窮理之說。又不可也。蓋我雖意主。而物爲意因。不即因而言果。則其意必不誠。此莊周所以云心止於符。而英儒貝根亦標以心親物之義也。

第十四節　申言心德舍覺感而無可言

前之論萬物也。其於形體也詳。而於心神也略。蓋以謂道無二致。知形體則心神可不煩言解也。吾心之德。其所由發見者。與外物之德。豈有異哉。亦基於所覺感者而已矣。雖然。心德有健順二者之可言。故言心德者。言其所以感人矣。而舍其自感之情則不備也。凡心之德。莫不如此。義兼能所。不可偏廢也。雖然。言心之自感者矣。而可指者不過其所起之意念也。吾今謂一心曰敬。又一心曰鬼。又一心曰睿。又一心曰愷悌。凡此亦謂其內主所呈之意念情志。有合於是數者之稱。且爲其所常常發見者耳。夫固自其可見者而稱之。不然。末以云也。

夫言心之所自感。固如是矣。而言其感物。則其事與形體之爲感。因大抵同也。物之致感也。常由官骸。以及感主。而心之致感不同。不由官骸。而以情思爲接。此凡人類毀譽之義。皆基於此。今有稱一人品者。稱其人品。無異稱其心習也。設吾以其人之心習爲可好。此無異言我思其心。實好之也。且其義不止此。當吾之稱是言。不但心焉好之也。又自以其好爲宜然。故稱如是之名也。往往舉一名而具二義。稱者所指之心德一也。稱者所自具之心德。感於所稱而然者。二也。如有人曰。某眞好義。則所稱者之好義。與稱者之以爲好義。同時見矣。凡有所稱。莫不如此。而其事又皆止於覺感之中。由所稱而知一人之心習。其思慮情志。是能感物者之爲何。亦由所稱。而見其所感者思慮情志之何如也。此感應之機。同時並立。使缺其一。則其事不可見矣。

且由此而知。不獨心之爲物。有感應也。卽在外物。亦時有之。故稱物之德。其名不但以所感於官形者爲之基。譬如言一圖畫之美。其所以有是稱者。不僅圖畫之美也。而人心之欣悅見焉。顧欣悅者情也。非形感也。見圖畫之美者形感也。悅圖畫之美者心情也。然則美之一名。所謂德基實兼兩物。心情形感。同時並見而前之徒言形感有未盡也。

第十五節　總結全篇所類之名物（庚）

無間形上於形下。蓋至此而羣有可名之物盡矣。亦至此吾心所得舉之以思議羣有者亦盡矣。吾之類族辨物也。始於覺意。而致嚴於內外之分。夫在心之意。不獨與意之所存者。大有異也。而當心之覺實與吾官之形變不同。此不可混也。至於意之爲物。則以一幹而分四支。因於物而接以官者謂之感。（西語不以情爲感。而中文則情感混。）系於物而轉於心者謂之思。（讀去聲。）不可自解者曰情。（如哀樂欣戚之屬。）將以有爲者曰志。凡此皆最初之心德。而屬諸元知者也。雖諸家謂感物之間事資別見而吾不特舉之者。竊謂別見與信。初非兩物。而信又爲思之一端。故無庸特立也。至於爲作。（此兼言行而言。）則志而事從之。志之得果者也。

次於意。乃及物。物有形上形下。形下者體也。形上者心也。（自此非中文所謂五藏之內團心。亦非腦脊髓之謂。三物皆體也。）體之終存者質。心之爲用者神。神質二物之本然。古今理家言之者衆矣。而卒莫指實。故今者舍其異議。從其大同。則神質二物。所可知者。在其發見。而發見非他。惟吾心之所覺已耳。故體者外因。而心者內主。外因內主二者。其本體皆不測者也。皆不可思議者也。意物而外。有可名者。乃物之德。德以一幹而分三支。曰品也倫也量也。（品獨言則稱德。別言則稱品。）品如物然。吾所知者。皆其感意。舍其感意。無可言也。既爲感意。前既舉之矣。何取而別爲一類耶。曰從世俗之常稱也。故曰感爲德基。而德之可言。惟心所感。其次則有倫。倫之簡者。若相似與不相似。並存與不並存。誠與常倫有閒。所宜分著。至於其他。對待之情。皆基於事。而事又不外感意之聯屬錯綜者耳。非殊物也。其三則爲量。量者。數也。數之爲殊。亦在意覺。大小多寡淺深輕重繁簡之分。舍心所覺。物於何有。是知凡物所具以爲分殊者。皆待吾心之覺知而後有。品倫與量。三者皆然。即在倫之極簡。所謂與常德異者。而其相似與否。同時與否。亦即感以云。非能外感而爲有也。獨是二倫。本於元知。而關於觀物者至重。爲他覺所由分。不宜爲意若德之所屬。而誠宜特標之以自爲一類者也。

然則總前之所得析之極於至精。而宇內可名言者四。

一曰意(心之所覺者是。)

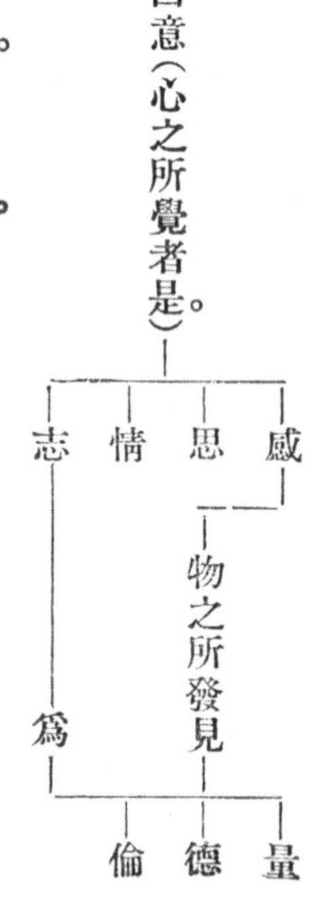

二曰神。意之內主。

三曰形。意之外因。

二者皆物。所謂薩布斯坦思者也。神形常與德俱。而後能有所感。然謂德屬於物者。特常語如是。言名學者欲爲異說而不能耳。非必曰物誠有精。抑有獨具之性。以爲諸感之根也。

四曰法。法推極言之。盡於二倫。一曰相似與不相似。二曰並有與不並有。二倫見於物矣。而實覺於意。因於物者。其所感者也。呈於心者。其所覺者也。

不佞所舉可名之物。盡於此四者。使其有當。則取此四有以代亞理斯大德之十倫可矣。夫四有之用。必俟知察辭之義而後大明。所謂察辭之義者無他。問聞一辭而然否之者。吾心之所思者果何物也。

吾云四有盡一切可名言之物者。意謂使吾所分類者而當將一切之名。必居四有之一。抑析之而可分屬其一。卽至世間一切之事。於此四者亦必居其一。抑爲四者之所合成也。事有內主外物之分。凡事之純屬於覺意者。謂之內主之事。而事之純異夫此。抑不盡屬於覺意者。謂之外物之事。雖然。外物之事。緣內主之事而後見。謂爲外物之事者。特指不可知之因。所以致此內主之事者耳。他莫可言也。

案此篇穆勒氏所舉可名之物。理解精深。而譯事苦於不悉者。則中文之名義限之耳。雖然。以利俗文字言名理者。其苦於難達。各國之文字皆然。不獨震旦也。今試總其大意。則此篇所論。發端於十倫之不可用。次言羣有之無專名。次舉名物矣。而以心之所覺爲首類。覺分感思情志四者。次言物。而物有內主外因之分。次言德。而德有品倫量三者之異。如此而可名之物盡矣。然則穆勒氏固分可名之物爲三幹類。意物德也。而乃於總結全篇。忽分萬物爲四有。意神形法者。其義何居。德既不爲幹類。而所謂法者。又特別物倫中最簡之二事以爲之。於義果有取乎。竊思其旨。蓋彼謂物德既緣感而後見。神形又舍德而無可言。則德者固可附於意物二者之間。不必自爲其一類。而所舉二倫事屬。元知爲言一切法言發見變滅者所不可離。蓋相似與不相似者。宇之事也。並存與不並存者。宙之事也。宇宙爲萬物共有之原行。所關至鉅。而不可徒以倫舉也。故特標之以自爲類如此。是四有者。如質學之原行然。凡吾人所可舉似之名物。將於此而得其所屬。抑析之而皆得所屬也。穆勒氏之義。殆如是歟。所願與治名學揚搉之也。

篇四 論詞

第一節 論綴系之體用

是書甲部。所欲明者詞。詞必有其兩端。故往者三篇之所論。皆名之事也。乃今將及夫詞。與夫一詞之義蘊。然是又不可以一蹴至也。則如論名然。必先取其淺而易知者言之。

吾前不云乎。詞者。推所謂以離合於詞主。而意足句完者也。夫欲爲成詞。得所謂與詞主二名者以爲兩端。是吾事矣。然徒執兩端。曰此將爲詞主。彼將爲所謂。而無以爲其離合者。義未盡也。吾英之文字。常取所謂之名。變其體以爲之。如曰火炎。火詞主也。炎者所謂也。今於炎之字體稍變。則見者聞者。使通吾文。皆知此二名之爲合也。其他則有專用之字。以顯其離合之義。如爲與非是已。凡如此之字。所用之以顯離合之義者。謂之綴系。如曰火爲炎上。如曰火非原行。爲者其合。非者其離。此言語之道。常如是也。顧綴系之體用。至明顯矣。而有時其義尚有所駢枝者。則人意好爲苟察。而故求其深之過也。以綴系之義之不明。名家有作。往往使人棼然不知其意之所在。則吾安可以不言乎。

或將謂綴系之所涵。不僅一詞兩端之離合已也。且有他要義焉。即如爲字。其於火爲炎上也。不僅言火之炎上而已。且見火之常存於宇宙也。如曰蘇格拉第爲義人。不僅見蘇之合於義。且見蘇之恆住焉。爲必有所爲。而有所爲者必住。故曰涵住義也。然此似是而非之說也。姑無論綴系之字有無恆住之一義。就令有之。亦不過其字之歧義已耳。何可以爲典要乎。且亦視其用法何如耳。有其可涵歧義者。有其不可涵歧義者。設吾云神駝（自脛以上人。自腰以下馬。）爲文家寓言。夫既曰寓言。則明明無此物也。豈得曰句中用爲字。而神駝恆住乎。

理之不明也。往往即一贅文賸義。衍爲積卷之書。此如前舉庇音一名是已。以其字可獨立而訓爲在也。則謂無論用於何所。皆涵在之義。作霧自迷。起塵自障。此中古理家之書。所以多緐言也。以柏拉圖與亞理斯大德之精深。尚猶不免於此失。則其他又何說乎。雖然。以此遂謂吾輩後人之思力過於古人。則不可也。一汽車之煬者。其致遠任重。遠勝於王良造父之所爲。緣此遂曰煬者之健御。勝於王良造父者。塗之人笑之矣。何則。其所藉者異也。考額里思（即希臘今名）之學者。其所通者。多不過本國之語言。是故揚搉文字。而知有駢枝之義難也。夫考訂名義而知其實指者。此非通數國言語文字。以資參伍鉤稽之用者。往往不能。而所通者。尤必大心眇慮。善言名理之文辭。彼所用以達其難顯之情。難窮之理者。然後知在此一名之所稱。常在彼而有數名之甚異。斯駢枝之義見。而不至爲所陷而言詖辭矣。此治異國言語者之至用也。使非然者。雖明哲睿智如前二公。能達之者寡。方謂物之同名。必有同德。往往絕無可同。而亦望文生義。從爲之詞。既沿夫古以自誤。復傳諸後以誤人。斯可痛也。竊觀古今所聚訟。其緣於事實者恆少。而由於文義之棼者乃至多。故理不求其眞。斯亦已矣。假欲必求眞理。則學者當以了一名之歧義。爲入手工夫。庶使心習既成。當機立見。則知言之事。無難爲力者矣。

既明綴系之用。則請言詞法之異。與其各有之專名。所設之以標此異者。

第二節　分詞之正負

夫語成句而義完者謂之詞。詞者。取一名而離合之於他一名者也。合者然之。離者否之。然者爲正。否者爲負。是故分詞之事。而先有正負之分。正者如云愷徹乃死。負者如云愷徹乃非死。後之綴系爲乃非。所以表其爲負者。餘如乃。如爲。皆正系也。

詞分正負。其易明如此。乃或以爲不然。郝伯斯曰。詞之正負。在所謂而不在綴系。綴系無正負之分也。如云愷徹乃死。與愷徹乃非死。前之所謂死正也。後之所謂非死負也。然則負詞者。以所謂乃負名耳。與綴系何涉乎。此其言。與吾前說。本無所異。然可見治名學者。往往合異爲同。初若賅簡。而實則理轉以棼者。若此類是已。彼以謂吾以正負之事。歸之於所謂之名。則綴系無別。雖謂天下之詞。意皆然無否可也。第吾不知彼之所謂負名者。果何名耶。負名者。表一德之亡者也。既表一德之亡矣。則郝所云合一負名於句主者。合乎其負。無異於離。既無異離。則與其負於所謂之名者。何若負於綴系者之爲徑乎。夫事理之必不可混而同者。莫若是非存亡之異也。今使二者之分。徒在名而不在實。則郝之所爲。固爲益也。而無如二者之異。不在名而在實。而郝之意欲等而同之。大不可也。夫離合固有時而皆虛。而離者終不可以爲合。縱等於形。不等於實。是之所爲。果何取耶。

西文之於動作字也。有時與意之異用。是故同一動作字也。而有過去現在未來之分。又有然疑有待無待諸異。此西文之至善者也。乃有人焉。其意如郝。亦欲等而同之。而分其時與意於名物之字。此又無當也。夫昔之日出。今之日出。與後之日出。日出未嘗有異也。其時異耳。則何若於出字而區之。他若然疑之詞。如云愷徹已死。決辭也。愷徹其死。愷徹殆死。疑詞也。疑不根於物。實生於心。故區於物者亦誤。其生於心奈何。蓋云愷徹其死者。猶云吾不敢信愷徹之猶生也。

第三節　分詞之繁簡

其次。則詞有繁簡之分。簡者。句主與所謂各一名也。過是以往。皆爲繁詞。此名家分詞之常法也。雖然。其事贅矣。夫取一類之物。而所據以爲分者。羌無他義。不過以其一與不一而已。此何異見一馬與一羣之馬。而謂之爲異馬乎。今之所謂繁詞者。非一詞也。有數詞焉。得挈詞之字而合之。如曰愷徹死而布魯達生。此其爲二詞二事甚明。以此爲繁。何異號一里爲家之繁者。是亦不可以已乎。非不知是中有挈詞之而字爲之挈合也。顧此之有而。不獨不能使本二者今爲一也。且此之有而。欲究其義。本二者。今爲三矣。何以明之。蓋凡轉捩連屬之文字。其始皆自爲句者也。經用之久。求其簡捷。而縮爲一字二字焉。是一字二字者。其始皆全詞也。如曰愷徹死而布魯達生者。此無異云愷徹死矣。布魯達生矣。是二者爲相承之事也。抑曰愷徹死矣。布魯達生矣。是二者爲相反之事也。是二者之第三詞。皆而字之所展拓也。故曰。二者得而之中綴。不成其一。而成其三也。

如前之二詞。釐然可辨。其爲合也。句自有主。而亦各有所謂。而而字連屬之。顧文字之道。苟能相喻。則不妨其極簡。往往一句之中。而實爲數詞之合糅以成者。又不可不知也。如曰。比得與雅各宣教於耶路撒冷。及格栗利。此一句爲四詞之合。比得宣教於耶路撒冷一也。比得宣教於格栗利二也。雅各宣教於耶路撒冷三也。雅各宣教於格栗利四也。

然則繫詞非一詞也。乃數詞之合而成之者也。使其合者信。則其分者將亦信。顧繫詞非一。有其合信。而其分不必信者。如曰或甲爲乙。抑丙爲丁。如此詞。非曰甲爲乙。丙爲丁也。謂甲爲乙。則丙不爲丁。丙爲丁。則甲不爲乙耳。二義互滅。如參商然。此其一也。又如曰使甲爲乙。則丙爲丁。如此詞。亦非曰甲當爲乙而丙當爲丁也。謂丙之爲丁。必待甲之爲乙耳。二義相生。如驂靳然。此又其一也。二者皆未定之詞。威得理有言。凡互滅之詞。皆可析之而爲相生。互滅之詞一。往往成相生之詞二也。如云或甲爲乙抑丙爲丁者。無異言使甲非乙則丙爲丁矣。使丙非丁則甲爲乙矣。故未定之詞。雖以互滅爲式。實以相生爲義。而未定之詞。卽謂皆相生者可也。凡詞意已定。無所待者。謂之徑達之詞。

未定之詞。與前之繫詞異。繫詞雖析。猶信者也。未定之詞。析則不信。設云使歌蘭（回教之經）果由天授。則穆哈默德爲天遣之神巫矣。此非謂歌蘭爲天授也。亦非謂穆哈默德爲天遣神巫也。二詞無一信者。獨合之而成未定之詞。則其誠信至無可議。蓋其所達者。非二詞之所指。乃指後詞之待。推驗於前詞也。然則未定之詞。其詞主與所謂。皆可得而實指矣。前之詞主。非歌蘭也。又非穆哈默德也。詞於二者未嘗有所指實也。故其詞主。卽爲全句之詞。穆哈默德之爲天遺神巫是已。而其所謂。亦爲全句之詞。意若曰。穆哈默德之爲天遺神巫。乃待驗於歌蘭果爲天授之事。此爲一徑達之詞。而其詞主所謂。乃後先二詞所指所陳之事理。故一切未定之詞。互滅者可轉之以爲相生。而相生之辭。可轉以爲徑達。如云使甲爲乙。則丙爲丁。無異言丙之爲丁。驗於甲之爲乙。

由此觀之。未定與徑達之詞。雖異於形貌。而未嘗不可以會通。徑達之詞。詞主與所謂二名也。未定之詞。詞主與所謂二詞也。而二詞猶二名也。詞以爲名者也。則謂未定之詞。其理與常詞異者。不待深辨而知不然矣。且以詞爲名。而以與所謂爲離合者。不徒於未定之詞然也。蓋詞如名然。一意足義完之物也。是以皆有其德之可論。有其德之可論。斯亦有其離合矣。請舉二三以爲譬。如曰。全必大於分（去聲）者。數學之公理也。又如曰。王者以孝治天下者。支那之大法也。又如曰。謂王者爲膺天命者。革命之議院黜其說矣。又如曰。以教皇爲無過舉者。於新舊約皆無稽也。凡如此者。皆以全詞爲詞主。而後有所謂以離合之。而自成單詞焉。

夫未定之詞之與常詞。其格式雖若甚異。而實無大異如此。則吾不識世之著書言名學者。何獨視若甚重。而不憚煩冗。反復長言之如彼也。一若忘以詞爲名。而有所謂。其所謂者。卽推此詞之所由信。夫所由信。固一詞之要義。而爲名家所最著意者矣。

第四節　論詞有全偏渾獨之分

詞有正負繁簡矣。而又有全偏渾獨之異。全偏渾獨者。以詞主之異爲詞之異者也。如左。

全謂之詞。　凡民有死。

偏謂之詞。　有民爲君子。

渾謂之詞。　民無信不立。

獨謂之詞。　舜聖人也。

獨謂之詞。其詞主必爲一獨立之物。而其謂專名與否。又不論也。如曰。創景教者謳於十字以死。爲云耶穌謳於十字以死一也。

所用以爲詞主者。乃公名矣。設吾取物之共此公名者。一切謂之。此全謂者也。普及者也。設吾取其一分而謂之。分之大小。不必定論。此偏謂者也。如曰自古皆有死。曰人人有死。全謂之詞也。卽言人孰無死。無人不死。雖負。而亦全謂之詞。蓋無死不死。得孰以爲問。得無以爲離。皆普及之義。獨至云有民爲智。或者爲下愚。凡此皆偏謂而未偏者。前之智。後之下愚。皆取民之一分而謂之。至於分之衆寡。固無定也。假欲取其無定者而定之。則是二詞者。或轉爲獨謂。或轉爲全謂。而詞主之名變矣。如曰凡教之得其道者。其民皆智。自甘暴棄者爲下愚。是已偏謂之詞。尙有他式。如云民大抵皆失教者。大抵亦非偏及之意。且其所區之衆寡。亦不得謂爲已定也。

其有詞中所用以爲詞主之公名。全謂偏謂。未明言者。是爲渾謂之詞。雖然。此之分別。以謂贅旒有之矣。蓋一詞之宜。爲偏爲全。言者之意。必有所指。雖不見於本詞。實可求於言外。抑得之於前後之語氣也。由此言之。詞有全偏。實無渾謂。如曰天地之性民爲貴。此所謂民。必全非偏。無疑義也。雖無凡皆諸字以明示之。而其意固已顯矣。又如云酒爲佳物。此所謂酒。固偏非全。蓋其物有美惡。而酒之爲用。亦有時而宜。有時而害。固不得全謂之佳。明矣。故名家培因曰。渾謂之詞。多見於不以枚舉之物。如云。人之所食。其質乃炭養輕淡諸原行所合成者。此通謂全謂之詞也。又如云食品爲養生所不可廢。所謂食品。乃偏非全。生不待盡物而食也。

凡一詞立而盡其類者。名家謂之普及。如云。凡民有死。此普及夫民之類者也。而所謂有死之一名。則非普及。有死者衆。不獨民也。設云。有民爲白種。則兩端皆非普及。民不皆白。而白種者又不皆民也。又如曰。

無人能飛。則兩端皆爲普及。飛固無與於人。人亦無與於飛。是二類者全不相入也。分詞以全偏渾獨者。其用之切。必待後之演連珠而後見之。既明普及不普及之分。則諸詞之界說。易以立矣。如曰。全謂之詞。其詞主普及一類之物者也。偏謂之詞反此。四者而外。詞尙有分。而所關甚重者。惟其理須後篇及之。今未遑也。

篇五　論詞之義蘊

第一節　論名家有以一詞爲離合二意者（意主心之所有爲言）

今欲取一詞而考其情性。則所爲於二者必居一焉將取吾心之能信者。而諦論析觀之歟。抑取吾心之所信者而分擘詳審之歟。夫名理之藏於方寸。與外物之具此名理者。吾心之然否。與所然所否之不主於吾心者。世間言語爲之立別。而不以爲同物也久矣。

名家之言曰。名學有三物焉。曰端。曰詞。曰連珠。端者名物也。詞者。執兩端而離合之以綴系者也。連珠者。三詞相承而立一證者也。是三者見於言語文字。而吾心之所爲。有與爲相應者。以吾心之知覺而有端。心功之至簡者也。（簡者謂不兼不雜）以吾心之比擬而有詞。平稱兩端而審其同異者也。至乎連珠。則思議之事。純爲推知者矣。然吾今之爲名學也。但言見於語言文字之三物。而不及此心之所爲覺擬思議者。蓋以爲此心學之所宜論。而無與於名學故也。然輓近愛智諸家。自特嘉德以降。如德之來伯尼。

英之洛克爲尤著。皆不用此說。而以爲詞生於擬。心之事也。設不從其根心者而言之。則其說爲不根。而必爲之數子者之所擯。又曰。詞者所以達心之所比擬者也。故可論者非詞。而在詞之所爲達者。當八見一詞而然否之也。心固有所比擬也。惟知心之所爲者。知詞之所蘊。外是皆不足以論詞也。

惟求合於是說。遂使二百年以來言名學者。無間英法德意。其論詞皆從比擬之心而論之。而謂詞與比擬爲同物。皆取一意以離合於他一意者。何謂比擬。比擬者。排比二意者也。二意相受者也。二意互較者也。觀二意之同異者也。總之其論詞與辨證也。蓋無往而非卽中懷之意念情感以云之矣。

夫曰口爲一詞。而吾心必相應而爲一比擬者。夫寧不然。特惜其言之而尙有未盡云耳。如曰金之色黃。當其矢口也。吾之心必有金與黃之二意。同時而並舉。然而未盡也。徒舉二意。雖無所信可也。如曰金山。金與山猶舉二意也。是豈獨無所信。心知其無是物矣。人雖深知穆罕默德非天之所遣。而方爲擬議。非舉穆罕默德與天之所遣二意者於吾心。則無以爲也。而前數家者。輒謂舉二意矣。其心尙有所然否離合。此其事甚深微妙。爲言心者所最難。顧吾獨謂無論是甚深微妙者云何。其事皆與一詞之義蘊爲無涉。何則。詞之所代表者。非直意也。而在物與物相與之間。（其所言卽指心之能所者。不在此論。）方吾信金之爲黃也。必前有金與黃之二意固無疑。顧吾之所言者非意也。物也。吾之所信者。處心之外。有物曰金。又有金之所呈於吾官者。此非吾心之變見。吾心之變見如二意者。與外物之自然者何涉焉。或又曰。當吾心之信一事實也。其在外物固然。而吾心境與俱變也。變者何。即離合此二意是已。不知此不獨於信一事實爲然也。凡有所爲。吾心莫不如此。方吾之知耕也。吾之心必先有地與耒之二意。而排比連綴之無疑也。然而曰吾之爲耕也。乃以耒之意加地之意。抑曰取是二知者。而排比連綴之。以是爲耕。聞者有不大笑者耶。凡知耕者。其心非先有地與耒之意。誠莫有能者。顧以耒入地而爲耕。其事功在物而不在意。由此推之。心有所信者。雖其心不能無所知於事實。然其所信者終在物耳。非其意也。設曰火生熱。將謂吾之意火生此意熱乎。抑曰有物變曰火。生他物變曰熱者乎。此不待深辨而明者也。使吾之所云。果在意而非物。吾固將頌言其爲意。如曰兒童兵戰之意。與眞戰異。又曰。人於帝天。各立一意。此其爲異。關於民智風俗云云。凡此皆即意爲言。法當明指者也。

自近世名家。謂一詞之義蘊。重在二意。若詞主與所謂者之所以離合。而非言外物。理解既差。其弊遂爲至今之大梗。二百年格物窮理之事。無往而不駸駸。獨名學一端。無進步之可指者。有由然矣。此中之述作。與一切關乎名理之心學。雖不乏精能之士。多識之儒。而察其宗旨。縱語默殊科。要皆謂窮理之事。不出吾心。與其逐於外觀。不若收視返聽。即其物之意象以求之之爲愈。不知物生而後有象。彼舍物言象者。何異言欲識一人形貌。不必親見其人。而但觀其圖畫爲已足乎。當此之時。凡爲自然之學者。（如化學格物及生理天地諸學。統稱自然學。）類皆日知所無。獲無窮之新理。旣美且富。人事資以日脩。天理由之日實。而考其所由之術。其得諸近世之名家者蓋寡。彼方以卽物爲始基。以觀化爲實踐。而笑名學爲空虛。徒侈心性之談。而終無補於事實也。故自意宗之說行。而名學進境。轉不由於專治此學之家。而收效於格物實測之士。彼用其術而得自然之新例。此標其理以爲前者之所無。是名學無助於格物。而格物有大造於名學也。雖然。格物之士亦大誤已。彼常以後人之所爲。而輕訾其本學。遂謂自古名家。皆不知實測爲何事者。此其說不已誣歟。

是故吾黨今者之所爲。其所討論者。非此心之能比擬也。乃其所比擬者。非此心之能爲信也。乃其所信之何事。方一詞之立。心之所然否者何耶。其所指之事實爲何者。吾舉一詞。吾之所謂然。與他人之同然者安在。所謂實中其聲。而爲一詞端竅之所係者。果何物歟。

第二節　論名家有以一詞爲離合二名者（名兼其義）

若夫起而承如是之大對者。則嘗有人矣。郝伯思者。天下之辨士也。其言曰。詞無他義。言者以詞主與所謂。爲異名同實已耳。詞主之所命。等於所謂之所命。如是者其詞信。不如是者其詞妄。假云。人有生之物也。此其詞信者。以有生之物。足以盡人類也。又假云。人長六尺。此其詞妄者。以六尺之長。不足以盡人類故也。郝之爲言若是。

察郝之恉。固將以此爲信詞之界說。此雖不足以盡物。然其說固非無所明者。蓋詞之信者。與其言必有合故也。曰詞主。曰所謂。二者皆物之名也。使二者實異。將不得取其一以謂其一明矣。假使吾云民有稷色者而信。則萬物之中。民之所命。與稷色之所命。必有其冥合者。又如曰凡牛齝而信。則物之名牛。必盡於物之爲齝者。而人之爲前後二詞者。固以詞主所謂。爲異名同實無疑也。

是故郝伯思所指爲一詞之全義者。凡詞皆有之。而謂郝得凡信詞應有之一義可也。郝之所指。有盡一詞之義而無餘者。有得其一義。而未足以盡之者。前之類爲詞少。後之類爲詞多。故充郝之言。不過見一詞之義。可使至微淺。而不得遂謂天下之詞。舍郝之所指者。無餘蘊也。夫一詞之成也。執兩端之名。而中聯之以綴系。但使義無違反。而是兩端者可以相謂足矣。莫有非之者矣。然吾終以謂不足盡詞之蘊者。蓋如此雖足以成詞。而成詞者意義固不僅此。夫詞者。法也。而詞之所指者。實也。法一定而實萬殊。故一詞之所達者。不盡在二名相與之際。如郝所標舉者已也。

若夫一詞之所達。盡於郝之所標舉者。固有之矣。如兩端之皆專名獨名者是已。顧如是之詞。得幾許乎。夫專名固無涵。不過一物之徽志。取便說辭而已。故取一專以謂他一專者。見二名之爲同物也。而郝乃以此盡凡詞之義。今有人曰。撻禮爲甄克祿。海得爲克黎林敦。若此二者。則盡於郝所云矣。至於其餘。烏足盡乎。吾意以郝之精深。而有此失者。以名宗之學者之於名也。大抵察所命。而不重所涵。彼以謂名之能事。主於爲別而已。如徽志焉。而於公專之殊。不甚加察。而以二者爲同物。公者以別一類也。猶專者之以別一物也。其受病如此。而論詞之失從之矣。

然而名之所重。固在所涵。名大抵有涵者也。無涵者。獨專名與辛名而已。外此則名之所以爲名。不於其涵。末由見也。故析一詞而欲求其義之所底者。當察詞主所謂二者之所涵。而不在其所命之外物也。夫曰詞之所以信者。在詞主之義。與所謂之義合。如曰蘇格拉第賢者也。詞之所以信者。以蘇格拉第與賢者之二名。可即一人而謂之也。顧吾獨怪郝之爲此言也。獨不思是二名者固可加之同物矣。而是物之可被此二名者。獨無故耶。此非若互訓之名之可以通轉也。當人類設賢者之名也。固不知有蘇格拉第。而蘇格拉第之親之以此名命其子也。意固不必在賢者也。然則以一人而得被此二名者。其因固由於事實。而是事實者。誠非制爲前二名者之所前知也。使人而欲知此事實也。亦惟求之於涵義而已。

謂此而曰石。謂彼而曰鳥。或稱人焉。或稱賢人焉。此無他。物具如是德者。則稱之以如是名也。是故人名之義。亦其德耳。非其所命之約翰、路加、抑餘子也。謂一類之物曰有死者。其義亦然。以具可死之德也。乃今曰人皆有死。則此詞之義。固謂凡物之具前德者。且將具後德也。自吾有生以還。見物之具德如前名之所涵者。當與後名之所涵俱。而莫有異者。則知人之爲物。固屬於有死者。而有死一名之所命。人特其一宗已耳。雖然。何以言之。夫取名以定物者。以所具之德。固如是也。然則一詞之誠妄。固定於二名所具之德之何若。而非以其物之徒有此名也審矣。且名者後物者也。物有同德。而名從之。非先爲有涵之名。而後其物之德定也。向使有一德焉。常與他德而並見。則察名之與是二德相應者。固可同稱一物如郝之所云云者。雖然。是一物而有二名之故。起於二德之偕行。而往往非造名定義者之所前知也。今曰珆㺟（音殆猛。俗呼金剛鑽石。）其物本炭質。故焚以雷火。則皆然爲炭養。此數十年來化學家所新得之物變也。）者。可然者也。此亦詞也。而是二名之可合。夫豈制爲珆㺟與然字者之所前知者哉。且欲知此詞之誠妄。徒取其名字而析之。至於頭白不可得也。此其爲事。誠不在文字間。必竭其耳目心思之用。而後見可然之德具於所即物而求之珆㺟者。且必歷試焉。累驗焉。夫然後推已試已驗者。以及其未試未驗者。而知此爲自然之符。凡物之命以此名。而具其涵德者。實又有一德焉。與相附偕行而不可離也。是故一詞之設。析而觀之。乃謂凡吾人覺一局一宗之叢感者。將有他感焉與之偕行。抑自物言之。則曰凡物具某某德者。乃今知其復有他德與之並見也。是二者皆非文字語言之事。而實造化自然之律令也。所謂天理流行。循業發見者也。

第三節　論名家有以一詞爲辨物類族之事者

郝伯思論詞之說。後之學者。主之者稀。然有他一說焉。其明白簡徑。遜郝說遠。顧其旨實無殊。此又可得而論也。學者多謂詞之爲物。無他。不過推一物以歸一類。抑推一類之物。以屬他一類之滋大者而已。如今曰民皆有死。此推民之一類。以屬之有死者之一大類者也。又如曰柏拉圖智者也。此推柏拉圖之一人。以歸諸智者之類者也。此二者皆合之事。其有爲離之事者。則爲負詞。如云象非肉食者。此見象與肉食區爲二類。而不相統。不當於肉食類求象也。其說自我觀之。與郝之所持。實未嘗異。蓋所謂類者。不過無數之物。可命以同名者耳。以其同名。所以爲類。故推一物而歸於一類者。實無異言物與類同名也。區二物以爲非同類者。無異言不可以此類之名命是物耳。

欲知名家多主是說以論詞。(一)但觀所謂曲全公論者可以見矣。曲全公論者。以前說爲之基者也。(案悉舉曰全、偏舉曰曲。曲全公論首標於亞理斯大德。所謂全是全非公例是也。其例曰。於一普及之名而有所謂者。全正者曲亦正。全負者曲亦負。或曰。大類之名。苞諸小類。大類爲全。小類爲曲。全然者曲然。全否者曲否。或但曰。凡全之德。曲必同具。）名家意謂辨證之事。存乎推知。而推知之理。究極言之。不過凡事有一類然者。則其所屬之物莫不然而已。此審勘一議眞妄之歸宿也。此其意直謂議者詞之積也。而詞之所爲。止於類族辨物。類族者。物以羣分也。辨物者。物各有屬也。於此而不失。斯其議可期無妄已。

雖然。是言也。眞所謂因果倒置者已。何以明之。設吾云雪白。如彼之云。將謂吾之爲此詞者。無異以雪之小類。屬之於白者之大類也。無異以雪之曲。傅白之全也。乃不知吾云雪白者。吾之意誠以雪爲一類。何則。吾之所言。非一雪也。獨至於白。吾何嘗有白爲一類之思乎。白者。吾所覺於雪者也。吾所憶於雪者也。故吾意中之所有者。獨雪與是感而已。至夫詞之既成。夫而後思天下之物。白者不獨雪。雪之外猶有物焉。可以白命。而與雪爲類也。然此爲後起之思。繼所擬而爲議。其不能先爲白之一大類。而以雪爲之小類。抑取白爲全。以雪爲曲。而先議後擬也。彰彰明矣。夫覺白因也。族白之物以爲一類。果也。吾聞名理之事。有以因解果者矣。未聞有以果詮因者也。故曰是倒置之言也。爲倒置之說。豈徒不知詞義已哉。且不知類族辨物之果何事也。此其所以致此失之根也。

吾嘗聞近世名家之言論矣。其於類物而命名也。一若天下之物有定數。而爲人所周知而無餘也者。方其制一名字也。人固卽宇內之物。一一而詳審之。繼乃統之而爲宗。標之以爲目。此而州居焉。彼而羣處焉。部署既定。乃各錫之以名字。凡言語文字之所有事者。皆如是以爲之。至於咸備矣。將於所擬議者乎。將欲知以一名謂彼名之爲然否歟。則覆考前人之所簿錄者。察其所欲謂者。果爲是名之所屬足矣。彼若曰。此制爲名字之聖人。夫固盡一名之屬而僂指之矣。今吾所爲。但卽其所前定者而覆稽之。足吾事矣。寧資他道以審詞之端窾誠妄也哉。

夫确而言之。其所持之說。乖謬至於此極。此其說固宜學者所不承也。然試問今之以類族之義。爲足盡一詞之藴者。其所執以爲類族之義。舍前所云居何等乎。

公名者。非有畛之物之名也。類者。非既盡其族而加之約束。使分區也。夫一類之物。乍多乍寡。至無定也。吾之立爲一類也。不必盡其物。甚且於其屬無有知。或於其屬心知其之有。莫不可也。且一公名之義。不存其所命之物也。使存夫命物。將公名無定義。卽令有之。後將變矣。故公名之有定義。卽以其命物之無窮。有已知者。有未知者。有去者。有來者。有今者。獨其所具之德。常如是耳。故格物云者。非取其名而翫其廣狹深淺也。將實測自然之變。知有物焉。與此爲同德。而爲向之所未聞者。斯人之識知進矣。斯於其類而益之以是物矣。（此如格物家知玷瑤爲可然。知琥珀拾芥與震電爲同物。皆實測以後之事。）是故吾之推一物以合於其類也。以吾詞之信也。非吾詞之信以此物之屬乎其類也。

夫名學者。求誠之事也。非徒錫名區類而止也。自此宗學者。以名學之事爲盡於類分。遂使治此者。不徒於正名定辭。不覩其大者也。而思辨之際。舉受病焉。而道以益晦。此不佞將於後卷言外籀時更及之。自歐洲有革命之世變。而亞理斯大德勒之燄遂燼。學者恥拘其說矣。自茲以降。言名學者。大較盡於二宗。以思議所加。爲在意而不在物。一也。以格致之用。不必逐物而即名可知。二也。出夫前者。必入夫後。此名學之所以淪於虛。而爲治形氣講實事者所不貴也。

由夫郝伯思論詞之說。其敝也。將使理之是非。不關在物。而一出於人心之所爲。初無定準。幾若可齊。此非不佞之言也。來伯尼論之。郝伯思且自言之矣。（郝氏名學八卷第三篇。有由此觀之。所謂是非眞僞者。待制字立名之人所前定耳。抑其所初受於人者耳。何足以爲典要乎云云。）然遂謂郝氏與治郝氏之學者。於誠妄之分甚泛。初不若他人之精且確者。則又不然也。其謂如此者。不讀郝氏之書者也。此以見郝氏之說。雖自信且不篤。遑以喻人乎。蓋謂物理誠妄之分。不遠名稱之事。而古人徒以意爲區分者。不獨郝氏不然。世之人無如是者。夫詞之然否異同。有以名者。有以事實者。每窮一理。由泛入切。由公入專。則其不可混立見。是故一詞之詖謬。有以不知所用之名義而然。亦有以所見事實之誤而然。瘖者無言語之用。故其爲詞也以意。意有誠妄者。以其心之所謂然者。或不然也。雖然。此理非郝氏所不知也。言此之明決。實無逾郝氏者。特郝氏不以此爲妄。祇爲過耳。其於他日。嘗爲一詞之義在其所涵者矣。亦嘗謂物有公名。以有同德。而夲名卽命此德者矣。故其言曰。物有察名。而常以其夲者爲之因。名之因卽吾覺之因也。蓋物有致感變見之能。而吾心從之以得覺。故物德者。物所有專於吾官之情狀。而或者所指爲流形者也。郝之爲言如是。吾獨怪郝之思力。旣至此矣。乃不能更進一解。而悟彼所指爲察名之因者。卽爲其名之義。方吾於物而有所謂。其所謂者。非但名也。乃用名以謂其德。藉察者以謂其夲者耳。（案穆勒謂意有誠妄。郝所自言者。如其名學有云。人之有失也。不獨於言語文字之顯爲然否者也。覺意之中默然無語。而其失已具。此之謂意失。此謂不宜之過。意失往往呈於見物覺物之頃。心之意念隨物爲轉。方由甲轉乙之時。或意一事爲已往。而昔所本無。或思一境爲將來。而後所不至。見日於水。妄意水中有日。見獸於雲。或念雲間有物。或因弓刀而思何處必有戰鬬。或因許諾乃揣諾者如何居心。又如見一徽志。轉謂此爲何等記號。而實不然。凡此無言之意失。有官竅以接外物者。恆有之。不必爲矢口以後事也。）

第四節　論詞究爲何物

則從其簡而易明者言之。今使設一詞於此。其所謂爲有涵之名。其詞主爲專名。如曰須彌之巔白。白之名涵其白德。而物名須彌之巔者。實有之。若白之德。以吾心之感白爲之基。實爲形氣之一事。是故當人之爲此詞。乃欲以目之所見。心之所感者告人。初非於是二名者。有所置念也。然則究此詞之義。爲有一物焉。（詞主之所命者。）有如是之德（所謂之所涵者）而已。

更試設一詞於此。其詞主。所謂。二者皆有涵。則其義較前之所舉者爲稍繁矣。先以其詞爲全謂。爲正詞。如曰凡民有死。此其義如前。亦謂有物焉（詞主之所命者。）有如是之德。（所謂之所涵者。）其所異。在詞主所舉之物。非一二而數之。一二而數。其勢有不能。故重者不在於所命。而存於所涵。所涵者德。物之同具此德者。皆此名之所普及也。蓋其可知者在德。而不在物數。且自其詞爲全謂。故其數爲無窮。可知者少而不及知不可知者多也。是以此詞之義。不與前同。非曰所謂之德。爲某某物之所有。又某某者。若約翰若妥瑪若雅各等。爲言者之所前識也。乃曰是有盡之德如死者。乃爲凡物具一局之德。如涵於民者之所同然而無或免也。無論詞主民。所涵一局之德爲何等。爲此詞者。但知其有此一局之德者。將必有別一德焉。如死之所涵者。與之偕行而已。有民之德。斯有死之德。民與有死常訢合而未嘗離也。前謂凡物之德。其名由事實覺感而後起。或接以外官。或覺於內主。故云物有此德者。無異言其有此致感之因。抑有關於此事實者也。乃今更進而析之。將謂凡詞之言有一德。常與他德俱見者。無異言有一感焉。常會於他感。抑有一變焉。常與他變偕行。蓋以吾之旣得其一。其一之必存。當可決知故也。即如前詞。凡民有死。民之一言。乃加於一類之生物。而是生物之得此名者。以有所呈一局之變。現有屬於形氣者。如其體貌形質。爲吾外官之所接者。有屬於心神者。如其知覺思想。爲吾內主之所通者。方吾言民。聞者謂知其義。皆曰涵前德也。乃今言凡民有死。此無異言無論於何所何時。但見前一局形氣心神諸變見者。將更有一形氣心神之變曰有死者。與之並著而不可離。得其前則其後自隨如影響者。詞固不言何時。蓋有死祗云有盡而何期乃盡。固未定也。

第五節　論詞表四倫曰相承曰並著曰自在曰因果

前論乃最常見之詞義。蓋人聞一詞。而有然否之可言者。大都存於二事。而解釋名義之詞固不論耳。是二事者何。曰指二變之相承也。曰指二變之並著也。凡此皆以時言者也。方吾發論之初。輒言心有所信。

必存兩物。今乃知所謂兩物。卽二變也。而二變無他。卽吾心所有之二覺意耳。而是二覺意之間。一詞之所表者。其相承與否。其並著與否耳。人皆飲食。知味者寡。是以人人有詞。而不知所言之果爲何事。卽如此詞。所謂相承並著二者。設未置思。必不悟其詞之爲此也。今試云節士可貴。言者豈料此言所指。乃並著之物情也哉。然其言舍此固無所謂也。夫稱一士曰節者。稱其德也。而是德之呈。士之心與行皆與有之。而心與行之所呈者。所謂變見者也。心者。神之所通也。行者。形氣之事。而可以官接者矣。所謂可貴。其可以如是而析觀者。與詞主同貴者。敬愛之情而益之以鄭重分明。可見之事實。故云可貴。同時涵二義焉。內之敬愛也。外之事實也。凡此皆物之變見。特內外形神異耳。故吾云節士可貴者。指二局變見之並著。一涵於節士之名。一涵於可貴之名。節涵諸德。凡此局諸德之所在。卽可貴所涵諸德之所在。故曰表其並著也。

自前篇於釋名之事既詳。則於釋詞之事。固可不煩言解矣。蓋詞之繁重難明者。以名之繁重而難明也。名之所涵。固有所謂錯綜之意者。其所涵者。一局一宗之事變情感。固有委曲繁重者。則其詞之義從之。苟名之所涵既瞭。則定其詞之所表。爲相承之義。抑爲並著之義。固無所難。而相承並著之云者。皆謂有一局一宗之事變情感於此。（詞主。）則將有他局他宗之事變情感隨之。（所謂。）而不可離。特顚倒之。則其事或不然耳。（此句言可以詞主推所謂。不得以所謂常推詞主也。）表相承與並著。固為詞之最常。然而未盡也。蓋所謂相承並著者。不皆言事變情感。而亦有及於事變情感之因者。則所謂物與德者是已。物者感之外因也。而德者感之所覺也。二者舍其所生之果。所呈之事變情感。本無可言。如曰蘇格拉第與魄魯滂尼之戰為同時。斯詞也。固即物之本體而謂之矣。然所謂蘇格拉第其人者。舍其一生之事蹟。與其一人之心德。而所謂魄魯滂尼之戰者。舍其一宗之事變。所昭於耳目。而載於傳記者。吾不知二者果無物也。然而俗則謂此詞所云云。不止於二變之並著。而於二物之本體有所明焉。故相承與並著者。不僅可以言事變情感也。且可以言物之本體。而本體固何物耶。能致事變情感。而不可知之因也。是故言事物本體者。與言因果同。且本體者。自在之物也。則詞又可以言自在。自在也因果也合之相承並著。為四倫。凡此皆詞之所表者。因果之義。將於部丙而詳言之。今之所言。不過指其為詞之一義云爾。

案培因名學之論詞蘊也。承穆勒氏之說。而廢其所謂自在者。曰凡詞含自在之義者。多隱括櫛簡而不可見。至於諦而析之。則未有不盡於並著相承二者。如云某所有私會在焉。將以圖不軌者。意謂當此之時。有一種人合羣以謀其私也。此其義甚繁。然析之。則亦不過並著與相承二者而已。又如云騶驗不存。此猶云有一種獸。前之見於某所者。今也則亡。而爲其地所不出者。此雖不用存字。義亦自見也。又如云格物疇人於以太有無尙所聚訟。然此無異言光熱諸力。映射空中。須否以太以爲傳附也。此其詞雖云有無。猶云因果耳。又如言問上帝有無。實問宇宙第一原因。與其時時監觀主宰之事。此雖言有無。又因果也。故曰自在一門。雖不設可也。培因又謂類分萬物。設最大一門。使無所不冒者。亦爲虛設。蓋天下惟對待可言。而人心經異而後有覺。今名家所謂庇音。以統凡有名之物者。果何物耶。蓋一言其物爲無對。卽無可言。而莫能指。故言無對太極而猶設言詮者。其於言下已矛盾矣。此吾所謂對待公例者也。穆勒曰。培因之立萬物對待公例也。吾無閒然。顧其云吾心生一正覺。必待他一正覺。與爲相形。而後有覺。則未敢謂然也。蓋人心之覺。固不待二有二正而後形。但一有一無。或一正一負。斯可見矣。故郝伯思言使吾心僅有一覺。一覺境緜延無盡。則浸假必至於無所覺知。然使少間。則不必別易他境。其覺固自若也。此如覺熱。不必卽變而入寒。但使中間有兩所覺之一境。卽可還復覺熱。此其言是也。太極庇音之對待爲無物。以無對有。政亦可覺。此亦人心之所有事者也。何以言其虛設而矛盾乎。又如自在一倫。雖常可以因果並著爲言。然自在實與因果並著有異。蓋培因之意以自在爲無可言。故遂以此倫爲可廢。然在實與有同義。既有矣。斯能爲感致覺。既感既覺。斯有可言。何可廢乎。

昔者德儒希格爾亦以不知此義。遂謂太極庛音。既稱統冒萬物。自不應有一切形相德感。致使有著不渾。如無一切形相德感。則太極庛音。理同無物。以統攝羣有之名。爲等於無。文義違反。至於如此。此其蔽正於培因等耳。復案、易言太極無極。爲陸子靜所不知。政亦爲此。朱子謂非言無極。無以明體。非言太極。無以達用。其說似勝。雖然。僕往嘗謂理至見極。必將不可思議。故諸家之說。皆不可輕非。而希格爾之言。尤爲精妙。吾聞食肉不食馬肝。不爲不知味。初學名理者。於此事置爲後圖可耳。不必亟求其通也。

第六節　言四倫而外尚有主達相似之義者

上節所指四倫而外。尚存其一。則言相似者。得此而五。詞之所云。盡於此矣。夫相似者物倫。而倫之不可更析者也。夫言二物之同異。此意之最簡。不能於二物之外。更有一事。爲之倫基。如他對待然也。故置自在因果二者。則相似與相承並著。合而成三。皆爲詞之所求達。如云此色與彼色相似。又如云今日之熱度。等於昨日之熱度是已。顧或謂如此等詞。析而爲二。可使幷入相承之一類。不必更爲相似建類。其所以謂可幷入相承爲一者。蓋以爲相似之意。乃既覺兩物之後相承而來者也。雖然。持此義者。原欲部居減少。而無如終嫌牽強耳。名學之事。非以分一心之能所。以求至簡之原行。今者以相似爲相似。則盡人斯喻。以相似爲相承。則人或未喻。何若於並著相承之外。別以爲三。又何必求減一門。而強以爲二乎。或又曰。凡詞皆言相似者也。但使其所謂者爲公名。則詞主之必有所似見矣。蓋所謂爲公名者。謂詞主之屬乎其類耳。屬乎其類之云者。言其物有所同也。同者爲類。而異乎其不類者。是故言銅爲金類。與蘇格拉第之爲智者。銅與他金似。而蘇格拉第與他智者似也。而物若人之屬此二類而不他屬者。以與是二類似。與他類不相似故也。然則使所謂爲公名。詞有不涵相似之義者耶。

應之曰。此論非無所明者。然而儉矣。夫謂物之相類而爲金。人之相類而爲智者。是必有其相似者。固也。然而未盡也。公名重者。在其所涵。所涵者何物。統於是名者之同德也。故詞者指其所涵之爲一。而非言其所命之相似也。然則指所涵之爲一。與言所命之相似。異乎。曰。異也。指其所涵之爲一者。雖銅之外。天下無餘金。而銅之爲金自若。不必有似者也。又設吾曰。奉景教者人也。雖天下無餘教。而吾此詞之信。又自若也。故自我觀之。詞之推一物而合於一類者。以此類所具之同德以爲言也。方其爲詞。意固不存於似不似。則謂詞爲但明相似者。不待辨見其失矣。

然則詞專言相似者。居何等乎。曰。名之用也。有時以推廣所命之物爲便者。（此如化學之所謂酸。所謂隳。所謂醇是已）但使其物於一類之同德具其一二。而於餘類又莫可屬。則往往以宏前名之界畛。而兼容并包之爲宜。蓋爲物立名者。不得已之事也。脫有所附。則寧推廣其舊有者。而無取於立新。此如質學家之於金類。其外命者既降而日滋。則內涵者乃降而彌少矣。他若自然學之草木禽獸。建一類矣。其中皆有一二物焉。納之固可疑。而距之若不可者。則亦終受而已矣。今使有如是之一詞。其義含言似之外。固無餘蘊也。蓋其所言者。非決然沛然。謂此物之固此類也。乃若謂是物之於此類。固近於他類。外此則莫攸屬也。然詞之云此者。常不爲決詞。常可察其外而得之。如云某物作爲某類。某物可入某類是已。凡此者。皆專言似不似之詞也。

此外又有專言相似之詞。雖其中所謂之端爲公名。無損也。蓋爲渾圇大意之詞。而不可以細析。此如吾人最淺之感意。如見白色。及他種色。而謂此色同於前所見色者。此無可分析之大意也。又如言吾心覺煩。亦渾指大意相似者。凡此之名。雖亦有涵。而所涵舍相似而外卽無可指。當其爲詞告人之頃。其所告者。亦云此時之意。同於常語所稱之某意已耳。如此之詞。雖謂之獨明相似。蔑不可矣。

總前而觀之。則知凡詞之所離合者。不出五事。自在一也。並著二也。相承三也。因果四也。相似五也。是五別者。盡詞之蘊。凡天下之物。言之而有誠僞之可評。於吾心有然否之爲別。至於可舉之問端。可屬之對答。莫能出此五別之外者。誠訓詁界釋之詞。雖言實未嘗有言者。不在此數。

而名家培因以謂並著有二種。於此一別。當分二支。有專以位次言者。此明地位並著之詞也。有以物德同時發見言者。此明物德薈萃之詞也。地位並著者。常有間隙距數之可指。而物德薈萃者。俱存無礙。乃至塵豪。圓足苞徧。此如一塊黃金。其中無數莫破聚成此塊。而一一莫破。金德俱存。若色。若重。若堅。若華采。若不可蝕。若傳電。若傳熱。胥是也。又如一官品生物。言其肢體官骸者。此地位並著者也。而其身之筋肋質點。一一皆等。體相功用。圓足具存。薈萃雜糅。以爲生理。此則第二種並著之事。至於人心之理。初無第一種之並著可言。僅有物德薈萃之一種。情志思感。錯綜並行。無有侵礙。故曰並著一別。應分兩支也。培因氏之言如此。

如此立別。切實精要。吾無閒然。顧德也者。自觀物之心而言。則感意而外。固無物也。故言物德之薈萃。無異言感意之並生。雖然。其中有微辨焉。蓋物德固並生也。而有效實儲能之異。效實者。當其時而見者也。儲能者。及其時而後見者也。雖及其時而後見。而當其言時。不妨謂有。此如謂雪曰白。雖在暗谷。不妨云爾。而雪之白德。則俟天光日明而後效實者也。是故物德薈萃。雖與地位並著者懸殊。而不可謂非覺感並形之一事。特二者有宇宙二物之殊而已。地位並著者。以地言。宇之事也。覺感並著者。以時言。宙之事也。

依此。則吾前分並著相承二別。可更易之而定爲位次時序二別。夫位次爲並著之一端。此其顯者。不待更析。至於感意之並生。抑自其外因言之良有實效儲能之異。要皆爲時序一別之所冒。此與吾所舊立之五別。其說固可並行不廢也。

第七節　論詞之兩端皆㕂名或一端爲㕂名者

前數節所取而析之者。意皆主於察名之詞。何則。以察名之詞既明。則㕂者可不煩言而解耳。況所論已有貤及之者耶。夫有一㕂名。則必有一察者與之相應。而二者之攸殊。不當自其所命之外物求之也。蓋公且察之名。義存於所涵之德。而察名之所以爲涵者。卽㕂名之所以爲命者也。自㕂者之義。無往不爲察者之所涵。故知詞之以㕂爲端者。與詞之以其相應之察爲端者。其義固無殊也。

是說也。諦而論之。將愈可見。夫㕂名者。一德之名。抑叢德之名也。而物有其相應之察名者。以具㕂名所命之一德。或叢德故也。取一察名以謂物者。取其所具之德而謂之也。而前數節之所明者。卽言如是之詞義。不越夫五者。自在並著因果相承與相似也。然則物德之可言。亦舍是五者而無他。然則詞之具兩端乎名者。其所言亦舍五者而無餘。然則凡詞之以乎謂物者言自在也言並著也。言相承也言因果也。言相似也。五者必居一焉而已矣。

夫曰以乎名成詞。而不可轉爲察名之詞。而意義如故者。必無之事也。欲轉乎以爲察。則取名之能涵。成其德之所基。雖貌異情同。而察名之詞成矣。今試取詞之主端爲乎者。以喻前說。如曰不思凶夫不思者德也。而其義基於區霿無識之言行。故轉以爲察。無異言區霿無識之言行凶矣。設又爲一詞。兩端皆乎。如曰白爲一色。抑曰雪之色爲白。如是諸相。皆基於感覺以立名。則轉乎爲察。當曰吾人感白之覺爲色感之一。抑曰見根之感於雪者。是謂感白之覺云云。如此。則前之乎者。今皆爲察。亦以見二詞皆以相似爲指者矣。今將更舉一詞。其轉乎爲察。即用相應之察名者以喻前說。如云豫爲吉德。此乎詞也。以之轉察。而無漏義。則當云前識之人。自其前識言之。固吉人也。又如勇爲可尚。此當轉云勇者自其有勇而言之。固可尚也。

詞之以乎名爲端者。今欲其指意大明。則更取前設之喻而細析之。如云豫爲吉德。吉德名渾。宜以顯而界畫明晰之名代之。今夫吉德者。非謂能益人羣之心相乎。非曰昊天上帝所悅懌之心情乎。假以此二者爲吉德。則前詞固指相承。而義兼因果矣。是猶曰人羣之美利。抑天心之悅懌。自若人之能豫而致然也。此爲相承。相承有先後。其後旣已析矣。而豫之爲言。又不可不諦析也。夫豫之爲德。非得二物不明。能豫之人爲德之主。所豫之事爲德之基。將能所二者。孰爲致然之因乎。人羣之美利。與天心之悅懌。將爲能豫者所同然乎。曰。是不然。能豫者未必無小人。小人之豫。亦未必爲人羣之美利。與天心之所悅懌也。故前詞之轉以爲察也。必曰自其前識以云。固吉德耳。將以爲所豫之事。必利人羣。必悅天心者。又不然也。蓋雖有所豫之事。而或以他故。而其事爲人羣之所不利。天心之所不佑。有之矣。然則豫德無間能所。皆不爲稱吉之因。而乃豫爲吉德一詞。又實全稱無所別簡者。則使是詞而信。其得果致果之因。又安在耶。曰善惡之用。雖或不同。而但自其物言之。有不可謂非美者。此如豫之一名是已。夫豫之云者。前識遠覽。知利害之所底矣。而又益之以懲忿窒欲之能事者也。夫如是雖用此者有善有不善。固不可謂能豫之人所豫之行之非吉也。故曰自其前識言之。固稱吉也。由此言之。則豫爲吉德一詞。固未嘗或不信。顧此爲旁詮。而吾今所欲明者。乎名之詞。莫不可轉以爲察耳。乎爲德名。而德之能所。則皆察也。由是爲轉。而附益之以補苴別簡之言。吾未見乎詞之不可爲察也。至於成察。則其詞必於五義與居一焉。五義者。自在也。相承也。並著也。因果也。相似也。

前之所論。皆言詞之所以爲合者。顧明夫合。則離者可隅反矣。如曰馬無歧蹄者。此並著之反也。舉此而其餘可推。鳥有冪趾者。（如鵝鴨屬。）此言鳥與冪趾二者。有時而並著也。鳥有不冪趾者。此言其有時而不並著也。使學者於吾前說而旣明。則於此固不待覼縷而後喻矣。

篇六　論申詞

第一節　論常德寓德二詞之異

夫名學之所欲辨者。一詞之誠妄。辨誠妄者必以證。故必先識一詞之中所待證者爲何物。此所謂一詞之義蘊是已。爲此故先標二宗之異。一曰意宗。意宗者以詞非以謂物。而所謂皆人意是已。次曰名宗。名宗者。以詞無所云。不過表兩端爲同異之名而已。顧二宗皆失。雖詞以謂意謂名。靡所不可。而欲知一詞之精義。則二者皆非。故詳卽諸類之詞而察之。始見凡詞所云。於五者之中。必居其一。是五者何。曰自在。曰位次曰時序。曰因果。曰相似。每一詞立。所言者無閒爲物相之可接。抑爲物體之不可知。皆卽此五者之事而離合之已耳。凡此皆前篇所覶縷而論者矣。顧於所謂申詞者。則未暇及也。申詞云何。蓋雖言而實未嘗有言者也。

方吾分者之類以爲五也。特置此一類之詞。以爲後圖焉。是詞也。非以云事物之情也。乃以表一名之訓義者。自夫名之訓義純爲人之所前設者。則精而言之。釋名之詞。固無誠妄之可論。釋名之詞。辨其與古訓雖合從違可耳。烏得有誠妄乎。卽有所證。證其合古否耳。他非所論也。以其述所前設者。故曰申詞。自旣知名義者聞之。則其詞爲虛設。而無所新知。故雖言而未嘗有言。故申詞者。非眞詞也。

雖然。非眞詞矣。而以爲無關要義。則大不可。釋名之詞。於名理有甚大之用。而於名學相需尤殷。方前五詞。殆過之而無不及者。向使釋名訓詁之詞。不外以釋二名之互訓。抑如前者。兩端皆專名。所舉以明名宗郝伯思氏之說者。其詞之所呈。不過二名可加於一物。則其義固極淺譾。無假於言名理者。爲之深論而究言矣。乃所謂申詞。其所包之義大過此。而古之名家。有謂是詞之關於物理。入之至深。非餘類之詞所得擬者。則又安可不愼思而明辨之耶。古名家之於詞也。有大別二。治是學所共聞也。而言性學者。至今守之。其論物德也。有常德寓德（寓同偶）之分。故其於詞也。亦有常德之詞。有寓德之詞。

案、是譯所用德字。指凡物所具於己。無待於外。凡爲物之所得者。其義廣。舉凡形相品數色力聲味之屬。無所不賅。故其用法。不但與常義之專指吉德達德者異。亦與舊義之加於物德凶德等爲寬。雖其立名。稍嫌生造。然欲避之而不能。讀者但審其本書界說與其例之不亂可耳。

第二節　論常德之詞無關新理直是複詞

吾英自洛克末與以前學人。與近世意宗學者之遺孽。其談心性也。皆謂常德之詞。爲有甚深之義蘊。夫常德之詞非他。其所謂之名。乃詞主之常德耳。而物之常德者。物所以自在之德。舍此德則無是物。外此德而求此物。不獨自然中所無有。且爲人意中所無有也。故常德又稱物性。此如以性靈爲人之常德者。無性靈而爲人。意想之所不能設者也。物之常德。或不止一。合其常德。其物以成。凡詞言詞主矣。更取詞主之常德而謂之者。是謂常德之詞。古以謂如此之詞。其言物最深至。其所陳之義。亦較他詞爲喫緊。至其餘之所有。不關其物之常德者。謂曰寓德。寓者。偶也。儻來間至。不關在亡。而於自在之性爲無與。凡此之詞。謂曰寓德之詞。嘗考物德常寓之分。始於希臘理家。與後來習聞性海法身諸義。並爲亞理斯及柏拉圖三家學者所常道。卽至今日雖不標其名。而暗用其意。此從事名理者。於往籍所在在可見者也。竊嘗謂希臘學派。其言類族之事。公意之起。皆疑誤而不明。而前說緣之以立。此所以雖以物之常德爲至重。而實不知物之常德爲何物也。如其爲人之意想。雖欲人不具性靈而不能。其說固也。不知人固不能無性靈矣。而吾意一物焉。一切同人。獨無性靈。與他德之緣性靈而後有之何爲不可。然則此所謂人無性靈。不可設思者。直謂設無性靈。則別爲一物。不當稱人而已。至於此物之自在。吾不識不可設思者果安在也。是故得性靈而後能與於人之數者。此名物文義之事。德具而名從之。蓋性靈一德。早爲人名之所涵。彼古名家所謂一物常德者。實無異吾云一名之涵義。涵義或非一。而一一皆其物之常德也。夫質而言之。則其理之簡而易明如此。顧自守亞理斯大德之說者觀之。則意有不同。而獨以爲微妙深至者抑何耶。蓋亞理氏後學之意以謂。凡物皆有公性。彌綸一切之中。而所謂物者。各分其公性之少許。以爲之此如金然。其所以爲金者。非以人爲是名。乃舉金之諸德而揃之也。誠以金有公性。彌綸一切。而是金者分是性之少許。妙合他德。於以成是枚之金故也。夫是枚之金之德。有其同於他金者。有其別於他金者。而同者其常。別者其偶。故其所分於公性。而同於諸金者。爲金之常德。而其獨有之別。則所謂寓德者也。蓋亞理斯學宗。於一公名。皆有公性。謂之眞物。常存天壤。近數百年。此說稍廢。而公性爲物之說。尙有存者。逮十七稔之末。洛克崛起。摧陷廓淸。乃昌言前之所謂爲公性眞物者。實同無物。而不過爲公名之定義而已耳。洛克入理至深。所標論說。其禆益後葉甚鉅。而其切用而可貴。未有逾於此說者矣。

案歐洲中葉。亞學盛行。顧源遠流分。往往稍變其舊。卽如淨宗公性法身之說。當亞之世。未爲定論也。觀其名學十倫之說。於分性爲物。顯以爲非。可以證矣。

凡一公察之名。必有所涵之德。顧所涵之德。非一端也。若歷舉所涵。則一德皆有一公察之名。與之相應。今設有二名於此。一涵諸德。而一於諸德之中。獨涵一二。如此則全謂正詞。必誠無妄。所以然者。依曲全公例具全德者。則於其偏莫不具故也。顧如是之詞。於既知其名涵義者。爲無所告。今設云人爲具體之物。又云人乃生類。人爲靈物。凡若此詞。聽者誠莫異議矣。然於既識人字之家。則無所告。何則。以其所云。已涵於人之一名故也。是諸所謂。當其言人。一矢口間。已盡之矣。何假辭費。爲複述乎。顧前之名家。所謂常德之詞。卽存此等。然則常德之詞。謂之複詞可耳。

是故釋名之詞。獨於不識此名者爲有用。此如數學諸種所用之界說是已。界說之義。指其自在一也。於一名之所涵。分擘開解。以爲推論之基二也。故界說欲無漏義。則其詞所謂者。宜括其名之全涵。雖然。此非立界常法。常法之立界也。不必於其全義悉而舉之。有所舉。有所遺。凡以區是物於疑似之中。使不相雜廁淆亂足矣。故有時所舉以界其名者。不必其物之常德。雖常德之詞。合於當機之用。則亦取之。凡此之事。詳見後篇。

第三節　言一物之名不涵公性

然則循其義例。凡以專名爲詞主者。不得爲常德之詞矣。何則。必用公名。而後有公性故也。是以治亞理氏之學者。其言一物之公性。不從專名而起義。良以專名本無所涵。而其所指爲此物之公性者。視其物所屬之類別而有之。類與別固有公性也。此如云人爲靈物。是爲常德之詞。由是而推。言愷徹爲靈物者。亦爲常德之詞。以愷徹固人類耳。蓋其學以一切類別。爲自在之物。與所統之物物殊。而又各賦於物物之內。是故人爲一類矣。人之公性。分賦於人人。雖不可卽人人以爲公性。而又爲人人之所同具者。性靈者。人之所同具也。而又爲愷徹之所獨具者。此其說似也。然使必合衆人之同德。而後可以稱人有常德公性之可論。則一人如愷徹者。又烏得云公性耶。

夫談名理者。失在本源。則辟而闢之。非一勝而遂廓如也。如攻寇讐然。其敗而退也。方寸寸而守之。而不肯遽逝。且往往於平地之堂堂。不能戰矣。則深閉固距。於幽阻之窟穴。此如古之名家。既不明於所謂公性者。果爲何物。乃又由此而云一物之公性。其辭義違反。塗之人足以知之。顧雖以洛克氏之精審。於其失之大者。既辨而明之。獨於其小者。或不能以自拔。卒乃強生差別。謂公性有名實之分。名公性者。如類別之性。不過爲公名之定義。至實公性者。乃一物之自性。而爲其物所具諸相之原因。曰物有自性。人所不知。設其知之。則將見一切他德。由此可推。如幾何學中之三角形。諸理可由其界說而遞推之也。夫此謂推證之術。由物之一德。可據之以漸求其餘。此吾他時所當於學者深論者。而今所欲言者。則洛克氏所謂自性者。由近今格物之道言之。直無異於物之質體耳。至於他所謂物性眞體諸端。固不佞之所不暇爲之界說者也。

第四節　明待證眞詞與中詞異

故常德之詞。初與釋名之詞無異。其謂物也。義從名起。則於知名之人。初無所告。於不知者。以此識其名之所涵。其詞固未嘗及物也。由此而知寓德之詞。詞之非徒釋其名義者。反爲眞詞。蓋眞詞之謂物也。所謂者必非其詞主之所舊涵者。而常於舊義之外若有所增益。故其詞待證。使證之而實。吾人之智。由之益增。一物之性。由之益盡。事物之理。由之益窮。非若常德之詞。其標揭者。皆吾人所前知也。今使吾於天下之物。知其有如是之自性。其於外物有如是之對待矣。乃今聞所未聞。謂自性之中。有他性焉。對待之中。有他對待焉。則於物爲新理。於吾心爲新知。新理新知。非其名之所本涵者。此古之名家。所薄以爲言者非一物之常德者也。而孰意此非常德者。正人道之所願聞。而新知之所從出。民智之所以日張者哉。然則世之人。常訾名學爲空疏無用者。吾知其故矣。爲試繙今之所謂名學書者。而觀其中所舉似以明其例者。若單詞。若連珠。有一焉其不取諸常德者乎。所證者。有非所謂公性。而爲學者所饜聞飫見者乎。曰凡體皆具形質。曰生物皆有形體。曰凡人皆有生。曰人具性靈。言其所不必言。證其所不待證。苟聞者識其名之謂何。則其所窮端竟委者。皆贅言賸義已耳。斯無訝其以至懿甚精之學。而置之等於無所用也。今者不佞此書。竊以此爲所諱者。所舉以釋一例者。不取常德之詞。必不得已而用之。則以其事之有須夫此。非是不可用者耳。

第五節　論觀詞二術

得一眞詞矣。知其所謂者。非主名之所前涵者矣。則所以觀之者。如觀貝然。有二法眼。是二法眼者。以是詞爲衆理之一條可也。以是詞爲一記錄。以待他用可也。前言夫其體。後言夫其用也。以其觀之有二。則所以言詞義者。亦有二術焉。

其一術則前者論詞之所用也。夫以一詞爲標一理者。則以此術爲最宜。如曰凡民有死。其所云者。乃民字涵德之所在。卽死字涵德之所在。言乎其並著也。又如曰無人爲神。此云。人字涵德之所在。與神之涵德。必不相謀。言乎其不並著也。此前論之所用也。乃今欲以一詞爲記一前知者。以待更推新理之事。則莫若視詞兩端。以前端爲後端之左驗徽幟。如云凡民有死。其所云者。乃民之所涵。爲死之所涵之左驗。有民斯有死矣。又云無人爲神。此言有人之所涵。則一切爲神之所涵者。必不可得。有人德爲之徽幟。斯神德之不在此。不待察而可知。故曰以前端爲後端之左驗徽幟也。

是二義者。固無所不同。然前之義。所以明一詞之體。後之義。所以達一詞之用。何以言達詞之用耶。蓋此後將言推證之事。推證之得諸詞也。非以爲終事也。固將由成詞而更立他詞。必如是以爲觀。而一切免證之詞。其用始見。而非以一詞之所云。爲舉一事一相。爲他事他相之左證符驗者。將推證之術。不得而施矣。蓋方其以一詞爲推他詞之用。吾之意固不屬乎詞之體。與詞之所標揭者。爲何理何事也。吾之所求者。乃由當前之詞。其所得更推而見者。爲何理耳。斯後義重。而前義輕矣。

篇七　論類別事物之理法兼釋五旌

第一節　論分類與命名相關之理

從來名家論詞。必及類物之事。意亦謂不如是則詞之理將不明也。不佞前者之言詞也。於類物之道特一二言耳。蓋自淨宗性海之說湮。意宗代起。則凡論公名通詞者。莫不主意以爲立言之本矣。顧吾黨之論公名也。以其所涵之義。不待類而後有。蓋類之有無。無關名之立否。立一名以命無窮之物可也。命一物可也。甚至無物。而其名存焉者有之。夫多神之教無神已。即至景教猶大。其稱神雖一。而皆公名。他若燭龍天吳水妃八鬼。其立名也。皆若世間果有此物也者。是故一名之立也。重者在其所涵。旣有所涵。則皆可以統無窮之物。雖未嘗有物。抑有矣而止於一。蔑不可矣。方其制爲一名。以總諸德。設有物焉。或多或寡。但使德與之同。則其物自歸其類。是以謂其名者。謂其德耳。而是德爲一類之公德與否。非所云矣。雖然。此特謂造名者意不存於物之有類否耳。特謂論名論詞。其義初不以言類物而後明耳。然而公名與物類二者。實有其相關而可以互勘者。蓋公名既有。物類斯立。但使物之具德同於所名。則自區爲類。而是物之在世在意。固不論也。然則物類者。緣言語之有公名而後見。然有時有物類先區。而公名從而立者。夫公名非他。有涵之名而已。故其立也。常以意有所存。而其稱以著。然亦有吾意欲區物爲一類。錫之以名。以便於思慮言語之事者。此如治自然之學者。金石動植。區以別之。緣異立稱。各有義類。獨其名既立之後。斯與尋常公名同物。無他名總所涵。而所命之物。必具同德故也。往者。法士古維耶治動物之學。部分科屬。各以意爲之分。如踵行趾行旁行之類。各有名字。顧其名亦以統所涵之德。雖先類後名。與往者之先名後類正等。而此所獨異者。其立名之旨意。主區分以便爲學。不若他時立名。祇以意有所屬。初不關類。而類者其後起之功也。夫類物本有律令。爲名學明誠窮理之事所不可無。特其理稍深。非斯可論。第名物類別。由用公名而見者。則其理固今所可言。且不言之。亦恐於論列名詞之旨有所闕而不賅也。

第二節　何謂五旌

自亞理斯大德以五旌之術分萬類。而其徒彼和利。乃大昌其說以教人。其術遂爲科學所同用。而常俗言語名義。亦有由之。五旌之區物也。其所以爲分之理。非據公名異義。與夫涵德不同。如常術者也。其所以爲分者。乃以其名所命類別大小之不同。蓋使有一物於此。則所取以旌別是物者有五。

一曰類（西名甄譜斯）

次曰別（西名斯畢稀。）

三曰差（西名的甫連希亞。）

四曰撰（西名波羅普利安。）

五曰寓（西名亞錫登斯）

凡是五旌。皆對待之義。故同一名也。視與何者相持而並論。有時而爲類。有時乃降居而爲他類之別焉。又有時乃統於類別二者之差。此如云生物自人若畜等名觀之。固爲類也。而與萬物相持而言。則爲別矣。猶曰生物固物類之一別也。帶縱者。諸方之一體。則自幾何方類而言之。固爲差矣。而於吾所據而書之方几。又爲寓形。非不如是不得以爲几者也。故於五旌。又爲寓焉。故曰五旌者。對待互觀之名而已耳。不可泥也。察所謂之端。與其詞主相持之情而知是所謂者。於五旌爲何等。顧其對待之義。不本於所謂之名之所涵。而定於其名之所命者。抑分類之中。是所謂之曹。於詞主爲何屬也。

案五旝者。所以區詞中所謂之名爲何等也。其說始於希臘諸名家。而後人循而用之。以爲實具甚深之義。言名理者。所不可不求其瞭然者也。顧其義常兼所命所涵爲言。而穆勒氏則謂其與涵義無涉。而純以所名之物爲分。與他家之言五旝者稍異。夫旝物者。非獨旝其類而已也。顧亦旝其德焉。今但取其淺而易明者言之。凡物之有同德者。皆可以爲類。類固從德起也。而同者之中。固有所異。因其異而區之。於是乎有別。則知乎其別。又以德也。是故別之涵德。必多於其類。而類旣統諸別矣。斯其涵德必寡。多寡之際。而較生焉。是故類有類德。別有別德。以類容別。故以差德加之類德者。斯爲別德矣。譬如車類也。益之以輕小之差。而得軺之別焉。三角形類也。二邊等三角形別也。別之所涵。其多於類之所涵者。有是二邊等者耳。則二等邊者。其差數也。然則舍所涵之德。吾不知差之果何以云也。四曰撰。亦以德言之也。撰者類別共有之德。而不可以爲類德別德者也。以其雖爲一類一別之所共有。而是類是別之所以區於他類他別者。則不待此故也。必舉以爲喻。則三角形之內角。必合而等於兩正角者。三角形之一撰也。半圜內之負角。必等於一正角者。半圜之撰德也。人之能言。人之撰德也。故撰德大抵可由類德別德以爲推。類別爲因。而撰爲之果。撰固通其類之所同有。獨以其爲果而不因。故不入於類別之旝。類別二德者。所以爲其類其別之旝者也。五曰寓。寓者。偶也。亦以德言。爲一類一別之所有。然縱無之。其物之爲是類是別自若。蓋其有無。初不關於物性者也。此如一國之服色。一人之名姓。不以異是而不得爲是國之民與人明矣。是則特寄焉而已。故曰寓也。名家於寓德又分二種。有不可離之寓。謂一受其成而不可變者。此如其人之好醜長短家世生長之鄉是已。有其可離者。此如服飾事業居處官職富貴是已。此雖百變。無關事實。故曰可離之寓德也。以五旌別物。其大經如此。

第三節　論類與別

五旌之首二。若類若別。爲治動植諸學者所常用。而意義與古希臘稍殊。降而常俗語言。尤多用之。而詁訓於古益以遙矣。常俗之言類別也。凡有二部之物。此爲彼容。則稱類別。此如生物之於人。如人之於君子。蓋生物類也。而人與禽獸其別也。或以一幹而分數支。類幹也。別支也。如生物一幹。可分爲人與胎卵魚蟲諸別是已。又若兩足生物爲類。則人與鳥爲之二別。以味爲類。而辛甘酸鹹爲之四別。達德爲類。而公廉智勇堅毅好施等爲之諸別焉。此俗用五旌之通法也。

俗之稱類別也不拘。每有一部之物。於能容者則爲別。而於所容者則爲類。今如人於動物。其一別也。於聖人其大類也。動物爲類。而以人禽爲別矣。乃與植物並言。則動植皆別。而統於官品之大類。兩足於人鳥爲類。而與四足四手者言。則又退居以爲別。而統於動物之大類。味固類也。而於覺感則爲別。達德類也。而於一切之心能心所並稱。又爲別矣。俗言類別。事具如此。第所指爲類別者。乃統一部之物而言。非以其名。若夫其名。則曰類名別名。此其法固皆可通。特爲言者既主一法。則宜遵而用之。使前後同軌。不宜自亂其例而已。所不可不謹者。既以一部之物爲類。則不宜以類謂物。蓋人之爲詞。其所以謂物者皆以名。而非以物。今如謂人爲善。乃以善之名謂之。以名謂之者。猶曰以其名所涵之品德謂之耳。物固不能相謂。使以類謂物。則於詞理不可通矣。故吾之謂彼者。獨能指其屬於此類之事實耳。（案此等區別。於中土文字固爲微抄。惟見合西文。則易覺耳。）

而治亞理斯大德之名學者。其用類別之義。於俗爲嚴。不盡以一部之物可分以爲小部者爲類。亦不盡以一部之物可爲他部所兼容者爲別也。今如動物爲類。而人禽爲別。是固然。而爲亞學所不訾矣。至於兩足動物兼容人鳥者。彼固不以爲類別也。治亞理氏之學者。謂兩足爲撰與寓之屬而已。蓋其旨以爲凡可旌爲類別者。其所據者必其常德。下此皆不能也。假如動物爲類。而人爲之別者。以動物所涵諸德。爲人所同。不如此則非人。故曰常德。而據以稱類焉。獨若兩足。雖亦人道之所同然。然非不可廢之常德。亞學之有所區分也。必一部焉。爲其最卑之別。如區羣有而至於人。自其學以云。則最卑之別也。何則。人之屬卽可更分而爲白黑黃赤諸種。抑更分之以爲有化無化。抑分之以爲景教非景教。然是所據以爲分之事者。皆撰寓之德。非其常德。非其常德。則不可以稱別。

然前篇不云乎。所謂一物之常德。與不可爲其物常德者。雖在古人以致精微之思。而治其學者以爲關乎其所以爲物之理。顧質而言之。是二者之分。獨在其名之所涵已耳。所涵者皆常德也。無是德固不得爲其物。而不得爲其物云者。無異於云不可被以此名也。故又曰獨物無常德。而所謂獨物之常德者。乃取其所屬類別之常德以爲之。必謂獨物有常德者。將必用性海法身之說。如淨宗學者之所云云而後可。顧此說之破久矣。無取於更然死灰也。

然則彼所謂可爲類別者。與其不可爲類別者。二物果無殊歟。萬物旣樊然異矣。顧其中相異之端。或關乎物性。而類別生焉。或不關乎物性。而不可以爲類別焉。爲此分者。果其無實而誤歟。萬有不同。而希臘學者之觀物也。或以謂所異在本源性命之際。或以謂在形相皮傅之閒。此其爲論。果是耶。果非耶。吾嘗反覆於亞理氏之微言。而有以知其義之非妄設。而係於物理者深。獨恨爲之學者。辨焉而不晰。遂語焉而不詳。渾而告人。曰物有常德。常德之義旣難明矣。而後之詮解者。雖輾轉發揮。求通其旨。而如古人精旨。愈以益晦何哉。

第四節　論品物固有眞殊將何如而後可區之以爲類別

自名學之道言之。吾人甄物建類之能。固爲無盡。但使物有同德。可資標舉。則類物之事與焉。而物德之微鉅重輕。斯無論已。故隨取一德一事。世間諸物。將必有其具此者。又必有其無此者。而物類釐然判爲二矣。此見諸造名命物之頃者也。是故名稱品類之數。與萬物可名之德。共爲無涯。言語中之公名幾許。物類之已區者亦必幾許。此總乎察正負以爲言者也。

則誠取言語所已分之品類而觀之。如禽獸草木類也。如磺如燐亦類也。如赤白黃黑亦類也。類與不類。皆有所殊。而所以爲殊者大異。蓋有物焉。建爲一類矣。而所以爲類之同德。寥寥可數而盡也。又有物焉。雖往者嘗取其所同。而名之爲類矣。顧其所同。乃不止此。已知者寡。而不知者方多。若前之一類。其所同者。往往不出其名之所涵。抑他德之相因而出者。此如以物之白者爲類。則舍白而外。殆無所同。就令有之。將不過因緣白德而有者耳。豈有他哉。至若自然爲類。大者如動植。小之至於燐磺。凡此皆竭畢生數世之耳目心思。而未由盡其所同者。人人爲其察觀試驗之事。而物理物性。日異月新焉。後人之所得。有非造名建類之古人所能夢見者。比比是也。向使有人焉。卽物之同色同形。與夫質重相等者。據此爲類，而更推其所同。此其狂瞽不惠。雖淺者猶將知之。蓋如是之物。其所取以建類者。已盡所涵。即有他同。本斯而起。德盡於名。並無餘蘊故耳。是知生人自有文字名物以還。萬有各德所屬固矣。建類之事。皆本於物之同德。以爲分區。第區矣。有義盡名中。底蘊掉罄者。有初舉一二同德。若標幟然。以立名號。而其類之性情體用。方有無盡之藏。雖即物以窮。有歷世不能涉其涯涘者。是又安可同而視之乎。

然則謂是二等之名之分物也。其一區其物矣。而所據者存乎本源。其一雖有區分。而所以爲分者。不關物性。非過語也。又使有云。其一之所以爲分者本乎天設之自然。而其一之所以爲分者。僅資人事之便俗。亦蔑不可也。蓋一者始以可知之殊異立名。其名方包無窮之異。可知者有畛。而待知者無涯。無異以可知者爲待知者之始基。而其一反是。所異盡於名言。此若色有白黑。味有酸鹹。設其無關利用。雖置之不論不議之列可耳。雖然。二分深淺異矣。要皆本於自然之事。而舉所異以立類。亦皆出於人爲。獨是其一之所由異。必不可忽。使其忽之。則名言類族之條理。將由此棼。其一之所由異。可重可輕。視當前所論之何義。其所舉之物德。關於所論者果爲何如也。

亞理斯學者。所於物區爲類別者。皆在此等。必其物自爲一類一別。而與他類他別。有無明之異。截然分明。相爲分殊。不盡於可知數端而止者。夫而後標之爲類爲別。若夫二物雖殊。而所殊者盡於可知。則雖有歧異。不稱類別。而異者僅爲寓德而已。類別相殊之德。名曰常德。常德雖可知可舉。而其類所自異於他類者。方爲無窮。此常德與寓德之不可同者也。

古之名家。其於物之部分。既致其不同如此。而所爲又有至精之義。藏乎其中。故後學不宜遂亂其例也。是故不佞此書於此樂循其舊。不復更張。凡稱一物。其最近可歸之部分。則稱爲別。譬如今言奈端。若循古法。則應稱其所屬之別爲人。非不知以人爲類。尚有可分。如耶穌教徒一也。英吉利人二也。天算專家三也。凡此皆異於人人而可獨旌爲類者。顧耶穌教徒。其所異之德。盡於其名。卽有他殊。皆緣此名而有。世無人焉於耶穌教徒。別求常德異撰也。若夫以人爲別。則治人倫之學者。於吾人身心二物之中。自古洎今。新知踵出。去者已衆。來者尤多。眞不知何代何時。方能望其端際。此所以人物可稱爲別。而國教品業諸異。雖可區分。止名爲寓。而不得稱別。尤不得稱類者也。雖然。謂國教品業不得爲類別可。謂人爲無別。則不可也。蓋別不別。分於所稱之德爲常爲寓。常德者所稱之外。其異無窮。寓德者異盡於名更無可指。故以名學之例觀之。則人類亦自有別。如種族之殊。如男女之別。甚至小知大知。小年大年。不可謂之數者之攸殊。盡於所稱而已也。假使他日人倫之學大精。能言種族男女聖狂老少之異。其端雖衆。而皆因果相生。本於一二可知之名德。於斯之時。則其事無殊於前者國教品業之異。而不得立之爲別固宜。

而今猶未足以與此也。每見一學精進。凡前之所稱爲别者。浸假乃悟其不然。正如此也。而假其不能。則戈哈賒豪兀。尼古羅諸種族。雖治自然之學者。不名爲别。而於名學。仍可立别無疑。所以云自然學不名爲别者。蓋輓近此學。凡有官之品。皆由一原流衍。以物競天擇之用。以底今形。不得遽名爲别。然此自然學者自定之例。而自吾黨觀之。假使白黑二種之民。其不同之撰。等於馬騾。而於名稱所標之外。尚有無窮之異。不自一二因相生而然者。則異種之民。斯爲人類眞别。不關其出一原否也。惟使一切之異可本牽天繫地。服習形相言所由然。具爲公例。而後名學不得以人種爲特别耳。

是故論一物之所屬。既定其最卑之别矣。而其物又可以他屬者。其後之所命。必於前爲廣。而後之所涵。又必於前爲少也。蓋既稱最卑。則其部分。必於本物最切。而他屬之部。以言其物。必容此最卑之别者。以言其德。必爲最卑者之所已具而不止者。不如是不足以云最卑之别也。譬如所論之物爲蘇格拉第。而定其所屬最卑之别爲人。而又見蘇格拉第爲衆生之一。顧衆生統諸有生者。而建爲類。故其所命必廣於人。而衆生所涵之德。方諸人别。所涵爲少也。然則衆生爲其幹類。而人爲之支别。而適爲蘇格拉第之所厠居者也。向使蘇格拉第又有所屬。但雖爲一部。而不足以冒人倫。此雖部分。將不足以爲類别。何以言之。譬如蘇格拉第生而齃鼻。今設以齃鼻爲一部。則其統蘇格拉第固也。而不足以統人人明矣。故知鶡鼻。非可立爲類別之常德矣。使鶡鼻可爲常德。則如前所論。必其部之涵德。舍鶡鼻而外。尚且無窮。而鶡鼻僅爲所舉似以爲徽幟也者。夫而後鶡鼻可建爲人類之眞別。顧果如是則人別必非所謂最卑之別者矣。故曰幹類之德。必爲支別之所同有。類之所容不止一別。別之互相爲異。卽存夫類德之外者也。總之五旌首類次別。凡物相爲異無窮。而有常德之可舉者。夫而後可旌爲類爲別。類者如幹。別者如支。建一首而不可以遞分者。則其物不可以稱類。以其有幹無支故也。使其有屬。則可稱別。設其物自爲一類。而又可遞分。此如衆生之可分爲胎卵。又如禽類之可分爲諸別。則於所容者稱類。於能容者稱別。其大經也。

第五節　明何物爲五旌之差

五旌之有差者。與類別對待之言也。本於類別而後有之言也。故差者。類德與別德二者。相較之餘德也。此固易知。然而是所謂餘德者。果何物耶。蓋類別二者。其德常多。而互較所餘。固不止一。吾不知何者乃爲二物之眞差德也。則試舉以明之。今夫生物爲類。而人爲其一別。生物不皆靈。而人獨以靈者。是可爲二者之差德矣乎。曰。是固然。然人之異於他生者。不僅此也。烹飪熟食。獨人爲能。是可爲其差德矣乎。而亞理氏之學者曰否。是不足以爲差德也。差德者必差於常德者也。非常德不足以著別也。由是則聚訟之端起矣。蓋使物而果有常德寓德之殊。則所謂常者。固當常於其物之性。而非常於其名之義也。而古名家之言常德者。於此未嘗致深辨也。必求其所據。彼將曰常德者。非有之不成此物是已。然而曰非此德不成此物者。無異言非此義不成此名也。更叩其深。彼將曰常德者物本此而生他德。於以著別於物者也。然而取凡物焉。而諦審之。吾不知何德之常爲因。又不知何德之常爲果也。彼辭窮而無所復之。則又取其名之常義以爲之。今夫一物之性。其可知與不可知而待知者。亦至多已。一名之所涵。常不過其少分。則或取其易知焉。或取其重要焉。斯則古名家所定爲一物之常德者耳。且常德者。必通一類一別之物而云之也。至於孤立之物。莫可常也。而名家又以爲可。則亦取一別之所常以常於其一物而已。此言物性者滑疑之言。至於今猶未釐然分明者也。故其於入別也。則以性靈爲差德。而以烹飪熟食爲寓德。

由此而推之。是知凡所謂差。所謂撰。所謂寓者。叩其實要皆於其名所涵之義而求之。非於物性也。故今欲論三旌之爲物。不得不舍物性而求之於名義也。

夫既以一類容諸別矣。則類之所命。固廣於別之所命無疑。而又以別之爲義。深於類也。則別之所涵。必多於類之所涵又無疑。是故既爲一別。則必盡涵其類之所已涵。非如是將不足以區其物於類以外者。且盡涵其類之所涵矣。又必有餘焉。非如是將不足以區其物於類以內之餘別。譬如生物命盡人矣。且命人以外之餘物。故人爲其別。必涵生物之所涵。否則有非生物而稱人者。又必有餘焉。如其性靈。否將有以禽獸而冒人名者。是所有餘者名曰差德。故差德而將爲之界說也。曰所加於類德而成其別德者。是已。

以生物爲類。而人爲之別。其差德有性靈焉。且必益之以人之形表。夫而後全乎其爲人也。設不爲此。將四靈之畜。與前所謂暉寧母之馬國。亦可以稱人乎。雖然。四靈不少概見。而馬國爲寓言。故雖獨舉性靈。已足以別夫人。故曰人之所以異於禽獸幾希。

第六節　言舉差德有常用之差有專門之差

前之所言。抑常法耳。至於科學之事。其所據以爲部分者。皆有特標之宗旨。而諸別之差德。固可隨事而不同。此如治自然之學者。其於草木禽獸。家爲異條。人標殊例。則有分動物爲熱血涼血者矣。又有分爲以肺受氣以腮受氣者矣。又有分爲肉食果食蔬食草食穀食者矣。又有分爲踵行趾行旁行蚹行者矣。

凡此皆其所標爲差德。而緣之部居立別者也。假自常俗之事言之。則舉此而標爲特別者。未嘗有也。顧其所標。雖若無定。一任治其學者之所自爲。然其所舉。必爲無窮餘德之徽幟。而後可爲差德。此則與古之名家同然者也。前之所舉。皆符此例。然有時所舉之差德。雖爲他德之果。而但使合於爲分者之宗旨。則亦可特標立別。不必以其爲果而置之也。

夫以一學之宗旨。一事之利便。遂可各舉差德以立部分如此。然則使所取以立差別者。又爲其物之常德。其可據以區物類。愈無疑矣。今如取有生之類。立人爲之別。以性靈爲之差德是已。然使治自然之學者。亦於有生之類。立人爲之一別。獨所據以爲差德者。不在性靈。而在其他。如曰口中上下各具四截齒。（西人謂前面四齒爲截齒。以其形扁。用以截物者也。）左右犬牙各一。（四截齒之旁其銳者爲犬牙。）其身直立。三者。（法士李尼亞以此爲人之差德。）此其立別亦有攸當也。由此言之。方吾舉人之一名也。常人聞之。其所以別於他生者。意存乎性靈。而自彼之學者聞之。其所以別。在前三事。然則人之涵義。彼此互異矣。是知類別之名。必皆有涵。而別名所涵。必兼差德。特差德視分者意之所存。可以互異。不必盡同也。人於生類。自常人與治自然學觀之。同爲一別也。特常人之差德爲性靈形表二者。而治生學者之差德。爲截齒犬牙與立形三者之獨異也。以其用之不同。而人名之涵義以異。顧於此不爲歧混者。則以其所命之物莫不同也。假使他日者。忽遇一物焉。其截齒四。其犬牙二。其形直立。合於李尼亞氏之所立以爲差者。而獨無性靈。而不具人形。則是物也。於常語固不得稱人。而治自然學守李尼亞氏之法例者。則必仍呼之爲人而後可。若不以爲人。是棄李尼亞氏之法例。而其學廢矣。

自科學之事而言之。其立類別也。往往使無涵者而爲有涵。此如白德。其所名者物德。本無所涵者也。而光學家之別色也。則以白爲七光之所雜糅而成者。此其理非造爲白名者之所前知者也。乃治科學者後起之所得。然彼七光之分合爲別色之用者。則已轉前之無所涵者以爲有涵矣。是故總而言之。差德初無定程。視立別者其意之所重。往往同一別也。常俗之差德爲此。而專門之差德爲彼。所可知者差者所以立別。而爲餘德之徽幟已耳。

第七節　論撰

既知何者爲類德別德差德。則餘二旌所謂撰德寓德者。當無難明矣。蓋自亞理氏之學者言之。類與差二旌。既指一物之常德。是故以差合類。而別以立。凡別名之所涵。即以差德附益類德者也。至於撰寓二者。自其學言之。皆非常德。而爲偶得之端。顧於五旌之用。則二者猶有辨。撰德者。得於不得不然。雖非其名之所涵。然可用別德以爲推。舉此而得彼。此如幾何術中所證三角形平圓諸理。雖悉爲撰德。而非界說之所明言。然本界說爲推。可以悉得。無由遁也。獨至寓德不然。可有可無。而其物之名義性情。不從而變。物不能無別德。則又不能無撰德。故曰得於不得不然者也。寓德雖爲物所今有。而無關於其性。此撰寓二者之大殊也。

是故撰德而欲爲之界說。可云一別之德。雖不爲其名之所常涵。然可本所涵之別德爲推。而知其不能不如是者也。是故撰德有二。有與別德相從而有者。有爲別德相因而生者。相從者如符驗。故曰符撰。相因而生者如因果。故曰果撰。符撰如平行四邊形之對邊相等。對邊相等雖不爲平行形名之涵義。然知四邊平行。郎知其對邊必等。如影響也。果撰如人類之能言。能言雖不爲人名所涵。然自其旣含性靈。則能言之德。勢所必至。性靈爲因。能言爲果者也。至於因果之所以相生。符驗之所以必合。凡此皆部乙部丙之所明。今但言撰德者。不遁之效。必至之符。假其不然。則與吾心之思例不合。抑或與造化之自然例有違。足矣。

第八節　說寓

五旌之寓。蓋指物德既不爲其名之所涵。又不能本所涵以爲推。而爲其符驗因果者。寓德當分爲二。有可離之寓。有不離之寓。不離之寓奈何。其德雖不爲物性。不經名涵。而亦不可本所性所涵以爲推。然而爲一別之物所同具者。此如慈鴉之色。古今人所見者。皆爲黑也。然則黑色爲鴉別所同具矣。顧使他日忽見一鴉。一切同於前有。獨其色白。人不當曰此不爲鴉。亦曰是爲白鴉而已。其色雖變。鴉名自存。是知鴉名。不涵黑色。且其黑色。亦無從他有之鴉德以爲推。故曰白鴉。不獨爲吾意之所能思。且與造物自然之例。亦未嘗有所顯悖也。雖然。自人倫之閱歷言之。則鴉固皆黑而莫有白者矣。是故由前言之。則鴉之黑色爲寓德。由後言之。而鴉之黑色爲不離之寓德也。

若夫可離之寓德。乃物情之最淺者。一別之中。或然或否。其事既非不可少。且爲所或無。即爲一別之同然。或前然而今否。此如歐洲人之膚色。非人類所常有。則可離之寓德也。甚如人類置懷而長。此雖爲含靈所同。然不足以爲撰別諸德者。以其一時雖然。而後不爾也。則懷長亦爲可離之寓德矣。至他若貧富壽夭動靜坐作。一切儻來。隨物爲轉。愈爲可離。而不與於撰別之列。更不待深辨而可知者矣。（此段原文有不甚晰者。）

篇八　論界說

第一節　釋界

論名論詞不論界說。則於義不全。夫詞有二。自益智廣識之事而言之。有眞詞。有申詞。申詞者。雖其詞立。於吾人之智識。無所增廣者也。顧其用必不可廢。此凡訓詁釋義之詞皆此類也。而此類之中。界說爲尤重。前者旣及之。抑不能深論者。良以界義之事。與分類部居相表裏。非分類部居之理明。雖欲論界說。末由也。

界說者。質而言之。解析名義之詞而已。顧所釋之義。有不同者。或從世俗通行之常詁。或著書立說之家。於其名有專用之義。

故界說者。標一名涵義之詞者也。苟匪所涵。斯無由界。此物之專名。所以無界說也。蓋專名者。一物之徽幟。其所以異於他名者。卽以無義之可舉。其加諸物也。雖以文字聲音。實無異於載指向物以示人也。其曰湯生約翰。爲湯生某某之子若孫者。此非所謂釋義解詁者也。何則。以湯生約翰一名。未嘗涵此義故也。即曰湯生約翰。爲今行路之人者。此亦非所謂釋義解詁者也。蓋此雖足使不知者。知其誰某。然爲此者。固無待詞。轉不若戟手指之之爲喻也。

獨至公名則不然。公名必有所涵。而界說者。標舉此所涵者也。故爲界有二術。一徑而界之者也。一轉用他名而界之者也。徑而界之者。如曰某名者。涵何種諸義之名也。如曰某名者。以之加物。言其物之具某某之德者也。抑亦可曰某者。具某某德之物也。如曰人者物之有形體。官骸。生氣。性靈。與其種種外形者也。凡此皆徑以爲界者也。

所謂轉以爲界者。取已界之名。以界未界者是已。蓋用前之術。往往嫌於冗長辭費。雖於法爲合。而爲用不便。由是最淺而易明者。則有互訓之術。二名義均。而後者已喻。此如云雉爲野雞。洑迴流也之類。然此自科學家言之。祇爲訓詁。不爲界說。界說者。多取數有涵之名。總之。其義與所欲界之名義相等。如云人者具體備官含生秉靈之物。而有如是之外形是已。尤往往用其類之名。而加之以差德而爲別。如云人者秉靈之動物。有如是如彼之外形。此尤常用者也。

是故界說非他。立一詞而備舉其爲物之常德是已。凡一名所應有兼容之義。皆將於其界焉求之。無間其二三言。抑爲數十百字。得界而名之義罄焉。物之德賅焉。故法儒剛知臘曰。界者。析也。義合於一名。而分於其界。則析之事也。知其所以爲析。則知其所以爲界矣。知其所以爲界。則知其所以爲名矣。故曰界說者。解析名義之詞也。

第二節　言有可析之義則其名爲可界之名

然謂有涵之名。大抵可界。而界之事。又同於析。然則使有名焉。其所涵者僅一而不二。此如白。如靈。白名所涵。止於白性。靈稱所起。緣於良知。其所涵者皆孤義特德。而未聞其或析之也。必欲界此。將由二術。苟有同名。以之互訓。一也。或如前說。徑而界之。如云白者何。以名凡物之有白德者也。然此固稚贅無用者也。雖然。此其事如化學然。前之所謂原行。而不可析者衆矣。浸假將知其爲雜質。而皆可析也。則吾黨於此。亦試觀其義之果可更析否也。今且置白弗論。而即靈之一名爲言。則如曰靈者。物之獨具良知者也。此其可以進論甚明。蓋以良知界靈。而良知之名。先已不容不界故也。是知界公名必先界物德。而界物德者。界乎名也。何則。以物德之名皆乎名故也。

其有乎名有涵。如一德而兼賅他德者。其爲界與界公名同術。備舉所涵而已。無所難也。今如過字。本乎名也。其界說曰。招損致危之言行也。足矣。又有時所界名。不止一德。而爲數德之會。則歷數此數德者。即成其界。往往與其相應察名之界說。絕無差別。蓋作察名之界說。不過取其所涵諸義而列之。而此所列之諸義。又合而爲其相應名之全義。故如是察二名。其界初無有異者。勢也。亦理也。如人字界說曰。具體含生秉靈定形之物。而界所以爲人之常德。其說亦豈能外此四者。而別標一說也哉。夫人察名也。所以爲人之德名也。故曰如是之名。察之界說等也。

至若名而所名之德止一。則其義宜若不可析。因之其名遂若不可界。雖然。凡物德之所由著。必有事焉爲之輿。必有果焉爲之驗。是之事與果。即前者所謂德基者也。知其德基。斯有以爲界說者矣。且所謂事若果者。繁簡不同。多少互異。有同時並著者。有相承而形者。析此而其名之界說立矣。譬如辨者名也。而所名之德。止於善爲說辭一德而已。顧取其事若果而析之。則必有能辨者。有所辨者。又有見其爲辨者。得此三者。而辨之界說立矣。然則辨者何。能以言語文詞。喻人以理。移人之情者也。是故得一名矣。微論爲爲察。但使有可析之義。則斯爲可界之名。析者列其所涵諸德也。使其不止一德。則歷數而列之。使其止於一德。則取其爲輿之事。爲驗之果而析之。且此所謂事與果者。不獨在外可見者也。有時焉而在意念覺知之中。設覺意叢合而爲德基。此固可析。就令其爲一甚簡之覺意。若無可析者。而有時其名可界。但使是甚簡覺意者。有名可舉足矣。此如物之白德。其界說可曰物使我覺白之能也。（界中白字與本名白字異義。致不嫌觸。）又如白物。其界說可曰以白感人者也。凡此皆尙可界者也。名之不可界者。獨有最初之覺意。此其名與前之所謂專名正同。特專名無義。而此有義矣。而居最初者。如云感白之覺。吾之言此。以今之所覺。與向之所覺有所同者。而欲言前覺。羌無他名。祇存此所欲界者。故如是之名。乃其最初最簡。雖欲析之而末由者。當吾以此語人。而欲其喻。僅能卽其所自見自知者。以爲共見共知而已。假若人意中絕無此覺。則欲轉而喻之。雖累百端。去之滋遠。（此卽蘇氏曰喻之說。前所謂原如者也。）

第三節　論界說有全有曲二者之別云何

界說精義。具如前論矣。顧智學家之指。與夫世俗之意。與吾前論。間或牴牾不合。不可以不析也。

蓋凡名物之眞界說無他。舉其名所涵之意義。悉表而出而已矣。獨常俗所取於界說之用。初不求其如此之完備也。大抵取用名不誤而已。取知其名之常義。使用之不至相違反足矣。故凡能指是名之所命者。於彼皆稱界說。不必全舉其名之所涵。且有時與所涵渺不相涉者。由此名學之外。二種之俗界立焉。

雖不合於名理。而亦有解紛利俗之用也。一者。舉其物之常德矣。而不備不賅。主於一曲者也。一者。捨物常德。而標其偶。抑或遺其涵德。而寫物外形。主於皮相者也。由前之術。則有涵之名。舉其義而不全。由後之術。則所舉者與所涵爲無涉。凡此自名學之道言之。皆無所謂界說者矣。

二者。皆不全界說。其第一式。譬如云人爲萬物之靈。此不必足爲人字無漏義界說也。蓋不言其形。則鬼神要皆一物。以此爲界。則人與鬼神混矣。即云人爲動物之靈。而小說家有言馬國。馬具羞惡是非之性。名暉寧母。必此爲界。則寧暉母人矣。顧此種動物。獨見於小說之中。且鬼神有無。姑勿深論。由此而後界可用。由此而前界亦有時而可用也。二界於人德雖不徧不賅。然其所舉似者。爲其物所獨有。故不全猶全。而有利俗之用。但此種界說。仍宜常作不全觀。使異時民智日廣。新物忽出。此種界說。不復可用。意中事耳。

名家界說。例謂以差入類。成別界說者。即如人爲動物之靈是已。蓋動物爲其大類。而人爲動物類中之一別。其與諸種動物異者。第一存乎性靈。故性靈爲差德。今欲爲人界說。以性靈之差。益之動物之類。斯爲人界。此例恉也。顧一別之差德非一。本例之意。不在盡取諸差。而在取獨別之差。以此成界。雖有利俗之用。然往往不全。欲全而無漏者。宜取其別之一切差德。合之類德。以此界別。庶無漏義。前例與五旌並垂。傳用綦久。頗不侒終以爲未協者。則物不皆別。必用其例。若別可界。而類無從界者。然前論謂不可界之物。獨有最初原知。餘則苟有事果可析者。皆爲可界。不必問其爲類爲別。抑爲最大最高之類也。

第四節　論釋名疏義異於界說

遇有涵之名。取其最重之一德。能與其物相盡。而有以著別於他物者。以爲之界說。此雖有漏未賅。然遂古名家。皆以此爲至足之界說。其最要者。在所舉之義。必爲本物之常德。必爲本名涵義之一端。特舉而未盡舉耳。此其所以爲曲而不全也。若夫所舉以立別。而不爲其物之常德。抑不爲其名之涵義者。則異是。此雖有利俗之用。而自名家視之。不爲界說。謂之疏義寫物可耳。

故前界之病。失之不賅。後界之病。失之不精。然其用則各有攸當。今使驟聞一名。不知其義。語人以物。不識云何。則凡可以發蒙辨疑。使之知物識名。不至與他物相亂。辭意違反者。皆爲學莫急之用也。故其於物也。所舉者不必皆爲常德。但使爲其物之所獨具。而又爲其類之所同有者。如此之德。爲常爲偶。皆宜用也。有時言一德則爲他物之所同。合數德則爲本物之所獨者。亦堪僂指以爲區物之用矣。夫如是。謂之疏義。疏義常可與本名相代爲用也。故疏義所加之事物。必與本名之所命。闊狹相等。至於所舉之端。

果爲本物之常德本名之涵義與否。則非所論也。試爲設譬。如人字界說。或云動物之胎生。而具兩手者。或云動物之能爲火食者。或云動物之兩足而無羽翰者。皆此類也。

故疏義之用。止於寫物以爲區別。而所舉不必拘拘於常德名家之例。所舉非常德者。不得爲界說也。然亦有時其用竟與界說同功者。則視言者與著文者標旨之如何。前篇有云。以科學專門之家。別有樹義。則或以其適用。獨舉一名之涵義。與常俗殊。而其名所命之廣狹。則不緣新義而或改。如此。則雖自名家精例言之。謂之眞界可耳。如前所舉似人字界說曰。兩手之胎生。此其所表列。於名理皆爲寓德。然往者法國自然家古維爾。方本此以立一是動物之部分。以區別萬物。則卽謂兩手胎生。爲人之眞界說。何不可之與有乎。

蓋古維爾氏之於人名而獨標此界也。其目的所存。非曰訓義而已。意固欲其建類一首之恉之有所明也。但求以是爲界。而是名所命之闊狹。與舊無殊。則雖所標舉者。不爲常德。而獨於所以部分人物之恉。有託以明。此在其學。斯爲眞界。而常法所謂動物之靈等界。於此轉無當也。何則。界之雖精。於彼學轉爲無助故也。彼學之恉。固以手足四生。區分動物諸類。而人與居一焉。必得其界。而知其物之所部居。及與他類之所分殊。而後可用耳。

大抵科學所列之界說。於本科所用之專名。或常名常語。而於本科有專用之義。皆依前術爲之。曰示區分。無相奪倫而已。獨是格致之事。繼續光明。斯其區分廣狹。隨學詣爲進退。而界說之變因之。試爲舉例。此如質學中所謂酸鹻二物。大可見矣。二名始皆涵義甚多。而所命之物較寡。及乎試驗日精。覺物質之宜命爲酸爲鹻者遂廣。命物既廣。其同德亦降而日寥。是相因之勢也。譬如酸之爲物也。其始曰流質。善蝕物。爛膚棘舌。以金合養。遇鹻成鹽（鹽字在質學亦較常俗所名爲多）者也。此酸之界說也。自鹽強稱酸。而爲輕綠之合質。則所謂以金合養之義廢矣（案質學家復謂輕爲氣中金品也。說與此殊）且由此而質學之家。知輕氣爲酸中要質矣。晚近試驗。知磺強硝強。及他種諸酸中。皆含輕氣。則前界之所無者。後乃益入。然炭養玻養磺養三酸之內。又未始有輕。然則酸必有輕乎。抑以是三者爲酸。而謂輕爲不必有乎。此未易定之說也。至於必流必蝕物與乎爛膚棘舌諸義。則廢而不用久矣。卒之惟取遇鹻成鹽。與其輕電變相。著爲酸德。而其名之界說因之。始也涵義之多如彼。學進而其名之所加日衆。其物之所同而著爲差德者益寥。質學之名如此。要之科學名物。內之所涵。外之所命。類皆如此。豈獨酸鹽數義也哉。

不獨科學中名物界說爲爾。科學本名之界說亦然。此卽本書開章。欲爲名學界說所首陳之義也。大抵一學之界域曰廣。造詣曰精。則其界說之界域亦曰廣。呈義亦曰精。而所取以爲差德者。其事物遂與前立者曰形其異。幾何所爲。不止於量地質學之事。無涉於丹家。而考其古昔之義。則盡如此矣。此一名一字古今之義所以迥殊也。

科學所區之物類。意各有所明。故其爲界說也。取明是義而已。人爲之也。至於世間萬物。殽然雜陳。賾而不亂。天爲之也。而名家宗亞理氏之法者。以爲如是之界。亦當於自然之區別。有所發明。使存其說。而知某之於某。爲總攝。爲齊等。爲屬從。而後爲得其義也。以是之故。故其法曰。以差德益類。爲別界說。亦以是之故。故差德雖衆。其所取以益類立別者。不必求盡。有特得一而足焉。皆此義也。顧吾前不云乎。物各區類。出自然者。求盡其所以區之德不能。蓋物之所以自成一類者。卽以其德性無窮之故。且其德不盡由於相生。苟欲盡之。非一一悉舉而列之無當也。而一一悉舉。乃幾於絕無之事。然則從亞理氏之說。謂界說宜必明自然之區別者。其言爲虛設。而今所謂爲要。不過使知其類爲他類之所總攝。抑尙有他類者爲其所統。是亦足矣。而爲此之道。但列涵義。其說已成。何則。一物類之名。果有用者。其涵義必有以著別於他物。而自分界域故也。故曰至全之界。止於畢宣涵義。

穆勒申論曰。培因之言界說也。意與余異。雖其謂至全之界止於畢宣涵義。與余大同。然其所稱一名之涵義也。非曰盡其類別差撰諸德也。曰盡其所謂原而不可分析者耳。譬如取養取金取人。而欲舉舉之所具之物德者。將必盡其獨具而非相生相因而然者。夫而後爲畢舉也。下是非全界也。夫使其德獨具。而非他德之所生。抑非他德之果驗。則就令前所不識。而今創知。及其已知。斯爲其物之一德。亦即爲是名之涵義。爲之界者所宜列也。今如玲瑤之德。舊所知者。則明澈也。璀璨也。堅固也。貴重也。乃今忽聞其爲炭質爲可焚。而此德又非向諸德之果驗。則自今以往。炭質可焚爲玲瑤常德。而即爲其名涵義無疑也。其言如此。故自培因觀之。自今以往。凡言玲瑤炭質可焚者。非眞詞。乃申詞。何則。言物之所固有。而無所發明故也。培因發揮是說。至謂言人必有死者。其言亦無發明。蓋死爲人之常德。而其名之涵義。名然則義然。必俟他日生學大明。知死生之故。根於官骸之組織。夫而後死爲他德之果驗。非人倫之常德。而人必有死一語。乃成眞詞。非複言其名之所本有者。培因名學。精能之至。爲後人開無限法門。而余竊所未慊者。則以其中多閱歷所得。待證未能之語。而循斯義例。舉以爲無所發明之詞也。今夫區詞爲二宗。一以爲眞詞。一以爲申詞者。固欲立詞誠最要之分殊。一有所發明。一無所發明。一以新事相告。而其一但申本義也。使爲一詞。言某物之有某德。而某德既久已爲某物之名之常義所涵。此以告初學之子。不知此名何義者。乃有獲耳。假其既知。不已贅乎。故曰此申詞而非眞詞也。顧使其義爲凡俗所不知。而以一二專家獨明先覺之故。遂謂詞之標其義者。爲無所發明。無所諭告。而其義爲此名之所本有。無乃過歟。故吾謂一名常義。祇取衆人之心有所識別而已。至於後來異撰。雖格物之事。證其無往不存。而須知物之徒具常德。而獨無異撰者。人猶可以前名命之也。今用培因之說。則齝屬之畜。與歧蹏之鹿。二德以常相從。而不相因果。可謂歧蹏涵於齝屬矣。顧終不可謂歧蹏爲齝屬之一義。設異日者有獸焉。齝其食矣。而蹏獨渾不歧。抑五趾而非二。則人曰是齝屬之獸也。吾決其千八而九百九十九也。則界說所畢宣之涵義。不必盡如培因氏之說亦明矣。

第五節　有名界說有物界說而所謂物界說者要不外名之界說益以本物自在與名相應之義已耳非有異也

所謂常俗界說有二。曲而不全。與界說之正法異者。具如前說。顧倘有古賢成說。爲後人所率由而未經辭闢者。自我觀之。格物窮理之事。所以至今猶蕪而不精者。皆此說爲之害也。彼以謂名學所謂界說。不離二門。一曰名界。一曰物界。名界者。所以釋一名之義訓。物界者。所以揭一物之性情。自窮理盡性之事以云。物界所係之重。過於名界遠矣。

此其說標自古之名家。而後人守之間。有異者。獨名宗之派而已。歐洲中古以降。言心神之學者。大較皆主名宗。洎於輓近。稍存異派。故卽物作界之義。寂然無聞。特人意之間。猶懸此義。而名學雜然難明。職是之故。近代言名學者。吾英推威得理。其書發揮物界之旨獨多。一千八百二十八年正月。鄙人嘗於威斯明士特平議報著論評隲是書。雖十餘稔以還。所見不必盡如其舊。然於物界一說。今昔初無二致。則取而複述之。亦已可矣。平議報之說曰。夫謂界說有名實之殊。一以訓文。一以寫物。此雖與亞理氏名家舊說多合。然自吾黨觀之。終非極摯之說也。竊恐自有界說以來。所謂取一物之性情體用而表暴之者。殆未有也。卽在治名學者。彼持前說。謂界物與界名異矣。然試叩以本物界說。所由與他詞言是物者之異同。則彼之莫能置對。又可決也。彼以謂一物之界。宜盡取一物之體用而表暴之。然界說無有能盡一物之性情體用者。而他詞之論及是物者。苟有所明。於其性情體用。皆有所表暴也。然則孰爲界說。孰爲非界說乎。是故質而言之。凡界皆名。舍名無界。顧其中有專爲訓義而設者。有舉其訓義矣。而更表其物之自在。與名相應。實有非虛。如是而已。顧此界所表之有無。徒自其詞式而觀之。亦無從見異也。今如曰神駝者獸。上半爲人。下半爲馬者也。又曰三角形者。三邊之直線形也。是二界者。自其式而言之。固無別也。而神駝世間本無此物。而三角則宇內之眞形也。今試略易其文。則不同可見。如曰神駝所以稱上人下馬之怪。三角所以命三邊直線之形。則第一界與前無殊。第二界與前稍別。蓋設用三角後界。其所云者。不過名義之宜何稱。而幾何第一卷中所推三角諸理。欲有所根。必以前界爲正。前之所重在形。而後之所言在詁也。

是故諸科學中。常有一種界說。其中所舉列者。不僅本名之義。與其用之宜何如。然其詞雖不止於釋名。而以謂界說之異派則不可。其所以異於他界者。在界說之外。另有所函。即如前者三角界說。蓋顯然合二詞以爲一界者也。其一曰。世間有形。乃三直線所鉤聯而成者。其二曰。如是之形。是謂三角。前一詞非界說也。後一詞界說矣。其所云者。不過此名之用而已。前一詞有是非然否之可論。（如云二直線。則必不能成形矣）故可爲外籀推證之根。後一詞無是非然否之可論。其所言者。不過前人曾於如此形。定如是名而已。欲用名者之循夫故而易喻也。（以上引平議報。）

不佞舊所云云如此。而由此言之。是二種界說。一僅釋名。一於釋名之外。隱甄事實者。雖必不當云一爲名界。一爲物界。自墜雲霧中。而二者之不同實自若。而不可以忽也。蓋其所甄事實。非界說。乃求作。乃告詞也。若云界說。則所云云者。止於言語名字之已然。無是非然否之可議。而斷不得據之以紬繹餘理。推證他物之事實明矣。獨其所函求作。有事實之可言。故可本之更推。而事理所關。輕重亦異。其所指者。乃世間自在之形氣事物。與其所挾之性情品德之倫。而隱括於一界說之內。假使眞實不妄。則由自界說爲推。成一絕大科學。蔑不可者。此則外籀之功也。

往嘗謂古學淨宗之說。雖經後人所辭闢。而其末流之敝。往往猶中於後人學術之微。蓋希臘愛智之學。所謂淨宗。常指空名。謂有實物。此自柏拉圖亞理斯氏所莫不然者也。而今人雖昌言不用其說。顧跡其自爲之說。往往必淨宗說在而後可行。此所謂陽奴陰主。學者所時蹈而不自知者也。今夫謂幾何之術。以界說爲之根苗者。此自亞理斯氏而已然。抑或先之而即有者也。夫使界說能爲一學之根。則必界說所舉者。盡一物之性而後可。顧郝伯思（名宗學者）深非之。謂界說於物性爲無。與所舉者止於一名之義而已。此其說似矣。乃至其論科學。如形數之屬。凡有待於外籀之功者。則又曰科學根原。存乎界說。其前後二說。齟齬矛盾如是。不悟科學所求至者。兩間事物理勢之自然。天之所設也。而界說所標舉者。一名所涵之常義。以名揭德。人之所爲也。使科學之成。根原界說。如亞理斯氏郝氏之說。此何異云自然者以人爲爲根本乎。甚矣。辭闢舊說。而能逃其窠臼之難也。

乃或謂古說故自無疵。其所以云科學根於界說者。夫固曰以如是說。界如是名。與自然天設者合而不悖故也。天設者物性。人爲者物名。名以標性。而爲之界說者。有以見名性二者之會通。夫如是之界說。固可以爲一學之根柢也。於古說何尤焉。顧自僕觀之。爲此說者。特以救前說之窮云耳。往往古說之立。與事理違。於法當廢。而竺古者則從而爲之辭。而不知其仍無益也。卽如此云。使名合於實。則卽名可以考實。獨不知果如是言。其所考者。將由名乎。抑由實乎。將以物之自然而有天設之德乎。抑是上下粲著者。果皆從聖人所定之名而有之也。

則試取一事以明其例可乎。歐几里得之書。古所謂根於界說者也。今試卽其平圓界說而觀之。設分析以爲言。則其界說固合二詞而成焉者也。一甄事實。一釋名義。其甄事實云何。曰世間有形。其界點距中間一點正等。其釋名義云何。曰形如是者。是謂平圓。請更取其本此而推論者觀之。試思其所本以爲推者。爲前語乎。爲後語乎。則所謂界說爲本之義見矣。其術有曰。以甲爲員心。作平員乙丙丁。此爲求作。求作云者。猶云得前界說。則如是之形。可以作也。然既有是形矣。其必名曰員與否。無關事實者也。設吾不曰作平員乙丙丁。而曰由一點乙。作一線。使還本處。使是線積點在在與甲點爲平距。如是而其形亦成。特詞稍費耳。然則平員界說。固可以不立。雖立亦無用。獨所謂求作所甄之事實不可以廢。廢則所本以爲推者亡。而其學末由託始。且今員之形既成矣。更觀其後。其術曰。自乙丙丁之爲員形也。甲乙之半徑。與甲丙半徑必等。是兩半徑之等。非自乙丙丁之名員。自其線之積點與甲爲平距故也。所以知此形之可爲。而天下不疑者。以有所甄事實在也。吾甄如此之事實。而世之人不吾疑而皆然之。此根於人心之元知乎。抑根於推知徵驗而後喻乎。吾不得而知之也。雖然。爲元知可。爲推知可。而後此之所以爲推證者。必自此始。則皦然者也。但使其所以甄事實者存。將幾何由淺至於至深之術。皆可以起。凡此書之立名。雖悉置之。悉易之。其學之存固自若也。

第六節　推界說之中有釋名有甄實卽至意境所存之物求諸世間而絕無者其界說之可以析言亦猶是也

夫一界說之中。有釋名。有甄實。釋名者。眞界說也。甄實者。非界說也。求作也。顧雖有至精至確之科學。如前節所指之幾何。其中所甄之事實。所謂求作者。窮而求之。未必皆信。往往其物徒懸於心腦之中。而天下未嘗有此物。以是之故。學者求其理而不得。遂羣然謂科學之立根於界說。且根於界說之求作。彼固一切造之以心。而於天下事物之眞。又無與也。何以言之。今試卽幾何之平員界說言。則固曰吾能爲一形焉由其中所謂心點者。作輻線至周。將莫不等也。雖然。此無慮之言也。精而覈之。天下固莫能爲此形也。使顯微之鏡具。則參差之度見矣。然則此界所稱等輻之員。有之特人意中耳。必求眞圜。天壤無有。天猶且難之。而況於人乎。學者以謂天下理至碻而不可搖者。莫幾何之所言若。獨奈何以至碻之委。發於無慮不精之端。豈天下之理。果皆虛而不實耶。不然。何以若此。此其理不佞將於後部論推證時詳而言之。彼時將見端委相資。委之所以可信。由於端之本無可疑。而非於不碻之原。求碻理也。顧前者名理之家。或昧於吾說。或獲吾說而以爲未足。則以謂界說之中。宜有可據。遂紛然取舊說而竄改之。以謂界說之所標舉甄析者。非物非名。而實爲人意。自此說立。彼固曰道在是矣。如曰圓者平形。一線之所界。其中有一點焉。自彼至周。距莫不等矣。而益之曰。此非世間眞有此形也。果爲此言。其說將妄。惟曰此爲想像之圓。想像之圓者。妙衆圓以爲形者也。惟如是之圓。夫而後其形有等輻也云云。且由是而推。不獨幾何爲然。卽至一切推證之學。如名數諸種。其中所論列。大抵皆非世間所眞有。而僅存於思慮之間。夫幾何所謂線。有長短而無闊狹者也。兩間之中。無如是之線也。必求其物。舍意境莫能得也。故幾何之界說者。意線之界說。而非眞線之界說也。惟知其爲意線。而不爲眞線。夫而後幾何所證之理。乃至碻而不可搖。

名理家之論科學界說具如此。然自不佞觀之。其論固未必皆合。今且不必深辨。顧第使其說而信。其於不佞前言所謂一切界說當與析觀。一爲釋名。一爲甄實。其可根以爲推證者。乙在甄實。不在釋名。無所戾也。蓋卽如名理家言。謂幾何線界。非界世間眞物。乃界意境所存。然其界必甄人意能爲此線之實。抑表人心能爲有長短無闊狹之意線也。夫不佞所以云未合者。以人心固不能爲此意線。今謂心目之中有線焉。有長無廣。吾固不能。所能者。特於觀物設思之時。爲其一而置其餘。如思一線之頃。祇及其長短。而置線之他德於不顧。姑就一端而用吾思。是則能耳。使吾說而信。將見幾何線界之所甄舉者。非曰世有如是有縱無廣之一線。亦曰物固可但論其短長耳。如此。則幾何諸界設固未嘗不與世間之眞有者合。而可本之以爲一切實理之推。夫何必遁而舍物言意乎。然此爲後論。而今不佞所欲明者界說之中。必存兩物。所本爲推。根於甄實而已。二說雖異。此所同也。往者呼倚威勒博士。嘗爲內籀科學通解。其中所論。多與不佞僢馳。獨論界說。則若二渠之疊。蓋乎博士述作種種。其言心思之用。開宗明義。理多眞實。大有造於來學。獨至深造窮探。則往往大謬。此不佞所以心欽其功而又不敢苟爲雷同也。

第七節　界說雖緣名而立然必格物精而後所以界名者當故界說者知物以後之事也

夫界說固所以釋人爲之名。而非所以釋天然之物。然由此遂曰界說爲人所臆造。又不可也。往往一名旣立。欲爲其界。不獨煩重膠葛。其事至難。且有非深窮一物之性。一事之理而不能者。誰謂一名之義。爲淺而易喻者乎。試觀希臘舊籍。柏拉圖主客設難之書。如歌芝阿一篇。其所欲明者。則言語學之果何事也。如盧拔布力一篇。所深求者。則公義爲何物也。凡此皆往返數百千番。而猶未得其義之所底。他若新約所載。則拜勒怒問耶穌以何者謂信矣。而古今言德行者。所反覆求明。即存何物爲德一語。誰謂界說而可以臆造不根者耶。

若謂此精思明辨。勃窣理窟之爲。其所求者。不逾於一名一義之間。將厚誣古賢。莫此爲極。蓋彼之所勤求者。非問一名之義也。問一名之當涵何義也。夫學者於一名而來其義之所當涵。則僅於其名焉求之。莫能得也。固當於所命之物以求之。且求之於物矣。非能盡其性焉。所立之義。又未必能見極。而不可復搖也。

雖世間公察諸名。其義皆蘊於所涵之常德。然自得名之先後言之。則可見之物。終先於不可見之物德也。故卒名之成。大半雜糅相應之察名。抑察名數轉之引伸。此觀於諸國之文字言語。所灼然可見者也。是故語言之始。專名而外。察而有涵之名先之。當此之時。義多簡易。則方其舉此名也。其一切涵義。所欲藉是名以達之者。必釐然而呈於言與聽者之心無疑也。吾意最先言白之人。其舉是名。而加之雪絮諸物。其心必瞭然於所欲言之物狀。而於是白所指之德。毫無疑義。又可知已。

獨至類族辨物之事。其所據萬物同異以爲之者。則不若是之易明而可見也。若夫所據者不止一德。而爲諸德之所叢。則執果求因。愈難別白。而各得其所由然者。常見名固加於其物矣。而言者之胸中。於是名所涵。猶渾然不精也。故其用舊名而加於新物。非所見之眞同乎前也。意其近似。而姑以是名之而已。（今支那人乍見泰西之物。其稱名多類此。如曰佛頭番。火輪船。自來火。自來水。皆此例之行也。）此不獨不學之鄙人然也。雖在愛智之家。於吾心最簡之感覺。其稱名也。能達乎此例者寡矣。獨至所名之物。爲錯綜之繁體。夫而後愛智之家。不自安於模略之貌似。方將取分似者一一而徵驗之。必有同德。乃加同名。而所謂同德者。又必灼然可指者。積事成習。此所以智者之舉公名。其心所呈。必有一定之涵德也。雖然。言語文字者。其猶轂音乎。非人事之所能造設者也。故其敝也。雖智者之謹。有以補苴諟正之。然而其功亦僅耳。彼於俗之用文字也。猶聽獄而不爲士師者然。能議其曲直而不及於事效。公名之用。日以益紛。又必不能聚其名之所加。一一加之以諦審。故其終效。必至是名所涵。與其本義常義。僅存一二。不精不確者而已。此自有言語文字以來。所日見遷流而至今未已者也。試遊五都闤闠之間。而聆其市人之攘臂高論者。彼方以一爲義。以一爲不義。以某事爲榮顯。以某事爲賤汙。某也爲公忠。某也爲奸慝。則試爲求其意想。彼於此所稱五六名者。將果有一定準程。必如是之涵德。而後加之以如是之公名也哉。

則殆不然也。彼於名之界義既紛。而於物之實又弗深考。其以是名加是物。亦祇存其不精不確之一二義。而羼用自張其詞而已耳。

吾聞麥堅道希之言曰。夫國家者。樹木也。非亭臺也。亭臺人力所經營。而樹木待時而後至。此天下之至言也。而吾於一國之言語文字亦云爾。公名之立也。非有人焉類一族之物。而肇錫之以此名也。其始常用於所見所思之一物。浸假而牽連貤及焉。始以命甲。以乙之似甲而被之。繼以丙之似乙而亦被之。而丙之所以似乙。不必若乙之所以似甲也。故每有如是數遂。遂至其後之所加。與夫其初之所命者絕遠。而莫有同者。此不僅一二見者也。夫物至不同。而其名猶一。則欲求其所命者之同德。而以爲其義之常涵。豈可得哉。名至如此。則以之謂物。雖謂實無所謂也。故內之不可用其名於運思。外之不可用其名於達意。欲救是名之敝。必於其雜然而命者。取太甚而芟之。以獨加於物之果有同德者。夫而後存其名之用也。此則界說之力也。惟言語文字。如草木之蔓生。故其效常如此。此人力所無可如何者也。國家之事。政亦同此。國家又如道路然。道路名人爲。而實非人爲也。非人爲者。自爲之也。且道既成而不時葺歲治焉。年月之後。其可以行者寡矣。國家也。道路也。言語文字也。等而觀之可也。

由斯而言。則辛名界說之所以難大可見矣。今設有難者曰。公道果何物耶。此謂拓而言之。猶云人設稱一事爲公。則所以謂其德者。當何名乎。（前問以名後問以察。）則所以應之者。將曰古今人於此。尚莫有合者。吾誠不知所謂公道者。果何德也。雖然。人見行事而稱之爲公。其意又若不能無所同者。故欲承前對。須先考凡人所謂公之行。果有所同否而欲考此。又宜問人人致中於一事以爲公。一事以爲不公。其所見果有合歟。蓋惟了此。而後可考公行之果有所同否也。必使人人所謂公。雖其意異者誠多。而不能無所合。乃可進而求公行之果否有所同。有所同矣。乃更進而審所同者之爲何德。故於此得三問焉。其第一事爲人意之設。爲其所公議而共由者。至於餘二。則皆實測於事跡之際者也。今使第二所問爲虛。而所謂公行者。當參差而不可以一。則將有第四問焉。欲承其對。當較前二者爲尤難。曰。將使公名長存。而奮人治建之爲一類。則必遵何術而後爲最善歟。

今不佞所欲爲學者正告者。則欲以名學釐正一方之文字語言者。非先取其自然孳乳寖多之理。而深窮之。必不可也。夫一方通行之言語。其所爲部居類族之事。固常至粗。顧得深於名學之士而修之。則恆由此而大可用。此如一方一國之禮俗禁約焉。其始常莫之爲而自至也。得聖人者出而修治之。以爲一國之典禮刑名。而文物遂粲然而大備。而其治化成矣。夫以爲治之具言之。彼自爲之禮俗禁約。固遜於聖人之所修治者遠矣。顧彼雖不盡本以學術。要皆積數百千年之前事。流演而成之。故其中皆聖者之所取資。而可本之以爲甚精之治制。言語文字之道。何莫不如是乎。其所部居類族。固至粗也。然彼必據所同者以爲本。以其顯然而易見。是故其所同者必多。且其所同必見之者衆。而所歷之年所至多。雖一名之用。牽連貤及。至於無有復同。而其中層累遞及之爲。又非無因而忽至。而必有其可以繩迹者明矣。且往往由其牽連貤及之果。而得二物同德之因。設非由此。雖深思之士。以古今文字之恆異。又以古今人心習之不同。所著眼於物情者各殊。有不能以時得而交臂失之矣。觀於名理疇人之傳記。將見俗有所長。聖有所短。而一名之歧義。初若甚晱。譎以求之。乃存至理。則可見積人成世之事。必不可視爲劣淺。而常以輕心掉之矣。今使一世間眞實事物。學者欲取其名而爲之界說。而又以前人之所爲爲未足。此其意固謂名存義附。且其義必將有以統是名之所命者。就令閒有歧異。而其物必有大分從同。夫而後可以此名被此物也。是故爲一名之界說者。其事無異取是名所命一切之物。而考其相似之幾何。與所異者之居於何等也。有時所同之端。貫乎所命諸品而莫或殊。有時其德見於所命諸物之大半。究之其物既已類別部居。而爲此名之所統矣。則其物固必有所同。而後得此。或全或曲。其所同之德。與其致異之所以然。學者既取是名而欲爲之界矣。是固不可以不討列也。至夫此名所如之物。同德多寡。較然可知。則此名之義。劃而不渾。而其物亦有一定之涵德。惟名有定義。物有涵德。而後界說乃可立也。

方名家學者。取一名而爲定其義也。其取是物之德。將不徒以其情之大同。必將標其物之有關係者。關係云何。如或以其所見之獨多。或以其爲相之特顯。或以其親切於人事。或以其爲後果之原因。總之必求是別之差德。其可推之撰德。至爲衆多。而爲物理之所關者鉅。夫而後標爲常涵。而以列之於界說也。雖一類一別之物。其中尙有幽隱難明之同德。而爲前數德者之所由來。顧正名定義之時。其勢恆有所不暇及。則寧取易見而爲其物之所大同者而標之耳。然而格物觀同之道。欲本其顯而窮其微。推其見以徵夫隱者。其事恆爲科學之至難。以其至難。亦往往於物理所關者至鉅。吾嘗見一類之物之同德。從以考其致然之因。至其因旣明。夫而後知其名之應包何義。故知名理之學由於正名立界之事。而以得至深之理。收至美之功。自古迄今。吾不知其凡幾耳。

穆勒名學

（二）

穆勒著
嚴復譯

漢譯世界名著

穆勒名學部乙目次

通論推證思籀

穆勒名學部（乙）

通論推證思籀

篇一　論推證大凡

第一節　總覈部甲大旨

甲部之於名學也。其猶椽杙之於成室。米鹽之於尸饔乎。所言者非名學之本事也。非窮理求誠之謂也。所言者在乎名言詞義之閒。亦非卽一詞而詳審其眞妄也。乃卽一詞而求其義蘊。夫名學者思誠之學也。則其所言。當主於推證。第欲明推證之爲何事。不得不先明推證之所於施。推證之所施。必其物有然否是非之可論者。故部甲之終事無他。取一切之詞。而審諦類別之而已矣。

則見一言之發。其直指而爲決辭者。有二宗焉。釋一名之訓義也。標一物之情狀也。其爲一名訓義發者。

謂之申詞。申詞界說最重。爲名理諸科學所不可廢。然而名義本於人爲。故申詞無誠妄虛實可論。而證辨駁議。亦緣是而無所於施。惟標萬物之情狀者。乃爲眞詞。眞詞區以別之。亦有數等。前書既一一擘析之矣。大抵一詞之立。苟知所言之何物（詞主）又知所以謂此物者何如（所謂）則將見其言所陳。皆人心覺意之變。抑主此變之原。故無閒詞之正負離合也。其於物情所得言者。五事而已。自在也。位次也。相承也。因果與相似也。此無異治質學者之析萬物而得其原行者矣。然而名家析詞之說。尙有其顯而易明者。雖不及前者之詳盡。而有時於用爲周。其術專言物體物德之異。而析義本此爲之。故其例曰。一切之詞。皆言物與德之離合。或言德與德之並著否耳。

今將置此不論。而求名學之本事。向者一詞之立。既析之而知其蘊矣。然詞有是非。是者何以徵其是。非者何由辨其非乎。使其事存乎元知。抑爲吾耳目之所及者。將是非無待於推證。惟事待推知。而爲吾官所不接者。設非推證。其是非烏從定乎。推證則名學之本事也。

名家謂一言一事爲信而有徵者。以根於他言他事。而是言是事之信從之（釋徵字從字）大抵諸詞。爲正爲負。爲普及。爲專端。當其見信。不從本詞。必前有之詞。爲所已信無疑義者。本詞之信由此而推（釋推字）其爲推也。或由一詞。或由多詞。推之而見其詞之可信。抑驗其詞之非誣。理之是非。由此而決。凡此之謂思籀。此從其至廣之義者也（釋決字思籀字。）然名家之言思籀。有時義狹於此。則專指遞推之功。遞推以聯珠爲正術。不佞言思籀。不從狹義而從其廣者。已於前部明其指。且尙有他指焉。則觀於後論而可知也。

第二節　論有非推證而名推證者

將進而言推證之正術。則宜先別其僞者。惟知何者之爲僞。而後其聽不熒。而眞者以出也。每聞人持一詞。而推其次。驟聆之若眞有所推。及諦而審之。則不過取前詞之義。或全或偏。而複述之已耳。此所謂貿詞者也。假云。人莫不能思。以其各具心理。又如云。人者有盡之物。以其無逭死者。此雖至淺之夫。當亦知其無所推證。不過取一詞而轉易之。故曰貿詞。貿詞固有時而有用。以聽者或由此而易明。特以爲推證。斯無取耳。

又有由全入曲之詞。亦似推而實無所推也。如有人云。以凡甲之皆乙。故有甲爲乙。又云以無丙之爲丁。故有丙非丁。此非由前推後也。後詞之所言。皆前詞所已及。不過舍其全而取其曲耳。何名爲云推證乎。（常俗言有丙非丁。則有丙是丁若存言外。名學之理不然。詞事相盡。言有丙非丁者。意盡句下。其餘丙是丁非丁。皆在未定之天。而爲所不論不議者，初學不可不知。）其三。則前詞於詞主既有所謂矣。後詞同此詞主。特其所謂。已爲前所謂之所涵。則亦似證而無所證也。此如云蘇格拉第生於雅典。故蘇格拉第爲希臘人。所謂爲希臘人者。既涵於生於雅典之義矣。是無所推也。又設其詞爲負。則兩端前後宜易位。如云多祿某非希臘人。故多祿某不生於雅典。不可云多祿某不生於雅典。故多祿某非希臘人。蓋惟不承其少涵。而後多涵之不承從之。多涵之所命。固攝於少涵之中者也。生於雅典爲多涵。希臘人爲少涵。生於雅典。不足以盡希臘之民也。凡此亦非眞推。名學小書。其聯珠詞式。多擇此種爲喻。甚無取也。苟知其名義。則後詞之所決者。已具於前詞。

凡此似證而非之詞。最繁者莫若轉詞。轉詞亦兩端易位。以前之詞主爲所謂。而以其所謂爲詞主。所轉之詞。以前詞之信而亦信。此如由偏謂正詞有甲爲乙。可轉之以爲偏謂正詞有乙爲甲。又如由普及負詞。無甲爲乙。而得同式之詞。無乙爲甲。但若由普及正詞。凡甲皆乙。此不得轉之以爲凡乙皆甲也。雖知凡汞皆流質。然不得云凡流質皆汞。特可云有流質焉爲汞而已。故普及正詞。凡甲皆乙。法當轉爲偏舉正詞。曰有乙爲甲也。如是轉詞。以普及爲偏舉者。名家向有專稱。謂之取寓之轉。又如由偏舉負詞。有甲非乙。不得轉而爲有乙非甲。蓋設云有人類非英民。不得遂謂有英民非人類也。其轉此詞。法當云以有甲之非乙。故知有非乙者乃爲甲也。此轉名家亦有專稱。謂之更端之轉。蓋其爲轉。不僅兩端易位。且其一端。由正更負。原詞之兩端。爲甲與乙。而新詞之兩端。則以有非乙者爲詞主。而以甲爲所謂也。由原詞有甲非乙。得貿詞有甲爲非乙者。與之同意。原詞乃偏舉負詞。而貿詞與同意者。爲偏舉正詞。其視非乙。同於一物。於是得用第一轉偏謂正詞之例。由偏謂正詞有甲爲非乙者。而得有非乙者爲甲。此名互轉。

顧以上之詞。實皆無所推證。貌若由原得委。而委之所言者。實無異原。雖有轉詞。絕無新告。委詞所言。或與原詞同其廣狹。或已爲原詞之所苞。前部取諸詞而微析之。正爲此事。今假云淸官中有糊塗人。此詞實義。豈不曰淸官所涵之品德。與糊塗人之所涵者。往往見於一人之身乎。然則轉云糊塗人中有淸官。此詞與前。廣狹正等。其不得云有所推證者。無異英譯幾何。不得云由歐幾里得本書所推證明矣。又如云大將無鹵莽人。此亦謂大將之德。與鹵莽人之德。絕不同居於一物。則轉云鹵莽人無大將義政相同。此易見也。特假如吾云凡獸爲熱血品。此詞所指。不但謂獸名所涵。與熱血品所涵者。有時並著。亦且云前物不能去後物而獨存也。今有轉詞云。有熱血品爲獸。其所表者乃前半之義。而後半之義。則所未及。故其義乃爲原詞之所苞。獨至凡熱血品皆獸一詞。猶言熱血一德。舍獸則不可見。此義乃原詞所未及者。故無從爲推。亦無從爲轉。必欲轉之。須用更端之術。如云無非熱血而爲獸者。則其義與前詞廣狹又同。蓋云獸德所在。卽熱血德之所在者。無異言熱血所不存。卽獸德所不存也。

今欲取貿詞轉詞之事而詳論之。此名學入門諸書之所宜。蓋轉詞雖不足以云推證。顧闢異詞。知同義。其心靈耳敏。不爲聽熒者。正名學所求治之心習。而爲學者切要之功也。是以初學之書。必論勘詞之術。其中一切名目。大抵肅括分明。以爲區別諸轉互推之用。其例如全反之詞。能並非不能並是。（如云凡甲皆乙。與無甲爲乙。爲全反之辭）偏反之詞。可皆是而不可皆非。（如有甲爲乙。與有甲非乙。爲偏反之詞。）互駁之詞。必一是一非。不能皆非皆是。（如云凡甲皆乙。與有甲非乙。無甲爲乙。與有甲爲乙。皆爲互駁之詞。）兼容之詞（此如有甲爲乙之容於凡甲皆乙。有甲非乙之容於無甲爲乙也。）正者。普及通舉之詞是者。則偏舉之詞亦是。而負者偏舉之詞非者。而後通舉之詞乃非。云云。凡此自初學觀之。恆若甚深微妙。而略加解釋。童孺皆知。毋取詳爲論說者矣。蓋名學此種公例。無異數學之公論。而其用亦同。如云物物與一物等者。則物物自相等。此其理之顯然。見於常行日用。使幾何不標此例。亦未見其書證論。遂有闕而不可明。以其理存於人人之心也。顧幾何之家。必首列公論十餘條。以爲學者入門之始事者。固欲使知公例之爲何物。而人亦未嘗訾其理之太淺。而以幾何公論爲贅言。是故治名學者。於前此所標諸例。固宜反覆精熟。使其寖成心習。庶聞異稱同實之名與詞。言下便悟。而已欲有言。廣狹淺深。

稱量以出。凡此皆斧藻性靈修飾辭命者之所急。而名學繕性知言之用。固亦以是爲始基也。

第三節　論推證正術區爲內籀外籀

以欲明何者爲推證之眞。故先別裁其似是而非者。如貿詞轉詞之類。皆貌若有所推。實則委之所及。已具於原。謂之無所推可耳。乃今進言推證之正術。由所已知。迤及其所未知。委之與原。釐然有異。

夫思籀自最廣之義而言之。實與推證一言。異名而同實。而古今常法。其事皆盡於二宗。有自其偶然而推其常然者。有卽其常然而證其偶然者。前者謂之內籀。後者謂之外籀。外籀之用。存夫聯珠。顧思籀之術。尚有其三。其法與前之二術皆不同。而其術則爲窮理致知所不廢。而且爲內外籀二者之根。此不佞所將繼茲而論者也。

然須知此由偶推常。由常推偶之云。不過略標二籀之大意。以其簡明。便於記憶。是以沿而用之。第苦模略不精。非有附益之辭。將不足以盡二籀之精義。而以審其異同也。蓋謂內籀爲由偶推常者。以其由專端散著之理。而得會通之公例。抑所本原詞。已爲公例。而所推之委詞。爲例愈公。然則所本者。固未必皆偶詞偏舉者矣。外籀雖曰由常推偶。然其原委二詞。亦可同爲公例。廣狹相同。特原詞恆較委詞爲稍廣耳。吾人仰觀俯察。有不相謀而同之事變。數覯屢更。則因之而立一例。抑由數例之中。從之而立愈大彌公之一例。凡此皆內籀也。若夫由古人既明之理。已立之言。其例固可以冒甚多之事變。乃今以合於當前之事實。（蓋單詞不足以繹理。故可留可轉而不可推。必合之他詞而後可。）從之而徵一新理。前之所據謂之原。後之所徵謂之委。委之於原。所冒同。其廣狹可也。委狹於原可也。甚至原之所冒萬端。而委之所證者一事。蔑不可也。如此者謂之外籀。謂之遞推。而聯珠則其公式。而善事之利器也。總之。聯珠之成。常合三詞而爲之。第一謂之例。第二謂之案。第三謂之判。謂之委。而第一第二又同稱原詞。以與委詞相別。使委爲會通大同之詞。而所冒之事理過於前二詞之最廣者。此其推證。皆爲內籀。其降而彌狹。抑廣狹同前。則外籀之事。此其大經也。

案此節所指事之偶常。與詞之廣狹。學者當爲明辨。而後作者之意乃可以通。蓋一詞之立。固有僅及一人一事者。此在詞爲專端。在事爲偶見。試爲舉似。如子入太廟每事問。記事之專端也。文王視民如傷。論人之專端也。干將莫邪。水斷犀兕。陸斫牛馬。說物之專端也。至云聖人承祭以敬。云殺一不辜以得天下所不爲也。云良劍靡所不摧。則會通之詞。而所冒之事物廣矣。此偶常廣狹之別也。窮理致知之事。其公例皆會通之詞。無專指者。惟其所會通愈廣。則其例亦愈尊。理如水木然。由條尋枝。循枝赴幹。匯歸萬派。萃於一源。至於一源。大道乃見。道通爲一。此之謂也。更以形數之學明之。今設云甲乙丙三角形。乙爲直角。則甲丙方。必等於甲乙乙丙二方之和。此專指一形。最狹之詞也。次云句股形之弦自乘。等於句股兩自乘之和。則較廣矣。三云三角形一邊之方。與餘二邊之方。相待有定率。（本三角術。）則愈廣矣。設又云直線形求邊方。皆可以三角術御之。此則所冒彌廣。爲形學最公之詞。割錐術。開山於法之特嘉爾。其術之所以可貴者。亦以其能用一公式。御割錐諸形之變。曰點。曰線。曰平圓。曰拋物線。曰雙曲線。曰交線。曰平行線。皆圓錐一割之變也。然則其公式之所會通。爲何如哉。算學之公式。猶名學之公例也。故嘗曰事之由偶入常。詞之由專端而入會通。觀諸形數之學。而愈可見也。會通之詞。卽爲公例。欲爲公例。先資公名。有公名而後公例有所託。始使仰觀天象。而無以別恆星緯星。從星之異。則天學可以無作。格物之家。始也。謂重。謂水。謂氣。謂熱。謂電。謂光。謂聲。是七學者。睽孤分治。終鮮大效。自咀勒出。而知一切皆力之變。故力理明。是七者莫不明。而格物之學術大進。凡此皆會通之效。所謂由專入公者矣。常人智識之開亦然。鄙野之夫。所言常專。專於有形有名之庶物。有爲之解懸破空。遊於會通之域。則瞶眙相顧。不識所言之何等。童子入塾。教以幾何。於開卷之界說公論。雖在至淺。輒需數月而後漸通。而斯賓塞爾亦言。觀人之術。欲覘智識高下。但聆其言。使於名詞二者。多專少公。則不待深求而知其神識之甚下。此不佞所累試而驗者也。

大抵生人閱歷之端。皆睽孤而分觀者。積之旣多。乃有會通之理。而公例生焉。使名學循自然之序。固當先言內籀。而外籀從之。然吾今所欲明者。乃即吾人見有之智識而窮其源。故不若先論外籀。而內籀所以爲會通者。置爲後圖可也。此如由流溯源。即一理而考其所據。旣明之後。乃並求所據者之所由來。此其事雖若倒置。而學者治此稍深。其見與吾自合。固不必嘵嘵置辨。而蹈嗷嗷之譽也。

大抵內籀委詞。其義必較所據之原詞爲廣。蓋由散著之端。而成會通之例。其所統貫者。常不止所據之原詞。且公例之成。亦非徒積所見所聞之前事以爲之。不過據此爲原。而所立之例。方將有以御無旣。而筴將然也。內籀之術。誠民智之所待以日闢。新知之所待以日出。而其體用根荄。與必遵何塗。其術始正。此則部丙所專言。而非本篇之所遑及也。然約而舉之。則內籀之求誠也。知一理之誠。更以推未知之誠。由可見之實。更以證不可見之實。不可見之實者。遠之至於六合之外。悠之至於千世以後可也。故內外二籀。同資推證。而內籀之所係尤重。至於外籀聯珠之事。其所關於名理者何如。則不佞及今。所欲與學者商榷而共學者矣。

篇二　論外籀聯珠

第一節　釋聯珠

聯珠之格式體用。墊開名學諸書。皆已擘理分肌。言之詳盡。今不佞此作。與堂墊諸本。體製稍別。則於淺明之義。無取複陳。不過列其節目。以爲進論之基足矣。不能細也。

凡爲聯珠。必遵以下所列諸例。一、聯珠必以三詞。不得或多或寡。第一第二。皆名原詞。而第三所證之詞。是名爲委。二、是三詞中。所用名物。常以三端。不得或浮或闕。三端者。委詞之詞主。所謂二者。與其中端爲三。中端必見於二原。所以爲委詞兩端之紹介。蓋必有中端而後有以通兩家之郵故也。委詞之所謂。是爲大端。其詞主則爲小端。三、自聯珠所及者不過三端。故大小二端。皆於原詞分見。而中端爲撮合之媒。必並見於二原而後可。原詞爲大端所居者。謂之大原。爲小端所居者。謂之小原。

名家多區聯珠爲三式。亦有以爲四式者。所分三式。視中端之所居。蓋中端可爲二原之詞主。或爲二原之所謂。或一爲詞主。一爲所謂。其最習見之式。則中端爲大原之詞主。爲小原之所謂。如下之第一式是已。中端爲二原詞所謂者。第二式。爲二原詞詞主者。第三式。爲大原之所謂小原之詞主者。第四式也。若以第四式合於第一式者。則所區不過三式而已。而每式聯珠。又分爲目。目視其詞品量之不同。詞以品言。則有正負之殊。以量言。則有全曲之異。今以下所列。皆爲合法正目。言者依此式目。則由原竟委。其所證皆合法也。

今試以甲爲小端。丙爲大端。而乙爲中端。則聯珠之。

第一式。凡四目。

以凡乙之皆丙。與凡甲之皆乙。故知凡甲皆丙也。

以無乙之爲丙。與凡甲之皆乙。故知無甲爲丙也。

以凡乙之皆丙。與有甲之爲乙。故知有甲爲丙也。

以無乙之爲丙。與有甲之爲乙。故知有甲非丙也。

第二式。凡四目。

以無丙之爲乙。與凡甲之皆乙。故知無甲爲丙也。

以凡丙之皆乙。與無甲之爲乙。故知無甲爲丙也。
以無丙之爲乙。與有甲之爲乙。故知有甲非丙也。
以凡丙之爲乙。與有甲之非乙。故知有甲非丙也。

第三式。凡六目。

以凡乙之皆丙。與凡乙之皆甲。故知有甲爲丙也。
以無乙之爲丙。與凡乙之皆甲。故知有甲非丙也。
以有乙之爲丙。與凡乙之皆甲。故知有甲爲丙也。
以凡乙之爲丙。與有乙之爲甲。故知有甲爲丙也。
以有乙之非丙。與凡乙之皆甲。故知有甲非丙也。
以無乙之爲丙。與有乙之爲甲。故知有甲非丙也。

第四式。凡五目。

以凡丙之皆乙。與凡乙之爲甲。故知有甲爲丙也。
以凡丙之皆乙。與無乙之爲甲。故知有甲非丙也。（疑當云無甲爲丙。）

以有丙之爲乙。與凡乙之爲甲。故知有甲爲丙也。

以無丙之爲乙。與凡乙之爲甲。故知有甲非丙也。

以無丙之爲乙。與有乙之爲甲。故知有甲非丙也。

以上諸式目。可謂聯珠定格。甲乙丙無論爲任何物。設合前格。斯非謬悠。顧不入單舉專名之詞者。非曰外籀所不用。蓋以單舉專名之詞。旣已統舉一物。則其詞與普及之全詞無異。則無煩爲此等之詞。更列一格明矣。今如以下之二聯珠。

以凡人之有死。而王者人也。故知王者皆有死。又如云。

以凡人之有死。而蘇格拉第人也。故知蘇之有死。云云。

如是二聯珠。其品量皆同。皆第一式第一目也。何必以後之爲專名。獨舉蘇格拉第而立異乎。夫有法聯珠。必與以上所列十九格玄同之理。使其原詞而信。則所推之委。必無可疑。而何以餘詞綴合。則不能然。學者以練心爲務。而於名理素事研精者。或已得之於初學拾級之書。或聲入心通。自知隅反。非不佞是編所暇細及者矣。輓近名家威德理長老。其書於聯珠體用。最爲圓湛分明。學者脫有未諳。則商之此書可耳。（近英國有耶方斯名學塾本。甚便初學。且能集前人之長。乃後學所宜續譯之書。）

凡精確不搖之外籀。與凡推證名理事實之論說。如其原詞。爲已立之公例。則所推委詞。或與原詞廣狹相等。或爲較狹。或爲專及之一理一事。無不可者。但其格必與前十九者合耳。如歐幾里得幾何原本。爲外籀之最古者。苟有人欲將其論。展拓以爲聯珠。以見其遞推層證之細。非所難耳。

聯珠之與前式合者。所證固不可搖。然須知外籀無瑕。皆可獨用第一式推之。其由餘式而轉爲第一式者。號歸一術。其法先用轉詞之術。以轉原詞爲意義相等之詞。此如有第二式第一目聯珠。

以無丙之爲乙。與凡甲之皆乙。故知無甲爲丙。

用歸一術則先轉無丙爲乙一語。係普及負詞。可徑轉之以爲無乙爲丙。義與前均。其聯珠今式乃

以無乙之爲丙。與凡甲之皆乙。故知無甲爲丙。

此爲第一式之第二目也。又如原有聯珠爲第三式之第一目。如左。

以凡乙之皆丙。與凡乙之皆甲。故知有甲之爲丙。

其中小原。凡乙皆甲。爲普及正詞。不可徑轉。必用取寓轉術。得有甲爲乙。此雖與前詞之廣狹不同。而不可以爲不實。而原有聯珠。已化爲第一式之第三目矣。

以凡乙之皆丙。與有甲之爲乙。故知有甲之爲丙也。

由此觀之。可知無論何式之任何目。皆可用歸一術。化為第一式四目之一。凡委詞之可從後三式聯珠而得者。皆可從第一式而得之。特大小二原。須稍轉耳。顧詞雖轉而義不殊。故曰凡外籀無瑕。皆可以第一式推之也。則所用聯珠。於左四目。必居其一。

以凡乙之皆丙。與（凡有）甲之為乙。故知（凡有）甲為丙。

以無乙之為丙。與（凡有）甲之為乙。故知（凡有）甲非丙。

設更求簡要之訣。凡欲推委詞之正者。必用以下三格。如云。

以生物之有死。而（凡民 有民 約翰）乃生物也。是故（凡民 有民 約翰）有死。

又如欲推委詞之負者。則必用以下三格。如云。

能自勝者。不必終於為惡。今（凡黑種人 有黑種人 黑種人甲）能自勝者也。是故（凡黑種人 有黑種人 黑種人甲）不必終於為惡也。

雖外籀所用之聯珠。莫不可變以為第一式。且既變其式。而理證愈明。然亦有用第一式而不如順自然之理。而用其餘式者。如景教之家。皆曰不從基督。無以成德矣。而亞勒斯直固古德人而守多神之教者也。則欲駁前說。其勢宜用第三式之聯珠。而曰。

亞勒斯直固古之德人也。而亞勒斯直守多神之教。然則有奉多神之教者。乃德人也。

此其辭甚順。而其理易知。以較所轉之第一式。

亞勒斯直德人也。而有多神教徒爲亞勒斯直。是多神教徒有德人也。云云。似爲勝也。

日耳曼愛智家藍博德著名學新論。其言聯珠。詳盡賅博。得未曾有。嘗謂四式聯珠。於窮理致知之事。各有所宜。其指次分明。思力沈奧。可謂獨標心得者矣。顧須知自其理趣而言之。則無論聯珠之爲何式。證者皆同。爲第二。爲第三。爲第四。原詞所稱。實與所歸之第一式無攸異。異者。獨在言語先後輕重閒耳。其所原既均。其所推之委。莫不一也。故吾黨本諸名家之定論。得云外籀無瑕。皆可以第一式之首二目爲之。蓋就令有時如前所云。以餘式爲順者。而科學及名理學中所立公例。固皆普及正詞。欲證普及正詞。所用聯珠。非第一式不能辨也。然則謂第一式聯珠於學問所關最鉅。豈過言哉。

案。藍博德謂四式聯珠。各有宜用。其意謂第一式宜於探索幽隱。推明物性。第二式宜於微辨異同。分疏疑似。第三式宜於標舉專例。就同取獨。第四式宜於擘析支流。即類知別。其書於四者一一皆有舉似之釋例。甚爲學者所推。於一千七百六十四年行世。

又案。英國數學家摩爾庚。穆勒同時人。著法名學。其書獨重法式。而分推證爲必然或然。於是有決必稽或二篇。有言曰。設謂凡乙大半皆丙。又謂凡乙大半皆甲。則有甲爲丙。可以無疑。此稽或之術也。是說為前人論聯珠者所未及。故表而出之。

又耶芳斯著辨學啓蒙。其書之論聯珠。以圜代詞。觀其圜之交容分處。則委詞之全偏正負。了了不紛。甚便初學。亦新術也。此書總稅司赫德嘗譯以行世。學者參閱可也。

第二節　論曲全公例乃為複詞並無精義（凡兩端意義平均廣狹正等者謂之複詞）

則更取第一式之二詞而觀之。其大原皆普及全舉之詞。而委詞之正負。即視大原之正負以為斷。然則外籀所由發軔者。必其會通之公詞。公詞所謂之物。為然為否。必統全類而舉之。物德之所有。物德之所無。要之其言皆冒乎無窮之物。特涵德從同。而為一公名之所命者云爾。

進觀其小原。則其詞皆正。而指一物焉。為前者大原公名之所冒。未往者大原。既於此名之物。而通有所謂矣。而是一物者。又冒於此名。則即以所謂公名者謂是物可也。何則。謂於其類者。必於其類之物。一一而謂之也。此正委詞之所標揭者也。

必以前言為盡一聯珠分合之奥乎。殆難言也。而即今為說。固亦如是足耳。是故名家之於聯珠也。欲執至簡以馭甚繁。則會通之以立外籀之大例。大例者。所前言全曲公例是已。例曰。凡於一類之全而有所謂者。於其曲靡所不謂也。（既曰聖人之心有七竅矣。則不獨比干之心爲然。孔子、伯夷、伊尹、柳下惠之心莫不然也。）其理之簡淺如是。而名家以謂舉凡推證之事。莫不本此以爲之。猶幾何術有兩物等他則自相等之公論。惟其易簡。故爲首基。外籀者皆此例之行也。

雖然。必以曲全公例爲一切外籀之基者。猶存乎舊學之見也。蓋性海法身之說。二百年前學者。言心性者莫不奉之以爲見極之談。至於近稘。其說漸廢。雖有人焉。欲死灰之復然。未能效也。故必謂公名生於公物。公物別具自然之體。不與其名所分被之物物同科。夫而後曲全公例。若苞甚深之妙義。蓋其例立。而所謂公物與物物相與之際。其相爲君臣者。若得此例而大顯。而曲全公例。由此不爲賸義贅言。而實以一辭楬兩閒之奧義。意若曰。公物以常德自在。而其德散著於物物。又如曰。人有常德自存天壤。而甲若乙號爲人者。皆分此常德者。以爲所性。而人名以稱常德之謂眞人。眞人非人人之謂。乃妙人類以成此本萬爲一。由一爲萬之一物。其尊且嚴。過於甲乙之爲人遠矣。此往昔學者之舊說也。獨至於今。則統一同之物。而加以公名也。微論其爲一類。抑爲一類之別。不曰此爲兩閒自在之物也。其爲物與是名所統之物物。既無所優。亦無所絀。舍所名物物之外。則爲無物。以其名固物物之公名。而其德則其名所涵之常義而已。苟循斯義。吾不知彼曲全公例。所以爲奧義者。居何等也。則無乃賸義贅辭。不過言凡物一名然者。所名之物莫不然。一名否者。所名之物莫不否。假外籀之術。事止於此例之行。人謂名學聯珠。同於戲語。非過論也。舊學未湮之日。尙有他例。如曰物然者然。此在當年。亦號甚深微妙。而爲致知之事所託始者。曲全之例。何以異此。今欲轉此無謂之例。而爲有謂。吾意曲全之例。不可以爲公論。僅可以爲界說。則曰曲全公例者。所以釋類字之義者也。然而其說亦已迂矣。

案。全然曲然。與物然者然。二例。固爲至淺。而以其至淺。必斥其不爲公例。而非致知窮理之所基。斯已過矣。幾何開卷。物物等他。則自相等之言。初何嘗有奧義乎。蓋民智旣瀹。雖若至繁。而溯所由開。莫不至簡。此乾坤所以稱易知易能也。今夫庖犧畫象。始於奇偶。商高言數。不越方圓。而輓近中土邃文之家。悟其事之不逾開闔。泰西愛智之論。謂其功之出乎加減。必以其淺近易知。而以爲當廢。則何一非童子之所與知與能者耶。獨有所謂禪機玄談。如汝從何來汝從何去之對。則眞穆勒氏所謂複詞。羌無奧義。以之傳稱錮人神智。斯可黜已。

夫一理謬誤。旣辭而闢之矣。往往一二人出。祓以甚澤之言。幹以疑似之論。而舊義更起。其中於人心而爲致知之梗者如初。且歷時而其說不廢。夫指一類一別爲混成之眞物。惟此混成而爲公名之所揭者。可以長存。而是名所攝之物物。成毀無常。去來靡定。苟智識爲悠久之事。將其事必與前之混成長存者相關。而與後之無常匪定者無涉。此所以云物有性海。惟知此者。而後有以與物之眞。是說也。著自古昔。而爲近世愛智之家所鄙夷。而不肯稱道久矣。顧彼所棄而不道者。其名。而變其說以實用之。而常爲致知窮理之害者。其實。試觀洛克懸意之談。郝伯思康知臘名宗之論。與夫日耳曼學者所言物性之學。則見前說之猶盛而未艾也。蓋人既以窮理盡性之事。爲存乎普及之物性。而不在所名散著之物。物浸假其心習遂成。雖不以公性爲自在之眞物。然時蹈其失於不自知。是以雖深知其物之不出夫名。而於由名得實之云。終不能以自克也。今使愛智之家。於公名統物之理。篤信名宗之說矣。而又以曲全公例爲一切思籀之基。則本斯二原。其得委可不期而遇其意外者。此所以輓近有人。著爲名學。儼然謂窮理之事。不過取古人所臆造之簡號而互易之。則新知自闢。且謂其說之信。觀於代數。可以無疑。嗟夫。使其說而信。則從無得有。曩所謂使物降神之術。其幻妄寧有過此者耶。蓋至法士康知臘謂盡物之性。在正其名。名之不譌。理斯不遠。而名宗之談極矣。顧不謂物理未窮。斯其名之末由正也。今將謂物之情狀。雖在至微。必即物而後可知。徒名固無從得。且名之所以告人者。不過前人意中之所有。則其義至淺。而將爲知言者之所訾。且吾非不知欲爲窮理致知。名固不可以廢也。得名而後實有所託。而吾思以傳。則名者理之輿也。思之力必得名而後張。亦思之功得名而後固。則名者思之器也。雖然。輿與器者。皆以所載所治而後貴。非曰所載者卽與所治者卽器也。是故以名致思。自有名而吾思益邃。固也。至於所思。則非名而必實。苟謂必名而後有思。抑謂循名而物理自出。則眞天下之讆言矣。

第三節　論外籀所據公例眞實爲何

以曲全公例爲外籀所據以爲推。其失與郝伯思之論詞正等。蓋詞有眞詞申詞之別。而郝欲其例之賅通。遂謂一詞所言。不逾名義。使其言然。而一詞之義蘊。止於如是。則聯珠舍所謂數詞之合者。固無以云也。蓋使小原所言。不過某物之屬於何類。而大原所指。亦不過云是類者復有大類以兼容之。則一聯珠之所明。不過辨一物所隸。果於其倫否耳。外是復何有乎。顧不佞所反覆求明者。正以郝義爲不足。而知一詞之所達。存乎事實然否之間。本於天理之自然。而不僅人爲之區別。所言者一物之果具某德與否。抑數德者並著之與相滅。而並著相滅之情。又有常然偶然之異。夫苟是義爲優。而眞詞與人心之眞知相涉。且聯珠外籀。所求者誠在眞知。則凡言聯珠之理。而不先本是義以言詞者。其於名理。皆無當也。今試本此義以觀聯珠。則如第一式。其大恆原爲普及之詞。乃言物之具某某常德者。必與某德並著。或相滅。而小原所言。乃指詞主爲物。常具前者之常德。夫如是由原證委。其爲物必與後之某德並著或相

滅可知。譬云

以凡人之有死。而蘇格拉第人也。故知蘇格拉第之有死。

茲之大原。其兩端皆有涵之名。其所言乃謂凡物有其一宗之德。則他德必將並著。世無具人之常德。而不與有死之德偕行者。其小原則云。蘇格拉第爲物適具前一宗之涵德。則其爲物必具有死之德。乃可推也。又設二原皆爲普及之詞。譬如

以凡人皆有死。而王者亦人也。故知王者之有死。

此其小原。乃言凡王名所涵。必與人名所涵者並著。而大原同前。則凡王名之所在。卽爲有死之德之所在。又無疑也。

又設其大原爲負。如云凡人無全能。此言世無具人之常德而與全能之德偕行者。人與全能。二義相滅。則以此合之小原王者人也。而知王與全能二義。必相滅也。依類而思。本此以析諸式之聯珠可耳。

則執前之理而會通之。於以求外籀聯珠之公例。將見若所用之詞不僅申詞。則所據者非由全公例之無謂也。而得二公例焉。一以言正。一以言負。與幾何所標之公論相若。其所以爲正者曰二物與第三物恆並著者。則二物恆並著。或益審其詞。則曰第一物與第二物恆並著。而第二物與第三物恆並著。則第

一物與第三物必恆並著。其所以爲負者。曰第一物與第二物恆並著。而第二物與第三物恆相滅。則第一物與第三物亦恆相滅。凡此二例。皆顯然以自然之事實物情爲言。非若曲全公例。所課者徒存名義間也。惟用事實物情之公例。而後有定事實物情之是非。

案。二公例所用物字。不若用德字之爲愈。作者之意。蓋謂德亦一物。則用德不若用物。於義爲賅。顧常人之意。言物恆主於形質。則不若用德字之爲虛靈矣。且其例可云甲乙並著。乙丙並著。故甲丙並著。（正例。）甲乙並著。乙丙相滅。故甲丙相滅。（負例。）

第四節　前例他觀

部甲篇六第五節。言觀一詞。有二法眼。使爲眞詞。陳一物理。則以其詞爲益智之錄。備多聞之一得。可也。以其詞爲窮理之媒。審其一而知其餘。亦可也。前者積學之事。如倉廩然。所以明公詞之體。後者致知之事。如徽識然。所以達公詞之用。積學者以其詞爲一理之明。知凡物之具前德者。有後德也。致知者將以求進。故重其聞此而知彼。苟從後術。則前舉之聯珠。可轉之以爲公式如下。

有物德甲者。爲物德乙之徽識。

今某物有徽識甲。

則知其物必具物德乙也。

知此則前者並著相滅之事。皆可本此以爲推。而外籀所據之公例。亦可稍易其辭。俾體同而用異。將見二例所言。無異言凡物之有一徽者。必有其所爲徽之德也。又假大小原均爲普及之詞。則其例可云。見徽之徽者。以後徽而得前徽之所爲徽也。此二例與上節二例之莫不同。好學者將思而自得之。無取更爲覼縷。且此例之適用。學者益進將自知。自不佞觀之。則自有外籀一學以來。例之精確而利於攻堅者。未有逾於此例者也。

篇二　言聯珠於名學功用惟何

第一節　問有以聯珠爲丐詞之尤者其說信歟

夫名學爲窮理之資。而聯珠者名學之一器。夫聯珠之能事。不佞既於前篇詳悉言之。凡前人膚泛疑似之談。既指其瑕。復推其蔽。於聯珠所據之公例。則剖析而釐定之。學者於聯珠之體用。當不至復有所瑩。而爲異說𧫷言之所惑矣。顧理以窮而滋深。疑循端而迭起。雖古之定論。諦之而恆有未安。斯不得不覆審更思。以求其義之所底。夫聯珠外籀號思理之由會通而及偏舉者。於吾人知識。果有所推乎。其云本已知而至未知者。吾人之用聯珠。果以此而得向所未悟者歟。斯事體大。又烏可不明辨而遂措之也。徒自其外而觀之。則名家所以承此對者。靡不同也。彼皆曰聯珠二原一委。三詞之間。使委之所標。有溢夫二原之外者。其聯珠可以廢。斯言也。與謂聯珠所竟之委。皆爲二原所已及而前知者。有以異乎。殆無異也。然則所謂外籀者。果無所籀歟。所以聯珠爲證理之要術。且有人以思誠爲專屬此事者。豈皆無所見而云爾耶。夫既曰聯珠所得。不出二原之中矣。則前之二疑。將何辭以自解。而各國治名學者。自希臘羅馬以來。皆云人類所明之理。無間爲科學之專門常行之日用。其得之而實有可據者。大半由於聯珠。且謂其層壘之致。實能寫爲慮窮理者不易之心功。又何說耶。又有人焉。求之而不通其故。則謂聯珠之用。固爲蹇淺。無深義妙術之可言。夫所對不離所問。所證同於所據者。謂之丐詞。聯珠特丐詞之變形而已矣。何待深求也哉。此二說也。自不佞觀之。皆失之於其本。欲明聯珠眞實之形體。與其在名學功用之爲何。非明辨愼思無由得。尊聯珠者。其說非也。賤聯珠者。其言滋非。此所以未爲詳析之先。不佞必求學者之澄意眇慮。而後可與爲此談也。

第二節　明舊說之所以爲淺

必以聯珠爲由原證委之辭。則無論何等聯珠。實皆有丐詞之可議。今如曰。

以凡人之有死。而蘇格拉第人也。故知蘇格拉第之有死。

攻聯珠者曰。蘇格拉第有死一語。非新詞也。蓋已見於凡人有死之一詞。使蘇格拉第無死。或其死在若然若不然之間。豈容云凡人有死。故必先決知人類一一。於有死爲無可逃。而後普及之詞以信。使蘇之死爲有疑。則大原之可疑。量與正等。是以大原普及之公詞。將以爲委詞偏舉專言者之據。必其所被之物與事。無一物一事之遊移而後可。果爾。則吾不知是聯珠所推而明者。脫非本來。果何事也。攻者之言如是。是雖至辯。殆莫與當。然則彼將謂凡推證之由公及專者。本無所證。蓋所謂公者。固總諸專者而後成此公也。

前說之堅如此。可以使主聯珠者。無可置喙。然而名家於其說雖無能更下一轉語。而猶欲立一義以爲聯珠解紛者。非曰前說之有瑕也。乃聞尊聯珠者之言。雖與前者相反。而其樹義之堅。殆與匹敵故也。彼其言曰。夫聯珠之用。所以喻不知者也。今如前譬之聯珠。自知者言。固爲甚淺。顧閒一委詞而以所推爲新得者。獨無徒乎。天下有事理焉。其始爲意之所不經。其變爲耳目之所不及。惟從外籀。其情始確。而所信始眞。此吾人日有所歷。而畢生之中不知凡幾者也。則烏得以聯珠爲無用乎。人信威林頓之有死也。方其未死。不得謂所目見也。今假有人叩言者曰。公固未死。汝何由知。則應者無亦曰。凡人皆然歟。然則此理之明。非由觀聽之所及。而所由決事者。不由聯珠。又曷由乎。而所用聯珠。亦如

　以凡人之有死。而威林頓人也。故知威林頓之有死耳。

且自民智之開。強半由乎此術。是以名家欲不以外籀爲推證之正術而不能。而於攻聯珠之前說。又無

由以自解。或則調停其說。謂一詞之立。其所明言。與其含意未申之恉。固自不同。然此乃辨難者之枝辭。而不可爲格物之眞解。卽如名家威德理長老有言。外籀推證之事。不過將所據原詞之含意。發揮而宣襮之。使聞其言而信其說者。見其中全旨蘊義之云何。知旣納原詞。則於一切有不容不承者耳。方威之言此也。設有問以何緣一外籀科學。如幾何代數者。全學之所窮至深。而所本者不過界說數條公論幾款而已。豈原原無盡之奧義。皆蘊於前數者之中。而僅待能者之發揮宣襮如此耶。吾不知威之如何置對也。且其言之意。固將以釋前者之難端。而不知其與助之爲攻者。實無以異。蓋前之難者。固謂聯珠爲無用。其用不過爲利口之資。先以一言餂人。使諾之而不加察。而旣入玄中之後。乃張其詞之全義。使之欲不承而不能。威之爲說。其用心不同。而義何殊此。故曰。欲釋其難。而實助之攻也。彼曰旣諾所據之大原。則委詞所言。與旣承無以異。而威則曰。大原之於委詞。不過含於其意。而未嘗明言也。所謂含於其意者。猶曰言之於所不言。雖言之而不自知其已言也。誠若是。彼將曰。君爲一言。不當盡知所言者耶。君旣舉一普及之詞。而吾告矣。則其中之所蘊。無間爲明言。爲含意。非子所宜先喩者耶。使子爲一言。而於己且不盡喩。必待中其說以究明之。則吾向者所謂以言餂人。使不加察而爲諾。旣諾之後。乃張其餘義。使雖欲不承而不能者。瘉益信矣。然則聯珠徒資利口已耳。於求誠之學何裨焉。

第三節　論凡推籀之事非由公以及專乃用彼以推此皆本諸睽孤之事徵所謂普及者也

故知主者雖失。而攻者亦未爲得。知此而後有以識聯珠之眞。夫威林頓有死一詞。必有所推。固無疑義。第此所從推者。果從原詞之凡民有死者乎。自不佞觀之。甚不然也。

言聯珠者之所以失。坐不知致知之事有二候焉。有未得之推尋。有既得之默識。而昧者常以前事之所爲。索諸後事之內。而以所默識者爲推尋也。譬有人焉。得一新知。挾鉛槧而紀諸簡笏矣。他日見問。猝不及憶。則稽諸簡笏而知之。其旁觀執果作因。遂以簡笏爲其人知識之所自始。然則是簡與笏者。必爲麟吐之玉書。龍負之洪範。抑如回部哥灡。用天仙羽翮爲筆。以書帝謂之辭。而後可耳。

縱謂威林頓有死一言。爲推諸凡人有死而得者。顧試思此凡人有死之原詞。何由得乎。則將曰本諸仰觀俯察所聞見者而知之。顧人所得以仰觀俯察者。皆散著睽孤之迹也。本諸散著。而後有其會通。從其會通。復可以驗散著。故會通之理。乃散著事實之通和也。爲一幷苞徧舉之詞。其所然否者。乃無窮之事實。此普及公詞之精義也。顧公詞之爲物。非若記事之珠已也。非徒取所觀所察之端。爲一綸括之詞。以賅統之已也。故立公詞與立公名事殊。公詞之立。亦推籀之一事也。於睽孤散著者。見其會通。而知順溯既往。逆策未然。有無窮之事實焉。莫不同此。而其人幸生於言語既行之世。得以一言統萬事之同。夫而後能以一詞併諸所歷所推者而攝之。此公詞之所以立也。至於既立。用以自識可也。用以喻人可也。蓋單詞之立。而有涯之聞見。無窮之推知。合去來今三際之事。皆幷苞而徧舉之矣。此其爲義。顧不閎哉。然而謂外籀非此不行。則又過矣。

故自吾所見所聞。若約翰。若妥瑪。至於一切諸人之有死而非虛。吾從之而決威林頓之必死而無惑。方吾之爲此也。固可先爲凡人有死之公詞。而以之爲介。獨推證之實之所存。則本諸其前之所見聞。而不由後成之公詞以爲介。非自凡人而決威林頓之一人也。蓋方其會通散著而以爲公詞。其推尋之前候爲已竟。至其後之所爲。不過紬繹公詞所苞之實義已耳。

威得理長老嘗論外籀所爲。如由公推專之術。非必時俗所云。爲證理致知之一術。實不過取人心求知之頃之所爲。而析觀其曲折相及之致。以見人心無所推則已。有所推則欲不如是而不能也。此其言精矣。第不佞雖不敢遽非其言。而意終以時俗之所云爲近似。使有人親見約翰妥瑪等前者雖存。而今皆死。則逕由約翰妥瑪等之所已驗者。以決當前之威林頓。吾未見其不可也。然則吾謂威之有死。其所據以爲斷者。正存約翰妥瑪諸人之所已驗者。外此吾誠不知其何據也。此與設爲公詞。先言凡民有死者。

其所據之確鑿。實無毫髮之差。所據者不逾於見聞。不得謂轉爲公詞。而所據乃彌確。使散著者而可轉以爲會通。固已足以證當前之一事。假其不足。卽無以爲會通之詞。故謂必俟會通。而後可以爲外籒之原。而從之得委者。其事實舍徑而從紆。且吾不知此從紆者之果有何獲也。如道路然。由甲趨乙。本坦途也。而有山焉。介於二者。名家之律令。必使行者之上山。而後下趨以至乙。夫踰山之途。或以少盜賊之窺伺。或以其上之有亭磴。可遠望而覽四周之地勢。第自求至之事而言之。則二者亦隨所擇。夫何異焉。異者在疾徐耳。在勞逸耳。在險易耳。

且此非徒曰推籒之事。可以彼推此。而不必以由公推專。爲不二之術已也。自事實而言之。人之推籒。固由專及專者多。而由公及專者少。溯民智之開也。無論自其種而言之。抑自其一身而言之。方其能推。莫不如此。故襁褓之嬰。亦知推證。而公名公詞之用。非遲之又久則不能。孩穉之傷於火。不敢以指復觸爐炭。憶前火之焠人。知此火之必更焠也。由彼之專事。推此之同然。其心不必有公詞焉。曰火能焠也。不獨孩提爲然。鳥獸蟲豸之求食避害也。其有所推。亦如此矣。夫謂彼下生。能見會通。而懷公意。理殆不然。然而謂禽獸爲不能推。爲無所記。則未可也。彼固亦從閱歷生慧。而知所以遠害自全。其用智雖不必若人之巧黠。而推知之事。固無弗同。故不獨焠指之孩。常知畏火。而爛足之狗。亦憚探湯。

案。此節所論與篇一第三節案辭。可以相發。禽獸孩提智力之淺。正坐不知會通。心無公例已耳。而其中靈者。如犬。如馬。如狐。如雁。所能推證者已多。使其能言。則有公名。既有公名。斯有公例。有公例。斯有學術。而設外境所遭。又有以相逼者。智力之進。可以無涯。故赫胥黎化中人位論言人所以首出庶物之故。首在能言。設當日人種。於喉舌肋絡。有幾微之異。則至今尚爲吉賁倭蘭。意中事耳。

又案。所言下生閱歷生慧一說。與天演家之言異。天演重種習。自物競天擇之用。故存者之知避害。皆出於自然而利生。不必其能推而有所記也。二者以言其中靈者。如犬馬狐雁可耳。至於下者。殆不然也。

不獨孩提禽獸爲然。卽在我輩。遇有所推。其本諸載籍所垂之建言。故老相傳之成訓。以由公及專者常寡。而本諸耳目所覩記。邂逅所閱歷。以由彼得此者爲多。卽如本一身之所有者。以推他人。抑遇之於某甲者。以概某乙。初何嘗麕集成事。必鍛鍊之以爲條例供比擬乎。方吾思忖以某人遇某事處某境其設心行事當何如。雖嘗取人類之所同然。或人品與相若者爲推。然終不若但取其人所已著之心習素行。或用吾一己所設身處境者以揣之之爲常也。家生小兒病。其親咨於其鄰之媼。媼之言病由而議用藥也。舍其所經於兒女者。則無以云也。顧此豈徒鄰媼之爲然哉。我曹遇事。使非有學問焉爲之導師。則亦循媼之所爲者而已矣。且使其人更事之綦多。而記憶之甚晰。依以決事。常足以釋結解嬈。號爲能者。而其所以然之理。每欲以喻人而不能也。巧夫哲匠。器備而其功成。力運而所求得。其得心應手之際。常若有至微之理。爲其所獨知而施諸行事者。至欲知其所以然。雖在其子。莫得傳也。凡此皆以其人之所聞見者衆。而於所操之業。有以相謀。故遇事則由彼推茲。纏爲心習。初未嘗薈萃所知。先標爲通例公詞。故耳。一從軍三十年老將。走馬覽營地形勢。發令置壘。靡不中程。此其人於武學不必甚精。旁人詢其所以制勝之由。彼且愕然不知所以置對。此無他。其所歷之兵事既多。心腦之間。恆有無數成迹。以爲由彼推此之資。遇事當前。其最宜之前事。自呈心目之間。斟酌損益。以供展布。而何嘗勒爲成法。而以爲說理教人之用乎。故凡事之有數存焉。而其巧不可以言傳者。皆此類矣。

無文不學之夫。鳴弓擊劍。獨擅精能。而爲他人所不能學者。亦如此矣。南澳洲土蠻。逐獵臨戰。皆用剽刺。號百發百中。當其發器也。其剽身之輕重。鋒柲之曲直。全器之短長。所取之物之動靜遠近去來。風力之方向舒猛。毫釐之差。則其效等於至拙。而彼酌劑審度。擬之至精。得之至捷。心手相謀。百不失一。凡此皆臻之以久習。成之於不期。彼未嘗積其所試驗者。著成法以自守。抑用之以教其徒從也。至於他藝稱絕技者。大都同此。曩蘇格蘭常以厚糈聘一英之染工。以其賦色入帛。獨爲豔絕。意將使以其所能課授弟子。至則遇染帛時。以手撮蒨藍葩茜之屬。入水漚帛。而色已成。無常法稱量以出之也。主人督使分別諸色。詳識銖兩。庶幾其巧。有託以傳。從而爲之。色乃闇䵺。遜其隨手所撮雜者綦遠。其法終以不傳。蓋彼之能事。雖由閱驗。而心手之間。心欲某色。則手中掇敠染材之多寡。與夫疾徐先後之不同。因果之際。自成氣習。皆由前事之散殊分見者而推之。不必由會通整齊之成法。方其爲之也。得於手觸。成於心知。而所欲之色。不期自見。至於舉此喻人。則以散著者未爲公例之故。遂若精微之至。口不能言。不知彼自操染業以還。固未嘗心揣其術之所以然。亦未嘗口宣其事功委曲之致。使其揣之宣之。則在心有其公意。矢口有其公名。而所謂會通之公例成。方且列以爲方。而何不能喻人之與有。

案。昔讀莊子天道篇。言輪人扁事。嘗恍然自失。而不知其理之所以然。今得穆勒言。前疑乃冰釋矣。又吾聞凡擅一技。知一物。而口不能言其故者。此在智識。謂之渾而不晰。今如知一友之面龐。雖猝遇於百人之中。猶能辨之。獨至捉筆含豪。欲寫其貌。則廢然而止。此無他。得之以渾。而未爲其晰故也。使工傳神者見之。則一晤之餘。可以背寫。蓋知之晰者。始於能析。能析則知其分。知其分。則全無所類者。曲有所類。此猶化學之分物質而列之原行也。曲而得類。而後有以行其會通。或取大同。而遺其小異。常寓之德既判。而公例立矣。此亦觀物而審者所必由之塗術也。

昔有人將往一英屬爲法官。掌全部之訟獄。其人雖曉暢。而於刑名素非專家。又少讞籍判決之閱歷。將行。求贈處之言於世爵孟士斐。孟曰。遇獄上。當機立決。取果敢簡捷。不爲猶豫。愼勿思忖求其所以然者。則庶幾矣。此其言人人之所聞也。蓋思尋理解。天下惟有學者而後能之。不學而求其能思。由無法之思。而欲得裁斷之無失者。此無異責無翼者以能飛。而其飛且沖天也。孟知法官若加思忖。則其思必出於事後。而法官心腦之中。皆散著之成事。從未嘗爲之會通。以求公理。今設臨事而欲爲此。失者必十八九矣。孟非不知假有人於此。其閱歷世事與法官埒。而嘗從學問。能以內籀正法。得無窮之公例。以爲後事成規。是人使主獄訟。職斷決。必較今所遣之法官爲優。今之法官。雖機牙甚警。而事然不能言所以然者。非其比矣。世嘗有天資甚高之子。出奇制勝。若不自知。此以見美材不學。其所能自致者若此。然其受敝。常亦由之。究不若質美而學者之爲完而可據也。且由此知公例於思籀推證之功。所關誠鉅。顧必謂欲爲推證。非公例不成。斯其論之失眞遠矣。

卽在科學之疇人子弟。胸中所蓄。公例爲多。顧其用之也。亦由此適彼。以專例專。不必恆取公例爲之通其郵也。士徵爾者。哲學之家之職志也。其言曰。形數之學。雖若本於公論。然一證之確鑿與否。常智足以與之。不必見公論而後悟其說之有據也。甲乙與丙丁二者各等於戊己。卽在下愚。亦知甲乙丙丁之必等。所謂兩物等他則自相等之公論。雖畢世未之前聞可也。是說實足盡外籀聯珠之底蘊。惜其不知擴充。而謂獨形數科學之公論爲如此。而至力學之動物三例。平行形例。水學之流質趨平。光學之反影散光諸例。則實爲以後深造之基。但知形數之公論。不過標物理之必然。語恆至淺。畔之固僨。而執爲原詞。又無新理妙義之可得。而不知此不獨形數之公論爲然。凡屬公例。事均如此。於是求其說而不得。則轉而曰。幾何所基實存界說。平員界說。爲一切推究員理之所由。無異流質趨平地氣壓力諸例。爲推究虛筩上汞之理之所本。不悟界說之能事。亦正與公論等耳。凡歐幾氏全書之所爲。卽無界說。得效將無所異。此自其證題用圖之事。可以知之。方其用一圖以明平員之一撰德。其所據者。非曰凡員之輻線莫不等也。不過云於甲乙丙之專員爲如是耳。雖前者界說理周諸員。然使甲乙丙專員爲然。則已足吾事。幾何之例。常先標其所欲證者以爲題。題中所用。皆公名也。至於圖成。則用專名而立專題。是故其論之所證者。非公題之所標也。專題所標焉耳。自專者旣證矣。斯其義可推之無窮。蓋自有文字公名之用。而公名之涵德有定畛。吾人遂得以單詞片言以舉無窮之理實。假前者不爲圖。而欲證公題所標之公理。第舍甲乙丙丁諸名之專指者。而純用公名。於其所標者。未嘗不可論其然否也。惟欲爲此。非借徑於公論界說不行。是故以圖爲證者。先專而後公。而界說者。卽名而知物。凡爲推籀之事。無間何等公詞。爲界說。

為公論。為物理自然之公例。皆不過標簡統繁。假公名之用。執單詞以攝無窮散著之事實。資以登高自卑。明其所據而已耳。是知界說之所有。與士爵爾所言於公論者同科。所謂畔之固傎。而執為原詞。又無新理妙義之可得者。一首幾何之證論。所取以明其理者必專而非公。特所取之專。必為公中之一事。夫而後執專可以見公。而專之是非。無異其公之是非。然則總前論觀之。未見科學推證之必待於公詞也。夫公詞會通。關於民智者至重。而為名學之一大事者。夫豈不然。特必謂外籀之術。非此不行。則不如是耳。試觀初學之人。雖其師責其由一公理以推他理。而其心目所用。方且執專及專而知執通御散者甚難遘也。此如數學問題。雖理同所業。而圖數大異。彼且眴若不見所同。而謝不能者。蓋十八九也。夫就異見同。略迹得理者。固非易易。非其人神機獨警。抑為習者之門。則未有不拘於方隅而囿於覩記者矣。

第四節　言公詞之立乃所總散著之理以資默識而聯珠諸例乃所以表襮解釋公詞之術

由此觀之。則以下之諸理。可以見矣。凡有推籀。皆由專推專。非由公得專。一也。所謂公詞。乃記錄所已推者。以為此後更推之條例。二也。聯珠中所用大原。即其條例。三也。而委詞之所得實非由此條例而來。但依例為推已耳。四也。其推證之真原。乃前此散著之實。經內籀術成此公詞。五也。向使不經內籀。而成公詞。則散著之端。爲所遺忘可也。自有公詞爲之記錄。他日其事復呈。有以識別其端。而外籀之事以起。視記錄之所表。而委詞之離合從之。此無異從既忘之事實。而得其所推證者矣。是故條例雖存。而請比不可不審。聯珠之例。所以杜奇請他比。析律貳端者也。

前謂推籀之事。常分兩候。有未得之推尋。有既得之默識。又知會通散著以成公詞。其推證之事已竟。至於本其公詞。以驗專端。則不過紬繹公詞所苞之義蘊。由此可知聯珠所爲。不過紬繹詞義。非由原竟委之全功也。顧此亦言其常然。而有時由原竟委。其全功即此聯珠。此則外籀之功。無待前者之先爲內籀。其公詞之立。非從致知窮理。仰觀俯察而來。蓋耳目之功。所得施者。必事之散著。而會通者心之職也。自格物之功。始於耳目。是以智術之開。必由散著。顧生於古人之後。居乎倫類之間。夫有所受。有開必先。不必盡由於吾一人之觀察也。則有載籍傳記之所詔垂。編簡所傳。不獨睽孤之事實。而有會通之公詞。其所言者自然之物理可也。幽冥之天道可也。且有時言者非徒言也。而有教令焉。而有法律焉。此有國有家者之所恆具也。教令法律者。君親長上之所爲也。所以制吾曹之言行。俾毋越其閑檢者也。制爲是令是律者。常有微旨宏願。存乎其間。自其所特標之旨而言之。則其詞爲專指。自其所可例之行而言之。則其詞爲公詞。蓋其所言。非曰民爲何物。抑民德爲何等也。其所言者。民當如何。而民行須如何也。

是故章條既立。及其用之也。非外籀之推勘不爲功。顧所推勘者。要不外以某事附某條。果有合於立法者之意否。揣立法者之意。其果欲以此條加於此事否耳。其推勘之術。則求所宜入此例之事。以何者爲徵驗徵符。而今者人證之所言。兩造之所承。設皆情實。其中有此徵驗與否。日耳曼人以紬繹法意尋究古書之旨。爲專科之學。名曰哈門紐底斯。卽此義也。其事屬於推證者寡。而屬於擘究詞旨者多。且由是而聯珠之功用。可不煩言解矣。設其原詞爲舊章成憲。斯其推籀之功。在下勘人證之辭。上會制律之旨。以觀二者之間。果相比附而不偭馳否耳。又設原詞之立。本於格物窮理而來。則推籀者。乃察當前之所遇。與曩者所會通。果有合否。而其所以爲此者。卽在取往昔所記錄。而究其義之所苞蓋往昔所記者非他。亦卽謂使證佐分明。則無論於任何地任何時。見某某徵識者。斯卽某德之所在也。此如凡人有死一言。其旨亦謂。自吾人所閱歷者而言。則人德卽爲有死之徵。見彼卽可以得此。第吾人推威林頓爲必死者。非從記錄之公詞。實由往者之閱歷。其從記錄公詞而可識者。乃見其時吾心之有所信。抑立爲此言者之所服膺。爲斯記錄。期不忘前事。而爲後事之師。

夫聯珠之體用。其明白可言。前後無所衝突如此。以視威得理長老與他名家巨子。其言聯珠功用之晦且亂者爲何如乎。彼頌言曰。外籀之功用。止於求思理之一律。而前後所信之端。不相矛盾已耳。平生見一理之有徵。而既翕然信其如此矣。則使他日之事。同符往迹。其勢不可以不承。使其不承。而又以舊所信者著之原詞。號爲不易。斯文義違反。必來悖謬之譏。聯珠之用所以使不倫之思。軒豁呈露。而早知避之也。雖然。威之言似矣。而以言外籀功用之一端可。以言外籀功用之所極不可。蓋物理之明。不盡由於觀察。處吾官所不接者。固皆從推證。而信其誠然。威所言者。於此義何嘗有所發明乎。亦可謂言其三而漏其七者矣。更申前喻。人所以知威林頓爲必有死者。以吾祖吾父。彼祖彼父。至於居吾大父行父行之若而人。皆前死故也。是爲吾外籀之眞原確據。而吾今者決威林頓之有死者。非曰先有凡人有死之公詞。吾今欲避悖謬之譏。違反之失。而於威林頓有死之說。不敢或不承也。且使吾言前指之若而人皆有死。獨威林頓與天比壽而長存。即詞言詞。何文義違反之與有。獨至吾所標之公詞。意乃舉古來今三者之人倫而盡攝之。而威林頓又居人倫之一而非他。則不承威林頓有死之一言。將無異於威林頓之一物。一以爲人。一以爲非人。斯文義眞違反耳。故吾黨之於大原公詞也。其事無異士師之於國律也。士師之於國律也。有所請比而斷決也。常恐其參差出入而失造律者之本恉。吾黨之於原詞也。亦惟恐參差出入。致所推者非原詞之所當。而其事則同於紬繹公例已耳。故聯珠之律令。所以紬繹公詞之律令也。務使當前之推而得專。與昔者之推而得公。無攸異。至於公者之所由得。本吾耳目心思之所自爲可也。

十口相傳。爲古人之建言成說。蔑不可也。

第五節　故聯珠之眞用乃非所以爲推而實所以爲驗

使前之說而有明。則可知推籀雖常以乎聯珠。而聯珠實無與於推籀。推籀常由專以及專。自公詞成而推籀之功止。公詞者。內籀之所爲。非聯珠之所爲也。雖然。由此而遂謂聯珠爲無補於致知。則大不可也。蓋致知之事。主於會通。而不主尋繹。故曰聯珠無與於推籀也。然而非聯珠則所會通者之誠妄不可以明。將使謬說詖辭大昌。而無以擢塞。故聯珠者思誠之大防。必有之而後理之眞僞乃愈見也。

前既謂設有睽孤散著之事甚多。而吾於其中。以內籀之術。有以見其會通。抑得其所同然者。則雖不立公詞可也。蓋由此散著之前事。即可因此見彼。以爲後事之推。然亦惟其可爲後事之推。可以立公詞而不妄。蓋事之由於靜觀。或由試驗。而得一新理。使其理可以定一端之然否。即可以決無窮之是非。使往者之所遇常然。而吾緣此有以決未來一事之必然者。即有以概此後同類之事。將無一之不然也。此可標之爲公例焉。曰凡內籀足推一事者。即推無窮。此無異云。使吾之所歷。苟有以逆推一事之將然者。即可標爲公例也。此所論。列爲用至宏。必與學者重言而申明之。且必達以最公普及之詞而後可。務使心目之間。常懸此例。而知道之爲體。必無二端。其見於一事然者。方將無適而不然也。

則由此可知。總散著爲公詞。而通之爲一者之利矣。請先自其淺者而言之。立爲公詞。所統之事非一。吾心思力將與彌綸。不若前者僅及一端之狹。知其所被者廣。方之一事。吾意之重輕自殊。審事措詞。發之必愼。慮之必周。察之必密。有行乎其不自知者。此吾人心習所大率同然者也。顧立爲公詞。其事尙有重者。方所歷之爲散著也。而吾今者。乃欲據之以推一事之將然。此其事於吾身世之閒。必有涉也。有涉則利害從之。利害從則愛憎生。愛憎生則迎距別。此常人慮事之所以不周。而往往以不足證者爲足證。以非所推者爲所推也。自其總散著以擬爲普及之公詞也。勢不得不悉前事之相似者而盡收之。迨公詞既立。凡其詞之所被。可推不可推者一一皆見。不若前者逕從前事以例當前。可以愛憎爲棄擇也。假其公詞爲妄。將必有一二事焉。爲其人所親悉者。與所立之公例僢馳。如此則所謂不當概而概之謬立著。抑聞者審其不然。將用歸非之術。以爲駁擊。而公詞之漏義自呈。雖欲爲之掩護。有不能矣。（歸非術者。謂如聞一言。知其爲妄。則姑順其旨與之引伸。至於辭絡。其謬大著。雖在言者。不能以自圓也。）

今如一人生當羅馬厤噶斯奧勒理（羅馬最賢之主。當漢平光武間）之代。以親見阿古斯達以後安敦氏累世賢王。（安敦見後漢書。）依類而推。遂決康謨達之必爲明主。使其思籀之事。止於如此。則後此康謨達昏暴之行。彼將履而後艱。乃今總散著者而爲公詞焉。意將曰羅馬之王盡明主也。方其爲此。將必有涅路多密甸等呈其意中。而公詞之妄立見。且知此聯珠之原詞。不足定康謨達之爲明主也。常法欲辨一證之是非。則取一平行相類之端以爲喻。此其術辨者所共知也。乃至爲會通之公詞。其所類聚參觀者。自不止一平行相若之事。實通無數平行相若之事而一切慮之。此其爲慮之周。以較乎前。相勝自然遠矣。

是故所歷之前事。既衆而不忘。則後事之相若者。自可推證。顧終不若循其紆塗。先會通前事以爲公詞。更由公詞以推當前之事之爲美。故外籀聯珠。事有先後。其先所以立公詞者也。其後所以籀公詞者也。方其爲籀。以一聯珠爲之可也。以幾許聯珠爲之可也。聯珠之大原。必皆公詞。公詞所苞者。必非一事。假其論爲不刊。則一一大原。必完必密。完密者。事實與其所標者相應相盡也。設有缺漏。抑有衝突。則其始之所觀察試驗者。必有不誠不愼。而不足以楷柱其所立之詞。而全論坐廢。故一理之證。每以層纍之多。而漏義違端。愈以易見。易見而無所見。斯其說爲不可搖。是故理之強弱。與論之詳略有比例。

是故名學之有聯珠。與聯珠之有律令。非曰推證之事。非此不行。而生人知識。舍其塗莫由見也。其大用存夫得取所既推既證者。析而觀之。而其慮之疏密。理之誠妄。從而實耳。是以民智之開也。自其散者以爲通。爲其所謂內籀者矣。得聯珠。而通者復足以求其散。方吾心之有所論思。欲演之以爲聯珠。蔑不可也。故其法式。非曰用思所必由也。乃用思者之所宜由者也。若夫別嫌疑。決猶豫。而審一理之是非。舍聯珠莫與屬。不得以理之易明。義之顯著。其得實無待於聯珠者。遂謂其術爲無足貴也。

然則聯珠之用。一言蔽之。推證以審事理之是非。而聯珠所以勘推證之失得者也。自其用之廣且遠者而言之。則日用常行之不廢。自有文字來。莫不如此。無取深明而後能喩者也。蓋公例必得內籀而後立。一勞永逸之事也。方其成也。一試驗之審者。可以得之。標爲公詞。紀錄之以供學者之默識。智囊之儲。以之益豐。至於後來。爲其外籀之功。而已足以周事。故公詞立。則前者散著之專端。可以廢。可以忘。智之旣開。雖欲不廢不忘。不可得也。一人之所歷已繁。況積生民以來之所有者。惟本公名之用。著爲公詞。斯無異炳之丹青。勒之金石。此民智之積之大經也。

雖然。公詞之利。旣如此矣。而亦不能無害也。蓋初民之慮。直而不紆。膚而不入。則必有不完不密之推概。而頗謬之辭。垂傳記焉。以其詞之公也。似可信。以其傳之久也。乃益尊。至於凝結附著。已成建言。則篤信謹守之者多。而毋敢設心以疑其言之或妄者。姝媛之士。束乎心習。卽有一二事見與其言衝突而不比附。彼且曰是爲吾父之言。設爲遁詞。以救其義之或窒。苟非高識大心之子。誰復取其言展舒之以爲層折之聯珠。徵驗所統散著之端。以觀其內籀之當否乎。此抱殘之士。所以難與議道。而篤古之衆。所以難與維新也。公詞之利雖多。而其害之不細實如此。然使平情以衡。固所害不掩其所利也。聯珠之爲用。非公詞不爲功。而人之得所推也。淺顯者固可無待於公詞。若夫肆應之才。機穎之士。彼所閱歷既深。雖在疑難。亦將有以自拔。獨至以常智之士審疑似之情。抑雖穎悟。而所歷之端。與所欲推者相遠。則無公詞。有必不能自決者矣。故使人類而無公詞。將所知者不過愚夫婦之所與知。故推證雖無待於公詞。而必有公詞。民智之開乃足道。若夫科學之所得名理之所談。將無往而非公詞。滋勿論矣。是故窮理明誠之道。必分先後爲兩功。求其公詞。（公詞統公式公例而言）以俟他日遇事之請比紬繹。一也。析爲聯珠。顯公詞之用。循其律令。以繩外籀之謬誤。二也。

第六節　論外籀之眞正法門究爲何式

夫旣取聯珠之體用而究言之矣。則前旣謂其非推證所必由之法門。今必言推證所必由之法門爲何等。明矣。第欲明此。則必先知小原之實用。至於大原。前文已詳。而今可勿論也。大原無與於推證。而其用乃人心之行。由前事而知後事者。中道之逆旅。旣爲思心之所止。而又有以匡外籀之橫軼者。至於小原。

其於聯珠。理不可廢。既不可廢於言。斯必有所根於意。今之所辨。即明此意爲何等耳。

昔者英名家博郎妥瑪。其著論入理甚深。爲一時名學之眉目。第入理雖深。而用思稍率。故往往於理有所見。亦有所矇。如其言外籀與他家有特別者焉。博郎謂作一聯珠。其大原非能證委也。言證委之事之有在云爾。使不知此義。而視爲證委之本事者。則聯珠將無往而不爲丐詞。顧博郎不知。雖證委存乎散著之前事。而先會通前事以爲公詞。後從公詞而籀委詞者。所以救外籀之橫軼。惟得此而後外籀乃益精。昧乎此理。遂曰大原可廢。有所推證。直取小原以及委詞可矣。如曰蘇格拉第人也。故蘇格拉第有死。此無異云推當前之事理。不必資前事之不忘也。蓋彼以謂思籀云者。不過取吾心所存之公意而紬繹之。蘇格拉第有死一言。固從蘇格拉第爲人一言而出。吾所爲者繹人之義。而知有死爲其所已涵耳。此謂知其一而不知其二。所以陷於大謬而不悟也。

顧使人名之義。常涵有死於其中。則小原爲已足。何則。小原言蘇之爲人。直無異言蘇之有死也。獨有時有死之新義。爲人名所不涵。吾不知言蘇格拉第之爲人者。又何從而決其有死乎。博郎自知其說不足以概凡聯珠也。則又曰。此必先知人與有死二義相涵之理而後可。使其昧之。則不能由蘇格拉第之爲人。推而得蘇格拉第之有死。博郎之爲此言。實無異自駁前言。而謂僅得小原與委。不足以成推證矣。自我觀之。就令其言爲然。於其原論之詖遁傎倒。猶不足救也。蓋常人聞一說。而不知其然否也。非曰於所用名義析之未精。而不知其相涵已也。其於二義相關之理。其心實未嘗有之。若其有之。則必自所閱歷覾記始。夫謂一詞之所言。乃人意而非外物。此其本原之謬。不佞前部固已言之。今姑無暇深辨。而即博郎所謂意者而言。其所謂人之一意。總含靈之物以爲名者。其義亦不能於所涵常德之外而妄有所附益也。即使有人於其意中常德之外。又附之以有死之一德。其能有此。必本所閱歷覾記者以爲之。然則一名之義。假於常涵之外而有所增。增者必本之於所歷者。必先信凡人之有死而後爲之。乃今博郎之說。傎倒其事之後先。而謂其信蘇格拉第之有死。羌無所自。而獨於二名之意以求之。此何異言食粟者之由於得飽乎。知此。則博郎之說之不足存審矣。故知獨從小原。必不可以得委。得委者非二原並用不爲功。蓋大原非他。不過總所閱歷覾記者立之公詞。以供他日之紬繹云爾。

然則所謂外籀眞正法門者。可以見矣。將必有不可廢之原詞。如欲推蘇格拉第之有死。則將曰以吾父。與吾大父。至某甲某乙無數之人類。皆有死。此所與公詞凡人有死異者。公詞統所未經。而前詞皆所已歷者。所以避丐詞之譏者也。

欲由此而推蘇格拉第之一人。則又有一層不可以闕。曰自蘇格拉第之爲物。與吾父。吾大父。某甲某乙。

至於無數之人。正相似。此詞卽向者吾云蘇格拉第爲人之所稱也。言其凡人之同德。其涵於公名爲常義者。彼莫不同也。旣同其百矣。則不能不復同於其一。此所以有死之德。亦爲彼之所莫逃也。故曰吾知蘇格拉第之有死也。

第七節　論內籀外籀對待之情

向之所求。爲推證之眞正法門。與夫所可以通用之法式。乃今旣得之矣。此其事可分爲階級焉。有物具如是之某德。一也。又有物焉。所具之德。與彼有所同者。二也。是故後物。與前必合於某德。三也。此爲眞式。特不若向者之聯珠。自以其詞斷之至盡云耳。夫一詞所言之事。其果爲前詞之所已言者與否。此可自其詞之所表而得之也。得之如何。亦置二詞而擬議之云爾。惟使二詞所言。釐然異實。則其一之足證其二與否。不可自其詞而得之也。將必待他術焉。而後可以與此。自蘇格拉第之德。與旣死之人類有相似者。果由此而可決其有死與否。此則內籀之責。內籀者性靈之大用。而民智非此不開者也。其律令徑術詳於後部焉。

顧今之所可言。而決其必如是者。設此理於蘇格拉第而可推。則所推者不僅一蘇格拉第。凡物之同於蘇。若蘇之同此。故使所立之說可加於蘇。則吾將以人德爲徵。而以有死爲其藏。爲此者。吾標之公詞曰。凡人有死。而事之似此者至前。吾方請比之。紬繹之。以爲吾決。故求誠之事。分前後爲兩候。始也觀其何者常爲有死之徵。繼也觀當前之事之有是徵與否。此非故爲曲折也。欲所求之必誠。此兩候者。不可偏廢。苟學者於格物窮理之際。常循此塗以求之。則其失必寡。卽失將不難以自見也。

故思理之用。苟有所推。循於其本皆爲散著。無論由散而得通。抑由此以及彼。考其終事。則皆內籀而已。雖然。以爲分之便於事。名學於會通之功。則別之曰內籀。而公詞旣立之後。凡所紬繹以觀一事之合否者。則曰外籀焉。凡耳目所不及。而吾欲揣其事之是非者。大抵先爲內籀。而繼之以外籀。此雖不必爲常循之法式。然有時求所思之無邪。而立言之必信者。則循此者所以致其愼也。

第八節　答客難

以上所論聯珠之體用。自吾書出。從而然之者實多。而三人之評最爲寶貴。則侯失勒、約翰呼威禮、貝黎是也。侯失勒以謂所言雖未必遂爲名家所未曾有。而實爲輓近名學最大之進程。自其言出。而一切迷罔之說。媛姝之談皆廢。廓淸之功。可云不細。雖有當世鉅子。所論或有未然。而其言之不刊自若。吾黨烏所致疑於其間哉。侯之所言如是。其所云鉅子所論。於不佞之說。有致疑之端。則舉威德理長老之詞。可以見其大凡。其言曰。夫內籀非無稽之揣測。抑妄為推概者也。名家之為內籀也。使其得一理而以有公詞之立。則必審所萃而為會通者。誠足以定所標之理。所取之端有數。所以會通者無窮。設此有數者非誠足以概同類之端。其公詞烏以立乎。故聯珠之大原非他。為內籀者之所審定。而著之於詞者耳。

案此節文意頗未明晰。詳翫本文似穆勒本篇說出。如第五節謂非聯珠。則所會通者之誠妄不可以明。將使詖謬大昌。無以擢塞。以聯珠為思誠大防。必有之而後理之眞僞可決。諸語。當時名家。遂滋異議。而大恉皆謂公詞既從內籀而來。斯其理必皆可信。又何取他日為聯珠者。乃隨事而驗其是非乎。使其待驗。則未可以為公詞矣。穆勒氏將釋此難。乃取威德理之言。以總牒眾說。下文乃更申己意以釋之云爾。

夫謂聯珠大原。必以所據者為足徵。夫而後表而出之。此言是也。不佞所與學者反覆辨明者。大旨即亦在此。故彼言大原為物。不過如上所云云者。即與不佞之理為莫逆也。

第若謂此取所據而驗其足徵不足徵。與夫諦審內籀之功之漏密者。即為內籀之本事。則不佞所不敢苟同者也。方吾人之由所已知而概其未知也。常出於好為概論之心習。必其人於姱心繕意之事。久於規矩法令之中。夫而後知取其前推者。而覆驗其所徵之足不足。故覆驗常後於籀功。回循故轍。而察前者所居之果爲安固可守否耳。必謂斯二者爲同功。而吾心之所爲者一。則其言心理之曲折。固已荒矣。方其取聯珠而覆觀。遂兼及夫往者之內籀。見其不背於法。其心以安。然名家於此。不增入第三原詞。以明其所見之如是也。鈔胥之愼者。事畢則取其原文而校之。設其無譌。其功已集。然遂指覆校爲鈔功。其於言語。無乃緄乎。

爲內籀而得其理實。所會通之以爲公詞者。所據之散著也。非以吾心知所萃以爲會通者。足定所標之公理也。譬如吾知吾弟之來吾前者。以吾見其行而向我耳。非曰吾知吾目之非瞽。而目擊爲吾知之門戶也。凡事之必謹者。固宜審其功之善否。而後即安。顧爲之之功一。審之之功又一。不可混而同之。事固有不待審而其功之善自若者矣。科學之心習。非常人之所同具。爲其推證。而不加覆審多矣。惟其如是。故取既立之公詞。而展拓以爲聯珠者。往往有所獲也。以求所推證者之可恃。故曰由散著以及專端。必先歷由散入通之一境。然此不過欲得理之堅確。而非推證所不得不然。且雖爲此。而理仍未確者有之矣。人類方智力之初開。即知推證。此不必胸有公詞明矣。又有視前事而例後事者。其術甚工。至夫與以公例。而轉不知其所彌之界域者。故常人雖能推證。而不能言其推證之必臧。而亦不知所以覆驗之者。

知此者惟能爲外籀之家。故外籀之層累。聯珠之律令。非曰所以爲思也。亦曰得此而後有以範吾思。而決其必出於誠而已。

且前不云乎。使內籀之誠善。則事之有以徵其公者。必有以徵其專。不必通爲公詞。而後能爾也。向使爲一內籀。而其理見於甲乙丙諸端。則其理必更徵於丁無疑。故公例之所以誠。即以誠於散著者之故。彼曰由公詞而推專端者。吾誠不識其所以云也。總之事之數見。而有一理之可舉者。皆有公詞。而公詞雖所攝者不一端。而非推籀致知者所不得不用。人之於財也。能用其全產。夫而後能用其一金。然不必言其全產之爲己財。夫而後見一金之非篡也。

第九節　論法名學

有名學。有法名學。苟知前論之所言。則法名學之所爲。可數言而喻矣。今夫名學者。究神思之爲用。迹心聲之所宣。執往逆來。溫故知新。統知言明誠之功而論之也。而韓密登威得理諸家。則以謂名學者。言物之倫脊。論其型範。而不及其質實。期思意言語之閒。無違反衝突之失而已。他非所云也。於是而法名學之名生焉。顧不知非法無以爲名。而名之所爲。不以法盡也。故法者名學之一德。而不足以賅名學。何則。

徒法不可以盡性而窮神也。若夫明詞意之異同。校名義之廣狹。至若貿詞轉詞鉤距捭闔之所爲。與夫名字訓詁之閒。則固法名學之所能盡也。何則。名學全體。主於求誠。而法名學之所斤斤者。則在思理語言之倫脊已耳。物焉有既誠。而失其倫脊者乎。故曰一德。而未可以賅也。法名學之論聯珠也。則曰申原詞之含意。使承其一者。不可不承其餘。或以曲全之例。爲聯珠之本始。凡此皆於名學識其僕而忘其主者也。總之名學之體至廣。而其用甚閎。欲爲求誠之事者。先於法名學而盡心焉。未始非欲跂神明。必先規矩之義。特以此爲名學之全功。抑謂不佞是編之所發明。爲止於此義。則失之賒矣。

篇四　論籀繹及外籀科學

第一節　泛論籀繹之用

方前篇之析聯珠而論之也。則見有小原焉。言某物與前所知之物之有所似也。有大原焉。言前所知之物之有所同也。故二者合。而見此物之同乎其所前同也。

今使外籀所用聯珠之小原。悉如前篇所舉似者之易易。其有所似。灼然在耳目之閒。則籀繹之事。可以不作。而一切外籀之科學廢矣。今夫籀繹者。非一推一證已也。繼續光明。以推見至隱。執內籀所得之公例。不獨本所已知以推所未知。且又有所未知者。自所推而推之。如魚銜鉤。若繭上籰。用以鉤深索隱。而登諸至確至顯之域者也。此外籀科學之所由設也。

第二節　言籀繹者纍內籀之所推證者而爲之

譬如吾於一時爲聯珠云。凡牛皆齝。是畜牛也。故是畜齝。使吾目不病。小原固無可疑。而又知大原之內籀爲合法。則委詞可以立決。蓋所見正爲公例之所言。公例信委詞亦必信也。他日又爲一聯珠云。凡砒有毒。此物砒也。故此物有毒。此其式與前同。獨小原之確否。或必俟推徵而後決。則又爲一聯珠云。凡物之然於白瓷。而見黑暈。黑暈得鋏綠而消者。爲砒。此物如是。故此物砒也。然則欲斷前物爲有毒。必疊用兩聯珠而後確。則所謂籀繹者矣。

欲鞫一事之確否。聯珠之外。復以聯珠。似籀繹之功。純乎外籀矣。而實則合兩內籀以爲此證也。雖是二者之所會通。本分治而不相涉。而至於其用。則二者並集於一端。夫內籀之所得者。二大原也。始也以吾之一己。抑已往之人。嘗取庶物之然於白瓷而呈黑暈。其黑暈又爲鋏綠之所能融者。而微驗之。而知其物之爲砒。凡砒之德。如是之物莫不有。是以知其物金類也。其質易消散也。嗅之其薌如加力焉（蒜之一種。其臭棘鼻）若此類皆是也。他日又吾之一己。抑他人焉。取如是之物。具若諸德者。而微驗之。而知其物之有毒。充乎其用。可以殺人。斯二者之所爲。皆內籀也。由是而二公例立焉。前之例。被乎凡物之以如是術而呈黑暈於白瓷者。後之例。被乎凡金類其質易消散而其薌如加力者。不獨所微驗者也。同德之物。罔不賅之。今吾之所驗。驗其爲砒而已。爲一例之所被者也。然由此而知其必合於第二例之所被者。砒必有毒。第二例有以苞夫第一例也。然而今者之所爲。猶乎自散著者以例當前者也。特向也由所已驗。以推其所見。今也由其所已驗。以推其所推。

前段所舉以釋籀繹之例者。猶其易者耳。故用兩聯珠而卽得其所欲證者。請更舉其稍繁者。如謂國之誠於保民者。不至亂亡。某國誠於保民者。故某國不亂亡也。今夫理不本於實測。而本諸人心所意以爲者。名曰心成之說（西語阿菩黎訶黎。凡不察事實執因言果先爲一說以概餘論者。皆名此種。若以中學言之。則古書成訓十九皆然。而宋代以後。陸王二氏心成之說尤多。）從來論政治德行。與夫神道設教之事。心成之說甚衆。今姑以此聯珠之大原。爲異於心成之說。而實從史傳往跡。推概而得之。亦無論其推概之合法與否。姑以其所推概者爲誠然。保民之國。無有亂亡。此其事效之影響。不獨已往者爲然。逆筴將來。皆必如此。然則其所據之大原信矣。而小原之所指。又何如所稱之某國。果誠於保民者耶。此而必求其實。雖辨難蠭起可也。終之非更得一內籀之推證。不爲功。以操持國柄之家。其用心非吾人所得親見故也。是以欲證小原之爲信。必曰凡國其行政如某某事者。意皆存乎保民。今之國家。其行政如某某事矣。故知其意在保民也。然而未盡也。所謂今之國家。其行政果若某某事矣乎。苟無其徵。又不可以謂實也。則內籀之功又必用。而曰凡旁觀出於明智。而無所容其私心者。其言可信。今以國家行政爲若某者。乃如是旁觀者之所述也。是以其言爲可信。則總前之所推。得三際焉。以言者之出於親見。而其人明智而無私。是以信國家爲實行某政。一也。自國家之實行某政。而見其誠於保民。二也。以其誠於保民。斯其國與古之誠於保民者同道。而決其不至於亂亡。三也。三際之事。皆推其一。以儕於其餘。各從其徵。而得其所同然之事驗。然則是三際者。皆以彼例此之推籀。而非由公之專之推籀也。三際各有其散著者。本其散著。而吾得當前之一證。其始入也。獨於一宗之散著。吾於當前之物。逕見其有同。（謂旁觀述者之明智無私而可信。）由此有同。第二證之有同以確。而當前之一物。乃爲往者內籀之所賅。（謂其國爲誠能保民之國。）旣爲所賅。斯爲其例之所冒。而後言者得其所欲終證者也。

第三節　言籀繹之事以徵跡徵

所取喻者。雖較前篇爲繁。顧前篇所立之義法律令。無一不行於其中。初不以繁簡異也。夫所據公詞。非推籀逐層之次第也。亦不如鋃鐺之環目。以銜接散著之前事。與當前耳目之所及者也。究公詞之爲用。不過如條例然。以供他日更推之比擬云耳。向使吾具彊記之能。於所記之端。常有條而不紊。則有所推籀。置公詞不用。而徑由散著爲推可也。苟能即異而見同。將所同者。無往而不見。惟欲於可推者。常見其可。於不可推者。無昧其不可。則特有公詞焉。使常知所冒之端。以何者爲之徵識耳故他日之事不過卽物求同。考徵識之具否。卽其徵而見其爲同物可也。卽其徵之所徵。由曲折而悟其爲同亦可也。若夫所據。則皆存前事之散著者。由其已然。而得其將然。不必待公詞而後有推證之事。特公詞旣立。則推證之功。必與前立之條例相合。亦由此條例。而新端之可推不可推以分。至夫其散著者。或以久而遺忘。或爲吾躬所不親見。亦藉公詞。見其內籀。乃今者吾得從徵識之有無。決其物爲條例所幷苞否也。至其徵或立見或必假他徵爲之媒而後見。或有時徵以求徵矣。而更待他徵而得之。則必累數四聯珠而後見所求之端。爲前成內籀之所冒。此籀繹之曲折也。

卽以前喻明之。所欲終證者。某國不亂亡也。依一公例。其不亂亡與否。以誠於保民爲之徵。而誠於保民與否。又以行政之如某某事爲之徵。而其行政之果如某某事與否。又以其言出於明智無私之口爲之徵也。明智無私者之言。爲吾官所徑接。而某國之亂亡與否。吾官所未接者也。自有第三徵而吾官所未接者。與已接者等。自有此第三徵。而某國不但爲第三聯珠中內籀之所該。而且爲第二第一中內籀之所該也。吾之閱歷。列爲散著者三宗。以當前之事。爲同於第三宗。由此而決其同於第二宗。又由此而決其同於第一宗也。

前爲籀繹。相銜而出。如蜕骨蛇。然此猶其易籀者耳。至於繁重科學。索理愈幽。致不如是。前喻子爲丑徵。丑爲寅徵。寅爲卯徵。然則子者卯徵也。見子可以知卯。繁重者不然。從流溯源。派分岔出。必審其匯而後得之。如子爲甲徵。丑爲乙徵。寅爲丙徵。而甲乙丙又爲乾徵。故知子丑寅亦爲乾徵。請以格物之事譬之。一。有一光芒。射回光面。二。其面爲拋物線形。繞軸旋成者。三。光來與拋物線之軸平行云云。本此三端。欲證一切回光。必聚臍點。蓋所知三事。皆有所徵。由其第一。知射角與回角必等。由其第二。知從其界之任何點。作直線至臍。又作一直線與軸平行者。二線與面所成之二角必等。由其第三。知光芒射角。必與前線成角相合。故由此三徵。轉知三理。三理會合。即爲回光角與直線至臍所成之角相合之徵。而即回光必聚臍點之徵也。格物外籀。多成此種。即在數學。此類亦多。設事既衆。各成一徵。以通一理。羣理會合。新知形焉。

第四節　論外籀科學所由起

前言一切推證。皆爲內籀。然則名理之學。即有窒塞難通。亦在內籀之事。假內籀非難。而既決之餘。無所疑惑。將古今無有科學。抑即有科學。而非奥博難成之業。可以知矣。顧何以形數之學。廣遠深冥。其作之也。非將聖明睿之姿不能預。其述之也。非深思好學之士不能爲。其與前說。毋乃歧歟。雖然。內籀之業。固非甚難。然卽一端而察。於何爲同。復合數內籀之所得者而窮其相及之致。察其徵兆。爲其棣通。以使難見者見。無法者法。是中智巧之用。思慮之臻。夫亦可謂幽渺者已。

科學所本始之公例。皆從內籀而生。被以公詞。曉然示學者以所冒之界畛。有新端起。宜用之例。灼然可知。則舉往者律當前。雖常智優爲之。獨至何例所冒。隱約難明。雖有宜用。非深思明辨。則不可見。斯巧習形矣。請舉幾何之一首以明之。則如歐幾里得原本之第一卷第五首。學者之所共治者也。其所求證者。兩等邊三角形底角相等否也。形學言等之公例五。凡物相掩者等也。物物等。他則自相等也。全等於曲之合也。等物之和等也。等物之較等也。外此無他公例焉。言不等之公例三。全不與曲等也。加等於不等者。其和不等也。減等於不等者。其較不等也。與前之言等者凡八公例。而等腰三角形之底角。於此八者。當蒙何例。以斷其等否。不易見也。蓋例雖具言等不等之徵。而二底角所有何徵。不能不待推思而徑見。必審度而後徵呈。終之始覺其與等物之較一例有合。而決其必等。此其難見安在。蓋所謂較者。非有定之兩角也。其可以得此較者。有無窮之等角。欲明底角之爲等者。必於此無窮等角之中。擇其二偶。使其等可一目而瞭然。抑具五等例之徵以據而後可。以作者之智巧思而得其二偶者。其較爲本形之底角。

其爲等暸然可見一也。具第一等例之徵。凡物之相掩者等二也。其相掩非所逕見也。亦由他等例而推之云爾。

更附圖而遞析之。歐幾里得之證第五首也。沿第四首之所已證者以爲之。今玆不能逐層之理。必本諸最初公例以爲之。此題凡用六例。以甲乙丙爲等腰三角形。伸甲乙爲甲丁。甲丙爲甲戊。而甲戊與甲丁等。聯丙丁乙戊。與原本同。其所用之第一例。

等物之和必等。

甲丁甲戊乃等線之和。本於所設。以此爲徵。知其爲此例之所冒。而定爲相等。其第二例。

凡等角等線。若以相蒙。必能相掩。

甲乙甲丙乃相等之邊。本於所設。而甲丁甲戊。又以前例知其必等。甲角以一角而爲甲乙戊。甲丙丁。兩三角形之所共者。然則翻甲乙戊形加於甲丙丁之上。使甲乙蒙於甲丙。將甲戊亦蒙甲丁。自甲乙與甲丙等。甲丁與甲戊等。必皆相掩。而乙點掩丙。丁點掩戊。於是入第三例。

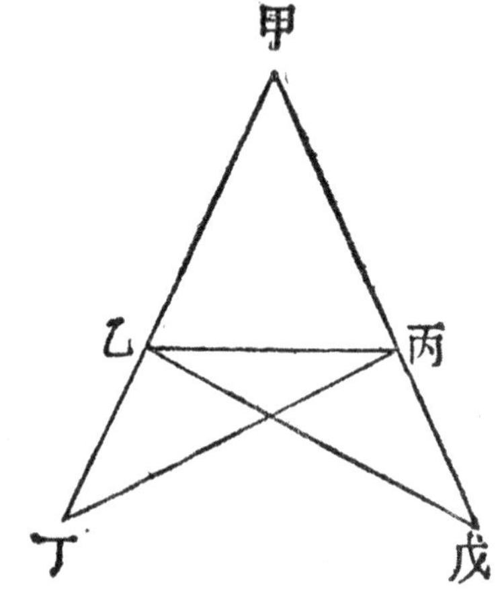

凡直線。其端相掩者。必等。

故知乙戊與丙丁等。而亦相掩。又用第四例。

凡直線角。其二邊相掩者。必等。

自第三例。既知乙戊與丙丁等而相掩矣。自第二例又知甲乙甲丙相掩。故甲乙戊角。與甲丙丁角。又相掩。則以第五例。

形之相掩者等。

而知甲乙戊甲丙丁。兩角之正入此例而必等。依顯。得戊乙丙角。與丁丙乙角等。由是終用第六例。

等物之較必等。

而甲乙丙角。爲甲乙戊、戊乙丙、之較。甲丙乙角。爲甲丙丁、丁丙乙、之較。正入此例而必等。是甲乙丙等腰之三角形。其兩底角。乃等角也。此得所證。

此題之難。在以術化兩底角爲二偶之較。以附於等較必等之公例。而是二偶者。又皆爲兩邊各等之夾角。用此而六七公例皆可援爲此證之據依。然此已非淺顯易致之思矣。夫幾何爲疇人入門之學。開卷數篇。其有待於乙乙之抽。固已如是。則過斯以往。彌堅彌高。欲資內籀所成甚淺易知數條之公例。以證無限之難題。必曲折相及。而後得之。其有待於學者之智巧爲何如乎。本簡易以爲雜糅。執源本而窮流末。此形數科學所以有至深要妙之思也。卽如幾何一學。其公例皆至平易者也。公論十許。餘則界說。而全書所論。皆致難明之理。以歸諸易明公例之中。蓋前有內籀。大原已具。（公論界說。）而所反覆尋繹者。求小原以成一聯珠也。所用之例。所識之徵。盡於界說公論之內。錯綜回合。遂能盡理天下有法之形。夫錯綜回合者。籀繹之謂也。外籀之所累也。故幾何者外籀之學也。

第五節　論科學何以不皆外籀而有試驗科學

科學之正鵠。在成外籀。其不爲外籀者。坐未成熟耳。外籀之科學也。輻輳交臻。道通爲一。全學之成也。所基之公例至寡。而所推之物理至繁。雖天下之至賾。皆可由其例以通之。而是例之成。則內籀之術爲之也。故格物之學。其始莫不本於分試。分試而內籀。斯其學之公例成焉。特諸科之學。其試驗者各有專端。其實測者各從其類。故科學之穉者。皆試驗之學也。其中所推。資於一聯珠而止。無所謂籀繹者也。洎夫資之既深。左右逢原。遂稍進而爲外籀矣。更進不止。則全體而爲外籀矣。斯其學乃大成焉。既成。則其中之理。向所待分試而後知者。乃今可由一二公例。以外籀之術。推證其必然。以與所實測者脗合。此如力學。（西名代訥密斯。）水學。（西名海圖魯岱納密斯。）光學。（鄂布的思。）音學。（阿骨的克斯。）熱學。（德爾謨洛志。）成學塗轍。莫不如此。向也徒分其品。今也能計其量。計量則為數學之例所可加。數學所加。莫大於天官之學。此自奈端以還。已純為力學之事。而宇宙維構。洞若觀火。凡此皆始於測驗。終於外籀者也。不知者方謂實測內籀易知易行。而外籀之功。紆迴難進。顧格物之士。則以此為絕大進程。民智之開。此其最貴。此時未易與淺學者明其所以然也。雖然有要義焉。夫成學程途。固常由實測試驗而趨外籀矣。然不得以其漸趨外籀。而遂曰此非內籀之學也，外籀之為推。一一皆本於內籀。故科學之所異。不存夫內外籀之分。而以外籀試驗二者分其功候。試驗之學。遇一新端。必實測而分試之。而後一理以確。一事以誠。此無異於每事每理。加一內籀之功也。及其為外籀之學。非無事於內籀也。特內籀一而本其成例所可推者。百遇一新端。推而知其為舊例之所苞。即其事為實測所不及者。亦可從其徵識。抑從其徵之所徵。而有以斷其事之誠妄。理之虛實也。

由此而外籀試驗二科學。可以區以別矣。大異所在。即此求徵之所徵。外籀能之。而試驗不能。今假其學有無窮之內籀。考其終效。不過知甲為乙徵。或甲乙二者互相為徵。丙為丁徵。或丙丁二者互相為徵。而甲若乙與丙若丁二偶之間。莫知其所以相及之致。而無所為徵焉。若是者。其公例各處於獨。暌然各不相謀。此如質學之例。凡酸能使草木之藍轉赤。凡鹻能使赤者轉綠。尚未能由其一而推其一也。故學多此種例者。皆試驗之科也。質學未入外籀之列者坐此。科學之純爲外籀者。以甲徵乙。以乙徵丙。以丙徵丁。以丁徵戊。拾級遞進。始甲終戊。皆可銜接聯珠以求之。見甲知戊。凡物之有甲者。戊必從之。雖甲戊同居之實。杳不可見。卽至丁爲戊之本徵。亦僅可推知。而無由見知。無損也。此如物隱地中。乙丙丁三者雖不可見。而使甲呈。則其餘皆可以外籀術斷其無不在也。

案。此節所論。當與後部篇四第三節參觀。始悟科學正鵠在成外籀之故。穆勒言成學程途。雖由實測而趨外籀。然不得以既成外籀。遂與內籀無涉。特例之所苞者廣。可執一以御其餘。此言可謂見極。西學之所以翔實。天函日啓。民智滋開。而一切皆歸於有用者。正以此耳。舊學之所以多無補者。其外籀非不爲也。爲之又未嘗不如法也。第其所本者。大抵心成之說。持之似有故。言之似成理。媛姝者以古訓而嚴之。初何嘗取其公例。而一考其所推概者之誠妄乎。此學術之所以多誣。而國計民生之所以病也。中國九流之學。如堪輿。如醫藥。如星卜。若從其緒而觀之。莫不順序。第若窮其最初之所據。若五行支干之所分配。若九星吉凶之各有主。則雖極思。有不能言其所以然者矣。無他。其例之立。根於臆造。而非實測之所會通故也。

第六節　科學之所以成外籀卽由實測試驗

然則科學之所以成外籀。其程途大可見矣。凡試驗之內籀。皆睽孤散處。不相貫通。如以甲徵乙。以丙徵丁。以戊徵己之類。實測試驗之不已。一旦豁然而知乙之徵丙。則從此見甲可以知丁。且有時而得一無所不通之內籀。若伏流之於百川。乃悟乙丁己諸端。皆爲一物之徵識。抑爲數物之徵識。而數者因果相受。又爲所已明者。如奈端之於天學是已。始也太陽天之八緯。至於小行星。從月。（五緯如木火等皆有月。而數不止一）彗孛之屬。若各循軌輪。不相系涉也者。一旦積其實測。知爲羣拱力心。而諸體之離心力與質重有正比例。與其距之方數有反比例。浸假又知不獨太陽天諸體爲然。卽至世閒一切有質之物。相爲牽制。皆循此例。故奈端此事。爲民智最偉之業。科學之從實測而轉外籀者。獨此最神。其餘皆不及也。

其他格物科學。由實測試驗而成外籀者。時時有之。特所通較陿。不足遽寘其測驗之功而已。譬如質學前喻。凡酸轉藍成赤。而鹼復之爲綠。德國黎闢言。凡酸所能轉赤之藍。凡鹼所能轉藍之蒨。其中皆含淡質。則由斯一例。可一旦而悟酸鹼二質所以成毀藍蒨之故。而以一例通之矣。雖然。試驗科學。凡有所通。

皆為進境。特為境猶陿。不足以當外籀之稱。蓋所實測試驗者衆。融貫之公例固日出。而睽孤之散例亦日多也。此所以猶為試驗之學。所冀循斯以往。一日得靡所不通之內籀。如奈端之於力學者。未可知也。夫質學最大之例。無若達爾敦之莫破質點例。亦名等分例。自此例出。凡二質相合。其定數多寡。可比例而推。不必資於試驗。蓋駸駸乎外籀之界矣。但其例專及分合之量。於質學之理猶輕。然與咀勒熱力相轉例。皆近世科學絕大會通。亞於奈端通攝力例者矣。

第七節　言科學漸成外籀之致

科學由試驗實測而成外籀。必有新理忽呈。而皆察二變之對待而得之。譬如甲乙二物。甲者所未知。為所測驗者。乙者所已知。其理業為外籀所可推者。今知甲之消息盈虛。與乙之消息盈虛。相待而為變。由是以乙之外籀。而甲之外籀從之。此科學相及之致。多如是也。即如音學。往者為試驗科學之下科。然自知音之為變。與所託物之質點。震顫往復之度。其變有相待者。其理大明。而音學幾外籀矣。蓋音之清濁高下。即以所託之物。若絲竹金石。至於空氣耳鼓之質點。其震顫往復之疾徐疏數為差。夫質點之震顫往復。力學之所已明者也。力學外籀之學也。音之清濁高下所未明。而資實測試驗者也。自知二變對待之情於是所已明者。其中一切之例。若相生。若並著。皆可貤及於所求明者而用之。而一音即爲一動之徵。且兼及於是一動之所徵者而徵之。反是而觀。又得以一動爲一音之徵。凡動之理。即音之理。故向者至深難明之音理。皆可據質點之動理以爲推。而音學大明。且向於音學所試驗而得者。亦可以反觀動理。而力學亦益密也。

轉一切實測試驗之學而爲外籀者。有大器焉。其惟數學乎。數者萬物之所莫能外。而冒一切之變者也。言物德之所同者。色之所被廣矣。而物不必皆被色也。以言其重乎。物不必皆可權也。以言其量乎。物不必皆可度也。獨至於數。則兼神質而皆可言。是故總數學之本末而論之。自童蒙所習之四術。至於微積。言物變之對待者。其奧義精理。生生無窮。雖千世之期。未見其盡發也。嗚呼至矣。

案。近世言西學者。動稱算學爲之根本。此似是而非之言也。曰算學善事之利器可也。曰根本不可也。大易言道之至者也。執數以存象。立象以逆意。意有時而不至。而數則靡所不該。立六十四卦三百八十四爻。而奇偶之變盡。故以數統理。若頓八紘之網。以圍周陸之禽。彼固無從而遁也。周易以二至矣。而太元則以三。皆絕作也。潛虛以五。則用數多而變難窮矣。夫以二準陰陽。陰陽亦萬物所莫能外者也。以三準上中下。上中下萬物有或外之者矣。至以五準五行。五行者言理之大詁也。所據既非道之眞。以言萬物之變。烏由誠乎。（天地五行。開口便錯。）

物之可得而言者二。曰品。曰數。品以言其性情。所以答如何之問者也。數以言其度量。所以答幾何之問者也。數之所以冒萬物者。以皆有多寡之等差。可以立別故也。然使有物焉。其品之變。依乎其數。或他物之數以爲差。而有相待爲變之法例。則凡數學公例。其可以馭數之變者。將皆放之以推其品之變而無難。夫數學皆外籀也。然則言是品之變者。亦從之而爲外籀之學矣。

案。大易所言之時德位皆品也。而八卦六爻所畫所重。皆數也。其品之變。依乎其數。故卽數推品。而有以通神明之德。類萬物之情。此易道所以爲外籀之學也。

更有其學本爲外籀。而所言者物之品。至入之以數。其外籀之功乃益恢。則法國數學家特嘉德與喀來遼之於形學是已。二人者於數理至深。見凡點之位。凡線之向。凡面凡曲之勢。雖皆物品之事。而於從衡上下三面之距數。有對待之變焉。使距數變例可明。則凡形之變。皆可以其數之變而推之。形學數學。合同而化。凡可求之於數者。皆可反求之於形。於是成代幾何。而形學之理。乃益精矣。夫形學本外籀也。特得此而其功益恢。所窮益遠。則以數言品之效也。若夫機器之學。律歷之學。以數通品。同於前事。三百年來格物之學。皆得此而所造益深。

數學之公例，以爲籀繹之事尤宜。雖所求之物。所證之理。迂回難通。而得數之用。以徵求徵。而所爲徵者終出。此亦以數之不遁。窮其理之不遁者也。如有一事。可由此而知二數對待之情。而所欲求知之事。又從他二數之對待而爲變。今使後之二數。與前之二數。其相待爲變之情。爲吾所已知。則可由前數之變。籀繹而得其所求知之事。而其層累曲折。皆可以數學之公例而通之。及其既通。則所知與所求知者。乃互相爲徵。執此可以證彼。

篇五　論滿證所以明必然之理者

第一節　論幾何證確以其題多設事之故

若科學必起於內籀。即至幾何。其所據亦從內籀而來。籀繹者。取內籀之例以會推一理也。遞推者。回穴取塗。以見其爲一例之所賅也。今夫學必入外籀而後精。而外籀又不離於內籀。內籀資於試驗。試驗者未成熟之學也。然則外籀之學。其確然不疑者。果安在乎。既同爲科學而同本內籀矣。則何緣獨名爲精確。何以獨稱爲滿證。如形數諸學。何獨爲事之所必至。理之所固然。何愛智之家。以其理爲必至之應。不遁之誠。而無事於更爲微驗者耶。

自不佞觀之。則以謂獨以此類科學爲精確。而他科學否者。其說惑也。形數諸學之所言。非眞物也。智學家曰。幾何之所由推。推於界說。必以所界者爲眞物。而後其理從之。顧界說爲申詞。申詞無是非之可論。對由界說而有所推者。固必以世間爲有是物而後可。然幾何之所界者。世間必無是物也。世間之點必有度。而幾何之點則無度矣。世間之線必有闊陿。而幾何之線則無闊陿矣。且世何嘗有眞直之線乎。而幾何有之。世間之員無輻均者。世間之方無隅正者。而幾何獨皆有之。將謂此非云其效實特言其儲能者乎。則雖千世以往。莫有然者。於是說者欲有以解兩家之難也。則爲之辭曰。是點也。線也。方也。員也。凡形學之所有事者。皆非自然之所有。而獨存於人意之間。故形學設意爲因本因求果。特心成之學耳。與一切外物。固無與也。此其說雖出於大方之家。而自不佞觀之。則於人心之理。又未合也。人意中所有之點線方員。根於所歷。而外物之影迹也。吾意之點。雖其至微。取足存位。然必有冪。幾何之點無冪也。至於其線。直不可思者矣。然而有說。方吾之慮物也。志其一則可以忘其餘。故線可以無廣。面可以無厚。心之所爲。固能析一物以爲數觀。言長則置廣。言形則忘色。而非長之眞無廣。形之果無色也。假使吾欲作意爲一無廣之線。無色之形。雖獨吾所不逮。且亦爲疑吾言者所不能。收視內觀。將自見之。然則爲前說者。非果能以意爲無廣之線也。特以謂設意中無如是之線。則形學之理無由附。故從而爲之辭耳。此其用意之妄。無待深辨而見者也。

以言乎外。則不爲自然之所有。以言乎內。又不爲人意之所存。而幾何之學。又非假詭虛無之說也。則不得不以其中之點線面角爲眞物。而所立界說。乃薈萃所見與觸之物情。而會通之。夫自其所會通者言之。則幾何未嘗失也。非輻均固不可以爲員。非隅正固不可以爲方。然若舉一專員專方而勘之。則可以至近。而不可以合。其近之之情。將使用是員是方者。雖以爲眞方眞員。而不至於大差。即使差見。亦將有所以救是差者。此如力學天學所用之差數是已。方吾意有所專及。雖忘其有差。捨其他德。蔑不可者。此界說之義也。雖然。謂吾意有所專及可。謂吾意能爲一物。獨具一德而無他德不可。人心之所能思者。必其官之所嘗接者。所未嘗接。莫所思也。故物具一德而亡其餘者。特科學之便事。權焉而非其實也。是故獨稱形數之學爲精確。而他科學否者。此闇於其本之言也。形數之學。其推證所由起者。非眞事眞物也。故形數之問題。其發端必曰今有。必曰假如。今有者非眞有也。假如者非眞如也。設爲之事。乃從而推之。此其推之所以易精而恆確也。士爵華曰。形數之學。基於設事。向使他學。其所推證者。亦基於設事。未見他學之精確遜形數也。蓋既設爲事物。而以爲眞實矣。則本此爲推。將必有不遁之誠。必然之應。千人所共唯。萬世所莫非。何則。其所設然也。而孰知其所設者之不與眞事物相應乎。

故形數之學之所推證。謂爲不遁之誠者。非不遁於眞物也。乃不遁於其所設者耳。至其所設。則不僅非必誠也。意故使之與誠相違者有之矣。故形數之學。其不遁者常在委而不在原。原所設也。而委所推也。原之誠否。非推證者之所得議也。爲誠爲妄。爲疑爲信。既已設之。則所推者從之。此外籒之學。所以稱爲滿證。而其委皆必至而無可疑。曩之論五旌也。謂物有撰德。撰德者。常德既立之後。所不遁必然者也。案。由是可知常智之證。恆在原而不在委。原之既非。雖不畔外籀終術無益也。吾往年聞一學人爭西人之非富強。而其語皆與聯珠闇合。曰。富者不遠適異國以求利。今西人遠適異國以求利矣。則非富也。又曰。強者無事人之保護。今西人立約以求保護矣。則非強也。此其聯珠。雖以至精之例勘之。不得謂非合法也。顧其言如此。其謬安所屬乎。

第二節　設事亦本於眞物而一有所甚一有所亡

士爵華之說。與不佞合。而呼威理非之。其說見於呼所著之機器幾何及內籀科學通論二書。意謂幾何所託始者非界說。而在設爲世間有眞物焉。與界說所言合也。此其說固然。而以駁士爵華之說。則無取矣。蓋士爵華以設事爲幾何所基者。意亦云幾何設爲世間有此界說所言之物也。欲駁士爵華之說者。當云幾何所託始者名爲設事。實非設事。而其中點線方員。皆與自然物合而後可。此固呼博士所不能也。呼博士之所能者。特言幾何之點線方員。非妄設之物耳。彼以謂幾何設事。不能以意爲易。一界說之立。使其有當於人心。必爲物情所固有。既曰直線矣。則必可以成角。必三合而成形。必有平行與否之可論。過是以往。非直線也。此其說皆然。而無如非士爵華之所畔也。彼但曰幾何以設事爲本始耳。未云是所設之事。與眞者無涉。而可以意爲之也。且科學之設事也。固必近乎其眞。使其絕眞。同乎無物。無物非科學之所能治也。故言理而爲之設事者。所以便於致知。而不能違乎物之性。設事之所得爲者。特即其有者而甚之。置其庶幾。爲其脗合。事無涉於所論。則略而亡之。使其存亡。於所求之理有出入者。復之可也。此設事之至情也。幾何界說之所爲。莫不如此。且夫致知有窮理盡性之異用焉。盡性者必依物以求誠。苟設事而不忘其差。設之可也。何則。附之以差。乃與誠者合也。獨至窮理不然。吾將以意爲之生物。而執生學公例。以窮其狀之必形。吾將以意爲之羣法。而用羣學公例以觀其治之必至。事雖同於子虛。而物理未嘗不以明。吾智未嘗不以出也。特所論非物之眞。雖至精確。於物性爲無所盡耳。(此物字兼人物鬼神而言。)至於所設之事。依物爲之。雖有甚有亡。而不附之以其所本無者。其所發明。動關物性。雖有微差。及其用也。爲之地焉可耳。

第三節　言形學亦本於公論公論無設事者

士爵華之說。雖非呼威理所能搖。然所不搖者。特其謂界說者耳。至於公論。則呼威理之說是。而士爵華之說非矣。今夫幾何之公論。固有可轉爲界說者。亦有可推證而得。不必以爲公論者。此如公論云。物相掩者等。轉爲界說。則當云形相等者。乃蒙而相掩者也。至於繼此之三公論。如二物等他則自相等。等物之和等。等物之較等。皆可用相蒙之例。推證爲之。如原本之第四節證法。然則幾何所立公論。數可減矣。顧其中有必不可轉而常爲公論者。如二直線不周一形。或云二直線合於兩點者。無所不合。其他如平行之理。在界說外者。皆此類也。信黎法爾嘗爲一例以代界說云。二線交。則不能與他線同爲平行。亦此類也。

凡眞公論與界說異者。以其中無所設事。而常爲眞理故也。如云二物等於他一物者則自相等。此理無論世間眞線眞形與幾何之線形。莫不同爾。然此僅形數二學之所有也。他科學固亦有之。如力學之動例第一。物既動不能自靜。既靜不能自動。必有外力以致其變。此無論何時何地。皆誠者也。地之自爲轉也。十二時而一周。此自初經察驗以來。未嘗有一秒之遲數。凡此皆不待設事而皆確然無可致疑者矣。至於他例。若地之員形。雖疇人用算不得不然。而諦以言之。則非其實。此天算之所以有諸差。宜遇事而爲之損益者也。

案。近世天學家。知地球之繞軸自轉。降而益緩。特所緩至微。雖歷萬年。所差不及秒耳。此與彗星之去疾來遲。皆大宇剛氣。（譯名以太）與諸體互攝各生阻力之驗。

第四節　言公論之理由見聞試驗而立

設若問公論立矣。其所以見信爲誠而無妄者。有所據歟。則將應之曰。此亦由閱歷而知其然。乃薈萃所見。會通之爲公例耳。譬如公論言二直線不周一形。抑謂直線一交之後。不可復交。凡此皆本吾官之所接。爲之內籀。而公例立焉耳。

吾言如此。然所持之說。實與近世科學家之說背馳。意吾書所標之旨。其與世人不合。而爲所疑訝者。未有若此言之甚者也。雖然吾言非創說也。即爲創說。亦宜邀學者所深察。以定其是非。非以其言之異也。以吾說固有所據。而非無稽之談也。今持說與吾絕異者。莫若呼威理博士。而呼固科學大方之家。方取科學公論而深究之。欲持一說與吾異者。以爲形數氣質諸學之根柢。今夫爭一理而欲見其歸極。則必爲異者之知言而後可。今吾爲說而與吾異者。固博士呼威理也。則使有以證其說之有漏而不完。此當已足吾事。而不必別求鉅子。更迭一難。以徵吾義之已堅矣。

夫知一公論之爲誠。此其見必有所從入。假使畢生未見一直線。則所謂二不周形之理。固莫從知。此不獨持吾說者以爲然。呼博士與其學者皆云無以易也。獨過斯以往。彼則謂識從官入。而理根於心。故公論之誠。無俟於推籀。且不由於見聞。本諸心理之所同然。先成乎心。而後是非從之者也。故耳聞其言。心知所謂。則人人隤然信之。不待更察。不若他理之必待試驗實測。而後見其然也。

然此二直線不周一形之公論。彼以爲無待閱歷而信者。吾以爲有待於閱歷而後信。彼於吾言。亦無以駁也。蓋公論之理。其待證於外物與否不具言。第吾人自受生以還。其時時之所見觸。皆有以著其理之非誣。人見二直線交者。莫不知其從此而必分。去交彌遠者。則相距亦彌多也。此固凡人之所同然。欲不見是而不可。目之所遇。手之所觸。日坌至而遝來。直無一事焉能與公論所言反者。如此則歷時之後。雖同由閱歷而得。而吾心於此理之爲信。自不期而較他理深也。然則理具於心之說。固爲無用。吾但見是公論之理。其見信過於他理者。悉出於自然。且其事爲吾官所接者獨早。當此之時。所謂觀心之事。彊識之能。皆非所論者矣。由此觀之。彼必謂吾心於公論之了了。其所由然之故。爲有異於他理他例之由然者。吾不知其何所取而立此異也。入於吾心深者。有其所以深。入於吾心淺者。亦有其所以淺。而其出於閱歷之用則同。因無少異。異者獨在先後多寡之間。則何必言爲本心所已具者乎。以公論之信爲起於閱歷者。既有其說。彼以此說爲非者。將必有以指其不足。而著其非先成於心之所以不可者。與夫同爲心知。而何以一由心成。一由官接之故。凡此皆持異說者之所宜爲。不然則其義猶未立也。然則欲排吾說。必能證有生以後。官竅未用之先。公論之理。爲其所已具者而後可。然而彼必不能也。其時爲記憶所弗能及。實測所不能施故也。則欲主此理之根心。非爲之別立一說不可。是別一說。大抵不出於二途。吾請得與學者諦析而明辨之。

案。此節所論。卽闢良知之說。蓋呼威理所主。謂理如形學公論之所標者。根於人心所同然。而無待於官骸之閱歷察驗者。此無異中土良知之義矣。而穆勒非之。以爲與他理同。特所歷有顯晦早暮多寡之異。以其少成。遂若天性。而其實非也。此其說洛克言之最詳。學者讀此。以反觀中土之陸學。其精粗誠妄之間。若觀火矣。

第五節　釋難

爲呼威氏之說者曰。向使吾聞一說而信之。而是信之所由生。蓋本於閱歷。所謂閱歷者。將不外目覩之矣。手觸之矣。顧吾信公論之理。不待其如此也。意之所存。夫已灼然確然知其不能不爾。以石投水。水開石湛。此吾官之所閱也。使目未嘗見。不知其湛否也。至二直線之不周一形。初無待於官閱。使心知直線爲何物。將不待更言。而已決其不爲此。故元知者。心覲也。而閱知者。目擊也。意存其物。信心遂生。然則吾信之所起。必不由於官之所接。而心之所夙具明矣。

不寧惟是。若即此公論之理而言之。（以所言者非他。則公論所得共。）其所謂官閱者。不獨所不必有。且其所無可施。夫不周一形者何。二直線既交之後。雖引而申之至於無極。彼終分出而不再交也。雖然。其果如是否。必非吾官之所能閱也。吾即循是二直線者。無論爲遠之何如。而無極則非所能至也。吾之所閱。必有所止。則安知既止之後。是二線者。不終輳而再交乎。乃今者吾決其必無是焉。然則是所決者。非官之事也。直心之事耳。設非根心。吾安所驗而知其理之必誠而無妄乎。

難吾說者。其言如是。是固盡舉之。而未嘗有所掩著。以求便吾釋者矣。雖然。釋之無難耳。蓋持前說者。不知幾何之形。與常物之形。有所異也。異者何。幾何之形。固可懸於心目之間。與圖之紙素者。無幾微異也。知此。則知以心畫著幾何形之無難矣。又知酌劑其形以適吾事之無難矣。蓋幾何之形。本以寓其眞者。而吾之心畫。又以寓其寓者焉。則懸之於心與著之紙素。無攸異也。且幾何之所論者。固盡於紙素之所畫。其畫所不形者。固不論也。是故幾何之理。雖悉從於心所懸者而得之。實與他學之得諸閱歷本諸官接者無以異。然則幾何之理。何嘗不以閱歷爲之基乎。況科學試驗之功。皆取一以例其餘。而今者幾何之所試驗。亦取此心所懸者以例其餘焉。故彼謂二直線不周一形。意之所存。灼然而信。其言是也。而吾之所辨者。其灼然而信者。非信意也。信其所意與外物無攸異也。幾何之卽意以概物。與他學之卽物以概物者。其事正同。然則幾何公論之理。未嘗非本諸閱歷。積實測而爲內籀者矣。向使不本諸閱歷。而知吾心之所懸。實與紙素之所圖者無以異。且知紙素之所圖。於所論之眞物爲已完。則不特不可取意以代圖。且不可執圖以代物。彼謂意存直線。卽了其情。爲無關閱歷之事。何可乎哉。

且由是官閱無所可施之難。亦可以釋矣。蓋雖欲知二線之不再交。非循之至於無極不可。然使是二線而果再交。其再交之點。必非無極。而在有極之所明矣。有極故吾可致吾心目之用至乎其所。而無異目擊二線之所交。知吾心之所圖。與外物之眞者無攸異。乃吾積前事之閱歷。知是二者如一交而再交。旣分而復合。將二線或一線。必不得謂之爲直。而必呈所謂曲線者之情狀。蓋旣明幾何之圖。等於心畫。則官閱之事。固無往而不可施也。

培因曰。自心學之理而觀之。凡幾何之公論。及他科學公例與此同者。皆可卽意以決理。而無俟更求於事實之間。以向者此意此理之入於吾心。固已積閱歷以爲之故也。是故聞一詞而知其名。知其名而卽喻其義者。以向者吾學此名之義。已有以決是詞之誠妄也。以前事之屢更。而吾知積曲所以爲全。則他日聞全大於曲之言。不待再計而然之。蓋使不知全大於曲。則亦不知曲與全爲何物也。然則旣知何者之謂直。則二直不周一形者。與俱見矣。此不必良知以爲之本始也。方其知直。則必有不直者以爲之別。直則不周一形。周一形則不直。二義相滅。在見如此。在思亦然。蓋識足以別其名者。名足以證其理矣。培因之言如是。此可謂窮其根本傾倒無餘者矣。

第六節　駁呼威理所持公論之說

夫謂公論根於心成。不由閱歷而後有者。其第一說旣如是矣。乃更有一說焉。尤爲持前義者所篤信。其言曰。公論者。不獨其誠而已。乃欲不誠而不可者也。形閱官知之事。能得一理之信。而不能得一理之不能不信。此公論之理。所以不根於閱歷而後知也。今使吾見雪百番。而皆見其爲白。此不足以決凡雪之皆白。愈不足以決凡雪之必白也。一詞之立。其理雖旣徵於百千萬事。然不敢謂其後一事之不能不然也。凡獸之齝者必岐蹏。此前事也。然安知他日不遇一獸焉。有其岐蹏而亡其齝者乎。閱歷之爲數必有涯。而其所未至者無涯。有涯者雖衆。而無涯者常止於不可知。獨至公論不然。其言不獨公也。乃欲言其無然而不可。徒資閱歷者。且不能爲其公。而況其不能不然者乎。靜觀而默識。此閱歷之功也。而事之未然者。無由定其必然也。物有並著。並著可見者也。所以必並著。不可見者也。事有相承。相承可察者也。所以必相承。不可察者也。耳目之用。及物者膚。而其中有相系者焉。未來必如其已往。將然無異乎已然。則非耳目之任矣。故見一理於閱歷。觀其既然。與具一理於心性。而得其必然者。此絕爲兩事者也。其心功不同。其物理絕異。使學者而昧於此。將無由考道而見極。雖苦心勞思。等於無益者矣。

已而重言以申明之曰。公論者。不遁之誠也。不遁之誠者。於一詞不獨見其爲誠。且見其不能不誠。設其反之。將不獨爲妄。且不可以設思。蓋其不得不然者。不獨見於事實。抑且形於思慮之間。此如數然。三之與二。不爲五不可。雖極人心之妄意。必不能使其成七明矣。

呼威博士欲其義之明。爲之反覆丁寧如此。雖然。總其繁詞。不過兩言盡耳。其所謂不遁之誠者。使欲反之。不獨爲事之所必無。且爲思之所不可設云爾。雖覶縷曉譬而言之。其意未嘗出夫此也。

且其意以謂使一詞之立。其不然者。爲思之所不可設。即欲以爲妄。而於吾心有不能。如此者。其理必根於最深。其據必存於初地。而非區區閱歷之後起者所能辨也。

顧吾所不解者。彼何恃思之所不可設者之深也。自人道之所閱歷者而觀之。則思之所能設與否。其於物理之誠妄。抑何關乎。夫吾思之所能所不能。本於所遭而定者也。依乎心習者也。使心習之既成。而一且欲反乎其習於吾心必形至難。此心學之一大例。而能違之者寡矣。今有兩物焉。於吾見則聯及。於吾思則相依。自有生以還。未嘗一見其分處。亦未嘗各出而爲思。則將見此例之行。（此例於心學爲意相守例。）二意相守。久而彌固。其卒也乃欲孤舉其一而不能。此於不學之人。最易見也。故二意必連結而不可解。惟姱心繕性之人。以其見聞之多異。又能好學深思。以窮事物之變。夫而後二意分形。不相膠結。而向者之心習。無由成也。雖然。此其勝於不學者亦僅耳。思有所不至。境有所不嘗。則前例之行。又自若也。向使積日累歲。其所見者二事常合。而平生所遭於外。所慮於中者。又無一焉爲之變革。則歷久之餘。雖欲一奮心力以變所慮。必不能矣。於是之時。雖或告之以宇宙之間。自然之境。是兩物二事者。有不必偕行而可以分處之時。彼且愕然。見天地之大絯。而以爲其思所不能設者矣。此其事但就科學中驗之。已不知其凡幾。故往往一新理出。通人學士斥爲理之所必無。或云此實其思之所不能設者。然而後起之秀。以心習之未成。而早收格物之益。乃以爲正合思理。已而天下亦皆信其理之不誣。數百千年以往。亦有高明之士達識之人。以地員對足底之說。爲理不可喻者矣。數十百年以往。又有算學之家窮理之子。以地吸力有時自下而上。爲不可思議者矣。爲特嘉爾之學者。則以奈端物相攝引之說爲妄言。而主物所不在。則無能爲之公例。謂反者不獨爲妄。且爲理之不可思。特嘉爾之言天也。設爲洄漩之說。其術至轇葛。而於聞見無幾微之據依。乃治彼學者。則以其說爲出於自然。勝於奈端之新理。揣彼其心。方且謂循奈端之說。太陽距地。其遠九京迷盧。而其體質居然能攝地上之物。如風潮者。此其不可思議。無異吾輩求大宇之所處。長宙之兩端。抑言兩直線之能周一形者矣。且當時豈獨治特嘉爾之學者爲然哉。至於奈端且不自信。此以泰剛氣之說之所由來。且言雖以泰之說屬於心成。而未能爲之確證。顧天地中間。必有一物爲之相接。夫而後其力有以相使者。則理無可疑者矣。

案。意相守例。發於洛克。其有關於心學甚鉅。而爲言存養省察者所不可不知者也。心習之成。其端在此。拘虛束教。囿習篤時。皆此例所成之果。而莊子七篇。大抵所以破此例之害者也。名家德摩根曰。向使地球一切人類。盡操一種語言。將必有愛智之家。言名與物相係之理。譬如人字之音。其中當含無窮妙義。凡性靈烹飪植行之德。皆可於其音而求之云云。此雖諧言。亦至理也。中國人士。經三千年之文教。其心習之成。至多習矣。而未嘗一考其理之誠妄。乃今者洞牖開關。而以與羣倫相見。所謂變革心習之事理。紛至沓來。於是相與駭愕。而以爲不可思議。夫西學之言物理。其所以勝吾學者。亦正以見聞多異。而能盡事物之變者。多於我耳。

今使一理之誠。而爲後人之所共信矣。乃在當日。雖通人學士。且以爲妄。而曰理之所必無。則何怪太古之俗。久建之言。其所習爲彌深。其所信爲彌篤。其所接爲彌多。而所遇之事物。又無一焉有以搖其固結。而一起其疑者。彼將以反此者爲不可設思。且更以所不能於習者爲不能於性乎。夫人之爲思。固恆有所擬。所思雖爲虛妄。亦必本其所嘗遇者而例之。故日月未嘗墜也。可以意爲之墜。人見墜物衆矣。而常人之見。日月又非守於其所也。則迻他物之意。以加之於日月。又何難乎。故日月之墜。其心所能設思者也。獨至有事焉。爲有生所不經。爲太古所不記。而其事又無從以方擬。則雖欲爲之設思。有所不克宇者空虛也。空虛之盡。可以思乎。宙者時也。時之終極。可以思乎。目之見物。物之外又有物焉。心之覺意。意之餘又有意焉。是故一念空虛之盡。則必有空虛以外之空虛從之。一言時之極。則必有時後之時繼之。是二者之無窮。不必若近世之哲學家。別立一例。以言人心之所固有者。蓋自其本體言之。其無窮已可見矣。

然則理如形學幾何之公論。所謂二直線不周一形者。自吾人有生以降。所聞所見。無時不證其爲然。乃今欲言其反。其爲人心所不可思議。又何疑乎。其妄意之功。將依何物爲方擬。且幾何之形。固可設之於心。而與眞形無所異也。稱二直線則方其涉思。已見欲周一形之不能。閱之於外者旣如彼。閱之於內者又如此。無往而不見其理之行。是其反之不可思。固仍由於閱歷。無待別立根心之說。以使理之所從出若岐也。呼博士謂學者不知必然既然二理之出於二本者。當讀幾何。夫幾何不佞則既讀之矣。而亦謂學者所見同於呼博士者。宜考心學意相守例。蓋使於此例稍有所明。將必悟生人智慧之開。一切皆從於一本。不過會閱歷以爲內籀而其事有淺深純雜之殊。必不可以人心之所能所不能。斷物理之能至不能至也。

且意相守例之行。何必遠考。蓋求諸呼博士一人之言而已見矣。彼固言二物並著。當閱歷既久之餘。則既然之誠。將與必然之誠。無以異也。其內籀學通論時時言世間物理。方其未得也。不獨其理之難明。其明之也必以漸。古之人竭其目力心思。使之卒顯於世。及其既顯。後之人觀之。一若其得之甚易。苟非往籍之具在。有不悟當時之人。初何所難而紛然聚訟若彼也。呼博士曰。今之學者。見古人斥歌白尼八緯繞日之說。黜格里列倭平力速率之理。以奈端七光成白反角不同之語爲謬悠。謂原行雖成合質。自性仍在。區別植物。以蔬草叢木之分。爲出於自然。則相與鄙夷騰誚。謂其人識力必居下下之倫。不然於此等淺顯易明之理。何距而不納若此乎。其意皆謂。使我生於當時。方且聲入心通。言下便悟。必不至有所觝牾也。而不知與前數公並世之人。其主反對之說者。非皆愚稺闇淺。褊心笁故者也。其通達穎悟。亦不必盡遜於今之學者也。其所持以爭之說。亦非盡無稽也。以今觀古。惟爭端既息之餘。夫而後其謬乃大見耳。今前數公所揭而行之理。昭昭如日月矣。廓清大定。無可復爭。顧當其時使笑譏者身與其間。恐未知祖之所左右也。嗚呼。豈易言哉。惟明辨者收其全勝之功。遂使所棄之說。不獨爲妄。亦且爲人意所不可設思者耳。

若不佞入其室而操其戈。則但取其結尾數言而已足。向曰公論之理。非從閱歷而來。以其妄之不可思議故也。乃今則曰。不獨前人所可思議。卽其所深信不疑。而以爲不能不如是者。乃以智慧之降開。轉覺其所信者爲不可思議。而取其所謂妄者而信之。同此理也。向也則以爲可思。且以爲至信。今也則以爲不可信。且以爲不可思。向也則以爲至難明。今也則以爲不待思而已見。則世所謂不可思不待思二者之皆妄而無一信明矣。有是哉。吾思之所能不能。悉本於所遭。而依乎其習。與物理之能至不能至者。漠然無所涉也。則奈何恃思之所不可設者之深。而據之以斷一理之必不然乎。且呼博士之所言。其柢牾者不僅此也。試引其論動物三例。與其論莫破質點例而觀之。將見彼無意之中。常自攻其所守。雖使他人爲之。不能若是之精闢也。

其於動物三例也。曰夫如是之三例。其得之固由於閱歷也。以言其理。則始悟之際。不獨非本於人心之元知。實且正言而若反。此於第一例尤爲然也。夫謂一物旣動。使無有外力焉以爲之變。則其物將動於無窮。其率必均。而其軌必直。此實人人所狂而不信者。必歷時甚久。又為之深喻詳說。而後能見其然。蓋常人耳目之所灼然者。凡動之狀。莫不始以疾。繼而徐。其終也以止。顧乃反是之例。自其既立。疇人之主其說者。日以益多。終則以謂滿證之眞理。物所不能不然。萬秋千世。未有能違之者。而孰念其初之與見聞相反者耶。然則雖有至確之證。必經數十百年而後為通士之所習熟明矣。此其語意。雖不敢謂三例悉出物理之固然。而其於第一例。則所言既如此。故又曰。雖此例之立。本於科學之試驗。然而自今思之。縱不資耳目之用。純以心理為推。當亦可得云。僕前言意相守例。設欲舉一事。以徵此例之行。其明切透闢。有踰於博士此所自言者耶。吾見千古理家。欲使甚睽之二義合幷。嘗積數世之功。竭過人之力以為之。其終乃幸而竟合。既合之後。溫而尋之。如是者又有時。則人心若覩天然之係屬。而不可以猝解。繼斯以往。二者之為分愈難。而其牽連相守之情。亦每合而益固。馴致積久之後。遂謂其合根於天性。出於自然。欲其乍離。靡惟不能。抑且不可。不獨於情之為妄。抑且設思所不能。嗟乎。此美化之所以成。亦妄見之所以難破也。顧不佞所欲明者。夫使一誠之立。(謂動物例。)其始既為衆情之所訝。而得之又由於科學試驗之功。且其物意之由睽而合。僅僅昨日事耳。乃今如呼博士言。欲思其反。尚不能至。則有理焉。(謂幾何公論。)其必然者。為愚智聖狂所同見。得之自民智之始開。且自洪荒至今。雖甚譎怪之子。詭辨之夫。於此理之誠。未嘗致一瞬之猶豫。則此二意之不可分。居何等乎。然則公論之理之必然。其反之不可思議。本諸閱歷。卽斯可證。夫何必別設良知之談。而使民智之生出二本乎。（良知與元知絕異。穆勒之論乃闢良知。非闢元知。元知與推知對。良知與閱歷之知對。）

其於莫破質點例。則所言尤爲驚人。卽謂其以歸非之術。破不可設思之前論可耳。其言曰。莫破公例者。言原行物質。以此之若干莫破。合彼之若干莫破。以成雜質之物。常有一定之比例者也。夫比例之必由試驗。且必積甚多之試驗而後得者。可無疑已。蓋使非然。則其例且不可明。況定立乎。然而旣明之後。則其理之誠然。若不待試驗之紛煩而後見者。蓋旣曰合成物質。斯合者之品量。劃然必有定法行於其間。過是以往。將不可以設思故也。何以言之。向使兩間物質。爲合品雜量棼。無所不可。則仍成混沌。而品物流形。不可見矣。鹽歟。石歟。丱歟。酸歟。無以爲分。而別物之智無由立。顧吾之宇宙不然。萬物秩然。性德具別。可以名。可以區。可以類。可以辨。公詞大例。體物不遺。而上下粲著。故自雜亂之宇宙。爲不可以設思。因而知原行之相合。必有定制。其品可以分。其量可以次。有物有則。莫可混淆。然則莫破質點例。亦本諸人心之固然也。

夫呼博士於愛智。非所謂大方之家者耶。物質相合。苟無定則。其果不可以設思也耶。夫立此例者。其人猶在也。乃曾幾何時。呼博士以其用意之深。所習之密。遂至一言合質。舍定則則不可以思。然則不佞所爭意相守例。謂爲人心所不能違者。即此可徵其至效。夫何必更贅一詞。以明不能設思之由於心習乎。他日博士復有所論著。更理前語。則自承前言之未晰。意不謂今世之民能知莫破例爲不遁必然之物理。知此者當在後世之質學家。又曰物理之誠。固可從元知而即見。特具此元知。其人不易得耳。吾向者以所反不可設思。爲公論之斷。然非心知其意者。即此亦難言也。蓋使不知其意。則名義渾如。雖與公論反對之理。於其心若未嘗不可以設思。第黠闇鶻突。無由晰耳。彼以必不可爲可者。以不明何者之爲可也。故童蒙初學幾何。與云二直可以周形。彼方憮然應之。而不覺其爲謬。又如人初治力學。或言復力殊於往力。彼亦未悟其非。常人以物質爲可損益成毀。亦不知其理之悖。至於不可設思者也。故當未識其物。抑知其大意而不精明。固不足與言一理之誠妄。獨至科學日精。物意釐然。呈於心目。夫而後知世間有理。雖由於手眼之試驗較量而得之。其實則理勢所必然。吾心欲思其反。而不可得也。

顧不佞則謂方物理公例之從內籀而立也。雖至眞實。而欲人心依例以爲思。見公例之所見。不易得也。必俟眞積力久。閒於其事。夫而後觀物審幾。能與例合。此非一蹴之事也。故其始入也。見公例之理。若存若亡。稍久而後心之所圖。自與例合。又久之。其爲事愈習。而見理亦愈明。則向者所聞之異說。及一切雜亂之思。不與例合者。皆蕩然不止於其心。而心習成矣。心習旣成。則造次之思。皆與理合。一切若出於自然。而異此者輒形其逆。以異者爲逆。以同者爲自然。此依例爲思。因果相及。甚久之效也。豈止心知其意已哉。故其後之所不可以設思。卽其始之所不可以他思。

且以同爲自然。而以異爲逆者。公例之理。鑿爲心習。必同而後合。不同則多所牴牾衝突故也。夫牴牾衝突者。固爲不可思。不可思故拒而不入。雖然。此不可思者。非在例也。又非本於心理之自然。乃其中有物焉。與先成之意。有相滅者。不可以並著。當其未知。抑知之而其意渾然。固將並容於其心。雖有牴牾。未見所不可設思也者。惟事愈習而見愈明。其牴牾衝突者覺之亦至。而不可設思之實形矣。然則究極言之。彼之以異爲逆。而以同爲自然者。其故非他。不過與其所閱歷者。不相比附已耳。不悟其如此。而徒以其心之不可設思當之。且謂此例之行。以其理之不待證而自立。又若與閱歷爲不相謀也者。何可哉。

故每有公例至精。而正言若反。在知者以爲理之所必效。在常人以爲隱約而難明。彼呼博士以謂學問之功。將卽在此。能易常人之所難。而難常人之所易。雖然。吾意所不可設思者。不在公例之誠妄。而在以牴牾衝突之意。共處於一慮之中。然亦必知其意云何。而能見其牴牾衝突者。而後有此。外是亦不能也。若徒自公例而言之。則正反二者。皆可設思。何以云之。夫理之必然。不俟證可知者。有過於物質不生滅者乎。然自常情爲觀。則天下易思之端。莫過一物之消毀。水則涸也。薪則燼也。非以專術。則所謂不生滅成毀者。烏從而知。即至物質爲合。必有一定分量。此亦無可致疑之例。而常識亦不謂然。彼方見萬物雜糅。隨分可得。今乃謂此例已成心習。反是者至不可思。此雖博士云然。吾未見民之能如是也。

博士又謂此等公例。其誠必非由閱歷而後見者。以方爲試驗實測之時。吾心已先存此例之見而用之也。具衡量以權物質。見未合之原行。與已成之雜質。前後無累黍之差者。此非以證物質不毀之公例也。乃心信其然。而後從之。此其說似矣。顧不知凡爲試驗。皆懸擬一例之誠。以徐審物情之然否。此試驗之學之設事也。公例之成。多由此術。積其閱歷之所遇。而懸擬一例之近眞。而後設事從之。以微察其例之誠否。今夫物質常住一例。固已爲治質學者所微窺。顧此例之行。於物變有易明者。有難見者。於是取所難見之端。諦察精求。以徵其例之誠否。設此而誠。則其例無所不行。而科學之例以立。故其存而用之也。用之於設事。而非以爲必然。又非曰不待證驗。而其理已可信也。夫姑以爲誠。而後合外籀以證所歷之事迹。使其皆合。其例乃眞。此凡科學之公例皆然。不於物質常住一例爲獨爾也。豈皆必然之例。根於心理。而不由物測者乎。

篇六　續前所論

第一節　言凡外籀之學皆由內籀

前篇所論。乃取外籀學所據之公例。所謂必然之誠。不易之理者。而察驗之。則見外籀學之公例。有界說。有公論。常本此以爲推。以證一理之虛實。其所得皆必然不易者也。蓋必然不易。自其所據而可知。苟所據之旣誠。其所推者無從妄。事固相因而生。無所容其疑貳也。然由此遂謂其學爲不根於閱歷。無取於試驗。則必其所據之界說公論。已不爲閱驗之誠。而爲根心之理而後可。故先卽公論而觀之。見其理亦由於閱歷。特所歷者獨蚤而多。所閱者旣明且易。遂若理由心成。不關耳目。而與他理之所由著者異也。夫理求之耳目官形之間而已足。乃操他說者。必謂其由於良知。而其證辨之說。又皆疏而不密。胞而不堅。然則公論者。固閱歷內籀之所成。不得指爲心理之所夙具。而使民智所由有二本也。

公論旣由閱歷矣。則更觀外籀學所用之界說。外籀科學。其界說與名學之界說稍殊。往往於一物所具之叢德。取其一二而遺其餘。然而餘德固自若也。且其所取之一二德。又未嘗不視餘德而爲變。然則其忽而置之也。特以意爲之耳。以意取物。斯爲設事。設事所以便其專及爲之取簡削繁。於以窮其理之所必至。使所遺者而細。則竟置之矣。假其有關。則施之事實。爲之差焉可耳。

由此言之。則向所謂外籀之學。滿證之術。與內籀之學無所異。其所據以爲推者。皆由閱歷試驗來也。特其中所用之界說。所據之棣達。（棣達此言所與算術謂之今有）多意設而非情實。故亦稱設事之學。其所推之理。必得設事而後能誠。不然則否。故其理常近眞。而不必盡信。如形數諸科學。其術之所以稱滿證。其理之所以爲不易。其效之所以必至。而不容致疑於其間者。正以其爲設事之學故耳。

數學者。外籀最要之科學也。始於布算。（純用本數。如中國之九章。）繼而代數。後有微積之數科者。精鑿極矣。而皆根於至淺之例以爲推。今欲明其不本於心成之理。而一切皆生於閱歷。抑指其爲設事之學。則較他科尤難。非特起而專論之不可。諍者必有兩家。本心成之說以言數學。一也。謂數例皆申詞。理盡於名。絕無餘蘊。二也。第二說所行尤遠。至今莫有能闢之者也。

第二節　言數學所有之公例非爲申詞而皆閱歷內籀之所會通

或曰。數學之例。皆名學之申詞也。此其言實得數理之近似。何則。以其同實而異式也。夫二與一爲三。此非眞詞。而有所發覆也。特三之界說而已。以三之名。爲同於一與二之和而已。由此言之。雖代數微積至深之演草。要不外名與詞之變式。式雖變其實未嘗不同也。其言數學之無奇若此。獨至同一事也。經累變遞推之後。而其情大殊。如今所演之代微積等者。將何說以處此。而理家則無一言及之。不知彼所難言。而所以破其說者。卽在此矣。

且彼之爲是說也。夫豈一無所見而然哉。蓋數學之事。自布算以至立代。固實有其式異而實同者。此其所以爲名宗學者之所竊據也。夫謂理隱於物。徒播弄翻覆於名號之閒。而其眞將出。此誠竅言。而爲常人之所難信者也。故以其例爲申詞。蓋舍此則無所見也。算者之演草也。具簡號。列數目。而遞推之。當此之時。其意固不在物。非若形學幾何之尙有圖畫可懸之於紙素心目之閒也。甲乙甲丙爲直線而相交爲角。此可見者也。數之所爲代者。天地人物。不如是也。可以線。可以角。可以牛馬。可以土田。顧當其演之。意皆不存乎數者。而專專於天地人物者焉。夫曰代數。固有所代也。所代物也。而代者幟也。其始則由物而爲之幟。其終則由幟而復於物。然於始終二者之閒。則心不及物。而無往非幟者。然則謂其學所有事。皆幟而無物。蔑不可矣。

雖然。其說誤也。布算與立代者之所爲。無往非得諸內籀者也。本所閱歷以爲推者也。其內籀之所以泯而若不可見者。以其所會通者廣。而其所幟者靡所不賅也。凡數必有屬。徒數而無所數者。天下無是物也。苟曰五。則必有五人焉。五物焉。五聲五度焉。雖然。其有屬固也。而又可以無所不屬。是故言數之詞。其異於他詞者。以其義之玄。而匪所不賅也。使有物自在於兩閒。而可以數稽者。皆其言之所及。物必有量。量而後有數。故論數之性情功用者。無異於論萬物所同具之性情功用矣。四之半以爲二。將無物而不然。四時可。四日可。四銖可也。思一物而四分之。則四之事皆可施。至於代數。則其事尤玄。而所通而御者尤廣。數統萬物。而代數之幟統諸數。多寡正負。靡不徽之。知一物之可數。而不知其數之爲幾。則甲乙之。天地之而全科之例皆可用。而不慮其或差忒也。今有公式曰〔二(甲+乙)=二甲+二乙〕此其理與自然同其廣大者也。形學之理。所御者特行而已。猶有畛也。至於數學。無所不通。則無怪方其演之。吾意之無所專屬者矣。方吾取歐幾里得首卷之第四十七首而爲之滿證也。不必取一切之句股形而盡思之也。一句股形足吾事矣。其爲代數亦然。以甲爲幟。吾之思。不必撈籠所可幟之物而論之也。得一任何物焉足矣。任何物而可。則何不可即幟之名而爲之乎。曰甲乙。曰天地人物。皆名也。所幟者簡可也。緐可也。而吾心知不僅僅言幟者。以其理皆見於事物也。吾取一等式方程而爲之開解。其爲用止二術焉。以等加等。則和等也。以等減等。則較等也。是二例者。非文字之例也。又非徵幟簡號之例也。而數與度量之例也。數與度量。固無物而不然。是故苟有所推。則所推者事物之理。而非徒徵幟簡號之情狀也。特以其例之甚玄而大公。故不必專依於一事。至於既久。則循守成法。徒遷變損益於甲乙天地之間。若忘其初之本以論物者。此設象統物之學之所同然。特代數其尤顯。而學者之習尤易成耳。必數典而不忘其祖。思其例之所從證確而求其所以確者。則將見一切皆原於事物之眞。不然。則雖有至巧至精之簡號。其事亦等於古之符籙書法。雖窮之至深。於人事究何裨乎。

數學尚有一事焉。若與申詞之說合也。蓋其詞之兩端。所謂與詞主常相等也。名學以如是者爲複詞。複詞者申詞之尤顯者也。夫一與二爲三。數學之一例也。設傅於物以言之曰。以一碁累二碁者。三碁也。此非指兩局之碁也。蓋同一局。謂設以一碁累於二碁者。卽此今爲三也。夫既同物矣。此如曰某物卽某物。其詞義至讕明矣。則何怪以其例爲申詞。僅指二名之同物而無所發明乎。

雖然。未盡也。夫一碁二碁爲一名。三碁爲一名。是二名者。固加於同物。然自形氣之事而觀之。則判然二事也。蓋同物而居於二境。是以二名從之。其所命雖同。而所涵則異。三碁分之而爲二。與三碁合之而爲一。分之與合。官之所接。固不同也。然則二名之立。不得以爲無謂。而其詞亦不可以爲複詞。其理雖淺。固一誠也。其根於閱歷最早。其爲耳目之所及最恆。是固數學之所從生也。其例之立。本於元知。從見觸之官。而知其物之可分可合。而他數出焉。近世新法。凡以數學教童蒙者。皆具物於前。使之自見。故其智之啟。不由推知由元知。而其知乃至實也。

夫曰三者二與一之合也。此三之界說也。然則謂數學之事。始於界說。蔑不可也。顧如是之界說。非名學之界說也。形學之界說也。形學之界說。其異於名學之界說者。名學界說。純乎解釋名義者也。形學界說。解釋名義而兼甄舉事實者也。如曰平員者形之成於一線。而距心悉等者也。此爲平員界說。而由之可以推他理者。以世間有形。與所界者合故也。然則三者一與二之合。其爲三數之界說固然。而其中所甄之事實。則吾手與目之所遇。有一物焉如。°°°可分之以爲°°與°也。知此之爲事實。而後算數之事生。此則與形學同焉者矣。

總之形數二學。雖爲外籀。而皆以內籀爲之基。其發軔公例。皆測驗之所會通者也。雖然。形學公例。從測驗所會通矣。而不能無設事。惟其設事。然後爲滿證。而不遁之理從之。設事者。意之所設。而不必冥同乎物者也。形學之界說皆如此。其數學之界說亦有是乎。則請得而更論之。

第三節　問數學公例有設事否

數學始事之公例有兩宗。一如前所云。一與一爲二。二與一爲三。凡此皆數名之界說也。其次曰等之和等。等之較等。此等例也。而不等之公例。可即等例。用歸非術而推得之。

前之界說。後之公論。皆從內籀而得之。此非若形學界說之有所設事。有其近似。無其冥同者矣。然則數學所得之理。固爲眞誠。而異乎設事以爲誠者歟。

雖然。使諦而論之。則所謂設事者又有在也。是所設者。貫乎一切之數。假其不然。則謂數學之證。莫有一誠可耳。其所設事奈何。曰。以此一爲等於彼一也。以其數之所命者。爲同出於一量而莫有異也。使其所謂一者不同。則數學之所言皆不實矣。以一寸加於一寸者。謂之二寸。謂寸不二寸也。乃今一爲英寸。一爲支那之寸。亦將以爲二寸乎。英與支那。無一可者。而不知其爲何度也。夫曰四十馬力者。以馬馬之力皆同於此馬也。假其不然。此四十馬力者爲何力乎。故以一爲一者。即數以云之也。方以及物。則天下之物。固莫有同。此如一國之計。其言丁口也。爲老爲少。爲強爲弱。爲長爲短。等以視之。而所求者數。然使由其數而以推乎其餘。則數學亦無慮之而已。無慮者其設事也。非眞等而設以爲等也。則數之爲學。何異於形。凡度量衡之幺匿(此言單位本量)皆必設之以爲正等。而物固不然。同一磅也。此微重而彼稍輕。同一邁達也。此差長而彼略短。雖持權度者。審之至精。而累黍之衡。顯微之管。皆有以得其參差也。故謂數學之理爲必然。而其誠爲不遁者。亦卽數而云數耳。謂其精確。而未嘗設事者。未及乎物則然耳。若以及物。而以數爲物之符表者。則數學與形學同爲設事之學也。形學之不遁。力學之必然。皆自其籀繹之無間而言之。是故事必如其所設。則所推之理。必然而不遁。然不得以此遂謂所設者與物情爲冥合。亦不得謂其所得者於一切之棣達。凡可以爲是例之變者。皆籠而舉之。而一物之性。遂盡夫此也。

第四節　論凡滿證之學術固無往而不設事

然則凡外籀之科學。固無往而不設事。彼方設爲之事。以究極其理之所終。至於所設之事。與物冥同與否。抑知其不冥同矣。其得物之近。而不至於害誠否。則異事之計。而非爲論之頃之所圖也。蓋其所設以爲誠然者。不出夫數之事。必事之起於數者。而後可本之以爲推。故凡爲外籀之學。而用其例也。數旣立矣。必反觀乎其所設者。去眞之多寡。而爲之補苴。而其補苴者。大抵資於實測。每事而爲之酌劑者也。有時不資實測。而有事於籀繹。則其術隨事不同。由其至易。至於至難。莫不有也。若其大數。則固可以豫爲之。以隨端爲用也。是故設事而推其理之所極者。此正外籀科學用滿證之術者之所爲也。

且夫由設事而有所推。與本實測而有所推。從其術言之。虛之與實。無攸異也。夫外籀者。積聯珠而爲之也。知甲之徵乙。乙之徵丙。丙之徵丁。則甲徵丁矣。甲所可見。而丁所不可見。倣此而吾曰設甲徵乙。則乙徵丙。丙徵丁。則甲當徵丁。甲之徵乙。其所設也。甲之徵丁。其所推也。是故雖所設之假詭不合於事情。而循理爲推。雖其論精鑿如幾何可也。古之人有爲之者矣。則埃及之多祿米法之特嘉爾。其言天運。皆如是爾。多祿米以覦軌爲眞軌。故爲之立均輪焉。特嘉爾以攝力爲不根。故爲設漩洑焉。其所立所設雖妄。而其論則未嘗不循理而合法也。然此猶冀其事之誠而設之也。有明知其不誠而設之者。則如滑稽之辭。譎詭之諫。因皆用之。而所謂歸非之術是已。歸非之術者。使甲而徵乙。乙乃徵丙。丙乃徵丁。則甲亦徵丁。顧甲丁二者之不並著而相滅。雖至愚知之。則甲之不徵乙。亦可見矣。由甲徵乙。遞推至徵丁。而其非大顯。故曰歸非之術也。

第五節　滿證之界說

或曰。歸非術者。聯珠之所質成也。蓋使聞者以委詞爲非。則原詞必有一焉。從之而廢。原詞所不可廢者也。則委詞不可非。故聯珠者。既受其原詞。於其委有不得不承之勢。否則必蹈文義違反之愆。雖然聯珠之所由信。不如是也。蓋使聞者徒受原而拒委。未違反也。必從其拒委。而吾有以證其拒原。夫而後違反見也。因其拒委。而有以證其拒原者。歸非術之事也。歸非術又一聯珠也。然使彼受原而拒委者。指其故在推籀之未合。則並歸非之聯珠且可以不承。是故其謬不在文義之違反。而在其背聯珠之法例。夫聯珠之法例何。曰凡物有徽。必兼有其所爲徽者。或曰。爲一物之徽者。必徽其物之所徽者。蓋使所辨而誠。則方爲聯珠。其義已見。而不必更設聯珠以爲之歸非。如此而受其原矣。不能自得其委。則背以上之二例也。

部乙所言。主於外籀。具如此矣。蓋此爲今者之所得言。欲益致其深。則非於內籀之理明而以爲之基不可。夫外籀不與內籀對也。而實爲內籀之一術。是故此書於後部之言內籀。而外籀之精理將自見。嗟乎。人心襟靈之用。大者二端。而相表裏。欲不觀其全而孤言其一。固何可哉。

案。以上二篇。說理最爲精深。而稍爲初學所難。學者必於形數質力諸學。略有問津。而後識其論之無以易也。今總其大要於此。則作者意謂科學之幾何代數。素稱獨爲精確。而其實不然。蓋其所以精確不移。以發端先爲設事之故。如果說等。皆設事也。設事者。以意設之。而不必世之果有是物也。以所設爲自然之所不有。故其確亦爲他科之所不及也。獨至公論。無所設事。然無所設事矣。而遂謂其理之根於良知。不必外求於事物。則又不可也。公例無往不由內籀。不必形數公例而獨不然也。於此見內外籀之相爲表裏。絕非二途。又以見智慧之生於一本。心體爲白甘。而閱歷爲釆和。無所謂良知者矣。即至數學公例。亦由閱歷。旣非中詞之空言。而亦非皆誠而無所設事。言數固無所設。及物則必設也。由此不獨見形數二科爲同物。且與力質諸科。但有淺深生熟之殊。而無性情本原之異。而民智又歸一本矣。

篇七　考異

第一節　論斯賓塞爾所主之通例

不佞是編之作。諍競非其本圖。然使理解本深。事資明辨。而一時治是學者。異議猶紛。則因駁辨而使所持之說愈明。亦未始非計之得者。夫談道之家。僅申己說。而於異己之說。置而不言。其於應爲之事。祇得半耳。

斯賓塞爾者。晚近愛智家之眉目也。其心學天演一書。實爲僅見之作。顧作者是書自序。於不佞前二篇所持之說。頗有異同。往往引繩排根。以申己意。其言公論原本閱歷不由良知。則與僕所見脗合。獨謂至誠之理。則其反不可設思。實與不佞之旨大異。蓋斯賓塞氏以爲窮理至盡。舍此無以爲徵。而所以深持此說。由於二故。其一曰。吾人之信一物也。信其歷變常住至矣。故於一詞之義。篤信無疑者。以其不以地而異。不以時而異也。不以地異者。人類所共信。不以時異者。歷古所常信也。如此之理。如此之公例。名第一義。而爲人類知識之原。又其一曰。然何以驗其理之爲人類所共信。歷古所常信乎。必求其徵。云其否者其理不可以設思至矣。蔑以加矣。故云一理之反爲不可思議者。卽其理必誠之徵。亦卽吾信常住而不可滅之符也。欲見吾信之常住。與其理之常存。舍所否不可設思之一證。更無更可以言者。卽有之其精確不拔。亦將無以逾此。斯賓塞之所言如是。蓋其意以謂信心所基。主於感覺。方吾覺寒。而此言必信而非妄者。以不覺寒爲此時所不可思故也。凡誠者。其反皆不容思。斯賓塞謂生人無數信端。皆恃此以爲驗。大抵皆向者理一德與士爵華二家學者。所謂元知之誠者也。彼謂吾心而外。乃有質實世界。是質實世界者。爲吾官所徑接。感覺所由生。而一切非由於心造。若宇若宙。若氣若形。此非一意境之變現。亦非徒感覺之隱因。而皆爲心外之眞物。而所以知其然者。以其否之不可思議故耳。彼謂無論吾心如何用力。何等設思。必不能以所思之物。爲吾心之所能。而非心外自在之端。故萬物之自在。與吾心感覺其必有而非無。必眞而非幻。正相等也。吾心所徑知之誠。卽誠於其否之不可思議。而吾心所推知之誠。卽誠於徑知者之所推。推知者生於元知。元知之誠。以不誠之不可設思。然則不可設思者。固一切公理之試金石分水犀也。

觀斯賓塞氏之言。實與元知宗學者自特嘉爾以至呼威理之言無以異。然二者所同止此。繼此則大異矣。蓋元知宗學者。以不思其反爲無妄之例。不可妄之例。其所斷決者。爲必是而無非。而斯賓塞氏則以此爲有時而可妄。非其例妄也。用其例者妄也。用其例者。以可思議者爲不可思議也。故其書亦往往取前人所見謂反不可思者而駁正之。然斯賓塞氏不以此之故。而曰其例之不足憑。乃謂雖有至信之符。以民智之猶沖。故有時用之而不當。然不得以此遂罪其例之不誠也。假以此而罪反不可思之例。將一切之例。由斯皆廢。譬如爲一聯珠。原詞已信而推籀如法者。其委必誠。雖有億兆之人。不如法而自以爲如法。而謬委從之。然不得以此而遂曰聯珠可廢。並聯珠之律令爲不然也。故雖有不如法之推籀。而聯珠終爲窮理之利器。其律令亦終爲立誠之階梯。蓋舍此則理無由窮。誠末從立也。反不可思之例亦然。雖吾人有以可思者爲不可思。然世間實有反不容思之公理。則其例終爲窮理之貞符。致知之玄契。至於其極。捨此將無以斷。以決一理之必誠。假於此而猶有疑。將世間無一理之可信者矣。由此觀之。如斯賓塞氏之所言。其窮理也。其爲之通例也。非卽人心之能事而求之也。乃取人心能事之所窮。遂執之以爲物理之極則耳。

第二節　論其例非人類閱歷之總果

人於一理而有所信。且欲思其不如是而不能者。其所信之理必實。此斯賓塞氏之通例。所謂窮理之貞符。而致知之玄契者也。其所以持是例者。有二說焉。一正而一負。

則先取其正說而觀之。其言曰。吾聞民智之方進而未已也。其能見一理與否。視其所閱歷而爲之。是故同此理也。始所不悟。繼而能知。無他。其閱歷日廣。更事日多故也。夫使此言爲然。則吾心所信之端。其最實而無可疑者。必其與閱歷皆合而無有異者也。與閱歷皆合而無異。其反將不可思。故反不可思者。所信最實之至驗也。人具官性。而處於棼然萬品之中。外物之變。不絕於前。而吾之閱歷。如秉簡而爲之記錄。所不可思議云者。其事其理。與向之所記錄者。全然異耳。夫自人心諸理。莫不從內籀而來。卽此可知。欲驗一理之誠不誠。舍吾之通例。無有更確者矣。又況夫外物之變。其至於吾前。有偶者。有常者。有其無所不存而亙古不易者乎。是常存而不變者。卽以起至深之信。而反不可思者也。至於偶而間至者不能。就令能之。後至之變。將與易之。故使其人積其無數之閱歷。乃所信之一理。而其反至於不可思。則知與物理之眞。必有合矣。蓋使一物之變。其理爲不易。而於吾之所接者。又呈其不易之閱歷。以其不易。使吾心不能思其或易。則所知世間有一不易之物。變於吾心必亦有一不易之思理。以與之爲對待。於以成其反之不可思。而吾之所信乃以實。是故廣而言之。凡物理之所必無。吾心將必有一思理之所必不能者。與之相應。在今日雖或有未備。而人類閱歷加廣之後。是內外相應者或可以終全。而卽今之民智。凡可用此例以爲驗者。大抵皆實而無可疑。（穆勒自注曰。民智之進乃至此乎。吾甚願吾意之能與此旹合也。）就令不能。要亦積前事之閱歷而爲之。舍此欲求更確而可恃者。固莫從也。此正說也。此以其例爲閱歷之總果者也。

於此吾將應之曰。於一理之反而不可思者。不必其前之閱歷。皆此理之正也。夫人心憒驕。終身由而不知其道者衆。故有實無所閱歷。而誤以爲有者矣。民始也以地員對足底之理爲不可思矣。豈得謂所閱歷者。有以徵其必不然乎。常人之觀日出也。必以爲日行矣。其不能設日靜地動之思者。豈前此之閱歷。有所積而使之爲此思歟。其使爲此思。而不如是若不可者。非眞閱歷也。習焉不察。徒得其外似者而以爲積習耳。故吾於人之不能爲一思也。所可知者。其人未有乎如是之閱歷。以化其所不可思者爲可思云耳。此其例不爲閱歷之總果者一也。

且使其人果得乎閱歷之眞。由之而知其道。所謂不思其反者。從眞積之久而致然。然則其理之誠。固卽閱歷而可證。又何必舍閱歷之可證。而必取其反不可思者。而以爲徵驗乎。夫惟反不可思。而後有以見其例之眞者。以吾所閱歷未嘗破例故也。則此例之確證。固卽在所積之閱歷。而非在其反之不可思。所謂通例者也。假吾之所更者。有以堅吾之所信。則質而謟言曰。吾之爲信。由所更耳。雖然。所更者果皆有以證吾信之必誠歟。蓋所更不易而常然者。以爲理證。固有等差。有至確者。有理弱者。有貌似者。至以貌似。則與無徵幾相埒矣。何以言之。金重於水。所更者莫不同也。自生民有然。至達費取鹻中之金而後得其破例。則近稘之事也。有鵠皆白。所更者莫不同也。自生民有然。至南澳洲出。而後得其破例。又近稘之事也。至於所見皆同。而以成至確不搖之證者。獨如幾何公論之二直不周一形是已。又如愛智學公例之凡變必有因是已。然其例之信。非信於反不可思也。信於凡物之皆然。無往而不遇耳。公例之立也。無間其由於外籀。抑由於內籀。窮其所由起。必與如是之例。相傅而不可分。而後可定爲不易。設其不然。不得以爲無變例也。此吾於部丙所將深論者也。此其例卽爲閱歷之總果。亦未必盡爲至確之證。二也。

閱歷之常然。旣不足以定一理之必誠。而吾心所不能思其反者。愈不足以爲物誠之確證。夫吾心之不能思議者。其故多矣。由於閱歷者。特其一因而已。三古之時。民智卑卑。有所建言。垂爲訓詁。此其因之最常者也。二意之相守已固。而所更者又未嘗爲之或離。則離之爲事。在物以爲必無。在想以爲難設矣。此不獨吾言爲然。斯賓塞氏他日所常常稱道者也。爲特嘉爾之學者。謂物非相接。不能相使矣。此豈閱歷之積。使成此思也哉。相接而致動者。固其所常見也。不相接而致動者。亦其所常見也。八緯之周天。空中之隕石。無時不接於耳目之間。顧彼以不接而使爲不可思者。彼以爲必有不可見者爲之張弛而推行。徵此則於所可見而習見者。莫能名其妙也。故反不可思之例。非總閱歷而爲之代表。如斯賓塞氏之所云也。實取其所閱歷者。而約束拘禁之也。吾於其說之正者。所以匡之者具如此。請今更及其負說。負說者。斯賓塞氏所尤重者也。

第三節　亦不得謂其例之行於每思

其負說則謂無論通例之可恃不可恃。第取決誠妄。至此例爲已窮。欲求更確。固無有也。且其例行於每思之間。爲原詞之基礎矣。抑且爲委詞之合符。所信之不易。即以此反不可思者爲之驗。此所以有滿證之理也。心有所信。而不知其合於此例否也。則用名學之術以求之。名學者。制爲律令以勘此例之行否於一說間耳。欲知理之必誠。有兩術焉。使其說爲繁。則爲之析觀以遞入於簡。而每降皆以此例徵之。至於極簡。如原行焉。而究合於反不可思之公論。則其理之誠立矣。一者爲之合證。從其最簡所反不可思之公論。而漸入於繁。每進亦以此例徵之。至於所求如合質焉。則亦誠也。而是二術者。皆取其所欲驗。而合之於其所已信。合而不迕。新理乃立。故其言曰。但使所信之理。反不可思。則其理之自在長存可決。而以名學之道。爲之證解者。所以見吾信之不得不然。捨是而外。則吾心之所覺吾官之所感。一己萬物之自在。皆將爲幻而非眞。一切科學公論。亦將在若存若亡之際。雖滿證之說。層層將皆可以致疑。夫苟人心有思。則此例必用。此非所謂窮理之貞符。致知之玄契也耶。斯賓塞氏之言。其明且盡旣如此。乃又以人心之用。或有時而差也。此時所不可思者。他時或可思。今此之所謂誠者。他時或不誠。則又曰理之最確而不可搖者。其一用此例而不再三用者乎。是故元知之誠。如物質常住。外境非幻諸理。雖有詭辨。莫能破之。以其於例一用而已。至於他說之推證。不獨原詞之誠。必本此例。卽至逐層之籀繹。皆準此例以爲之。乃見由其所原。不爲如是之委而不可。自非然者。則其理廢矣。

將驗其言之堅瑕。則請先從其後義而觀之。彼之意以謂凡有所證辨。則所謂通例。必逐層而用之。於以見其委必從其原。旣爲如此原也。則不得不爲如是委也。不爲如是之委。則吾心不可以設思。故使用之而誤。則多用之者。其致誤之數亦多。少用之者。其致誤之數亦少。如此則辨證之層累愈多。而所推之難誠乃彌甚。此斯賓塞氏之意也。

則試謂所證爲止於一層。如此則一聯珠足矣。爲聯珠者。各有主例。而吾之主例。如前篇言物之有一徵者。必有其所爲徵者。是所主例。其堅瑕且不具論。而卽斯賓塞爾之例。所謂不如是則不可設思者而言之。

乃今爲之更進一層焉。意將更主一例乎。非也。所主者同一例而再用之耳。乃至三層四層。而此例三用四用。不外是也。然則吾不知斯賓塞氏所謂層累愈多而致誤之數亦愈多之說。果何謂也。夫使所用之爲異例。則其說有然。蓋恐其例之不皆誠。二例之或誤。其數固多於一例也。獨至所用者(四)不出一例。是則均是。非則均非。雖百用之。其致誤之數。與一用等耳。今夫數學之推證。其層累最多者也。如斯賓塞言。將所推之理。最爲難信者歟。殆未然也。故理之誠否。與推證之短長層累之多寡。無與焉。

自其前半之說而觀之。吾於一理。所以信其誠然者。無論其爲公理。抑爲睽孤之事實。自斯賓塞氏言之。皆以其妄之不可置思故也。然不可置思一語。有二義焉。此斯賓塞氏之所知。而以謂不可不謹其別者也。一曰不可設思者。舊有之意。不可以袪於吾心。新有之意。不可以入於吾心也。一曰不可設思者。舊之所信。不可以疑。新設之事。不能以信也。自言語之常者而論之。則第一義爲差合。何則。思主於意。而未嘗以云信也。顧理家於二義。則兩利而俱存之。而元知學宗。於二義也。且缺一而不可。

請即二事之相反者以喻之。古之言格物者。以地員對足底之說爲不可信。其不可信者。以其不可設思也。顧對足底何難思之與有。心思一渾員。一人立於其上。又一人焉倒懸於下。足附於球。則對足底之想象也。夫何難焉。故知對足底之不可設思。非意之不可以設也。乃信之不可以爲也。信之不可以爲奈何。彼以爲是足上首下者。理必墜也。抑不著於球而飛去也。故此之不可設思。在信而不在意。則更爲其一喻焉。使吾今者而思大宇虛空之所止。則將覺是宇與止二意者。必不可以並居。方吾之思其止。止之外必有虛空。抑爲他物。而是二者莫非宇也。故欲二意之合。以吾生之所閱歷者言之。莫有能爲之者。此之不可設思。在意而不及信也。是信與意者之分。學者不可以不謹。蓋爲不可設思之辨者。未有不二義相貿者也。

然斯賓塞氏之以此例定一理之誠否也。其所主之義。爲意乎。爲信乎。是固難知者也。徒自其說而觀之。吾以爲其義皆主信矣。乃斯賓塞氏於半月報之第五番。自陳不主此義。而謂凡今昔所言不可設思者。皆主於意而爲之界說。曰吾所云不可設思者。皆謂其詞兩端之意。任用何等心力。決不能使並居於吾慮之中。其詞主所謂二名。求合於思。所必不能者也。吾乃今而知其言不可設思者之主於正義矣。顧吾所不能無竊疑者。則其言雖如是。而所言者與此果無所牴牾否。又未嘗不竊恐其發論爲言之頃。他一義或入其意中。而使之自亂其例也。則請徵於其說。彼謂方吾覺寒。吾不能設不覺寒之思。夫不覺寒之意。何難爲之與有。則其所謂不能設思者。乃謂吾眞覺寒。而不能以爲不覺耳。此其所言。在誠妄之間。課吾心之信否。其所言固主信也。彼又謂思所不可設而設之者。如從有而力致其無。此又信心能然。而言意不可。然則彼欲所言之純。於前例者。其文字之可商而宜易者。又正多也。雖然。此不具論。蓋吾觀斯賓塞氏之指。固以不可設思爲誠妄之決。而理之可信不可信從之。其所謂不可設思者。亦卽爲理不可信之極點。此斯賓塞氏所持之說之本旨也。故常以不可易之信。爲一理必誠之實據。其所謂強思其理之反者。亦卽以驗其信情之果否可搖。第欲其言之順。似當云姑信其理之不然耳。如斯賓塞言一人視日。不能思其視闇。此當云一人視日。不能以爲視暗。蓋方視日而思闇。人人所能。以視日爲視陰者。人人所不能也。又信心之事也。且斯賓塞自言之矣。人之於其身也。謂其身之可以不在。可思者也。謂其身之未嘗在。不可思者也。雖然。此非不可思也。不可以爲然也。不能信其如此也。故一身之自在。可析而言之曰。我自在。我能覺。故我信我之自在。欲以爲不自在而不能也。此其爲物。卽事成知。無待於第二物者。故欲以爲無有必不可。而以云不能不信。固無所容其疑義者也。然而斯賓塞氏之說。奚翅此乎。蓋斯賓塞氏以謂一我之外。尙有物焉。其確鑿無疑義。同於我見。且理本相因。不可或易者也。顧不佞則謂信他之與我信。非相因而立也。使相因而立。將因常然者果亦常然。夫我信信我之自在。常然者也。信他信物之自在。不常然者也。古及今言心靈哲學者衆矣。而其中自眞我之外。以一切爲皆幻者。夫豈一二人已哉。世界且以爲非眞。形體色相。又無論已。彼謂大宇長宙二者。舍一心之變。卽等於無物。卽至斯賓塞所謂元知外景者。彼亦皆等而視之。然則不可謂此常信之端。爲不能不信者矣。何則。夫固有不信之者也。夫謂外物爲眞而非幻。其然否固爲難知。卽謂以一切可見可觸之物。爲一心之變境者。此其理爲不可設思。此言亦未必遂謬。蓋自感覺而言之。固若不可以爲無外物。而事若不止於心造。卽不佞亦不敢以外境爲非實。然亦不敢謂一己之外。人人乃同然也。夫謂外物一切皆由心造。見觸二者。組織爲之。此其理之可思與否。姑不暇言。以云夫信。則信是說者。實繁有徒也。斯賓塞氏方且以不可想像者爲不可信。此其說固也。蓋彼以爲信者。不過一想像之常然者耳。凡可以想像者。當於其頃。其心固以爲可信也。然自我觀之。則人心之所想像者。當其一頃。有與平生所深信之端絕異者矣。而一頃之信。又何論焉。有人焉。其幼也。聞談鬼而色變。及長乃於鬼神之說。無所信焉。然而入暗塗走墟野。心未嘗不惶惶也。蓋鬼物之意像。與其所可畏者。緣境而悉呈於心故也。斯賓塞將謂若人雖自云不信鬼神。然當其惶然之頃。則以外境之適遇。有若使之不能不信者焉。就令如是。是若從其大數而言之。斯賓塞氏之意。將以其人爲信鬼乎。爲不信鬼乎。以言其實。則其人果不信鬼也。而若此。此其事與向之不信有眞外物者。可互觀也。雖其心於外物之意。有不可祛。方其見萬物之昭著也。若不能無爲外物之思。此自斯賓塞氏而言之。將以爲一頃之信之不自由者矣。然雖當其頃。設有人質而叩之。彼將號曰。外境幻也。吾未嘗信也。則統其全而言之。謂此人爲信有外物難矣。夫如是。則信心固未嘗不變。而所謂以不可設思定一理之誠妄者。當施其用。而不足憑乃如此。尙可據之以爲貞符玄契也哉。

是故物有可信。而不可以設思。往往二理互呈於心。所信者此。而所思者彼。觀於學人之用心而可見矣。平生自以理推。或從學得。深信其爲地轉。而非日移。然當見日出入。其心捨日輪升降之外。別無他思。欲所思之異此。必累習而後能。此歌白尼之世然。而今日之世。又未必不然者也。吾知斯賓塞氏必不云當人觀日出。以不爲日動之想而不能。是故人人謂然。而所徵者至此爲至確。而無以復加。而向所謂信外物之自在者。正可援此爲比例也。

須知吾人所得見於萬物者。止於可接之塵。可推之變。此所謂斐諾彌那者也。至於物之本體。奴優彌那則古今聚訟之端。至於今而未決。以爲有者固衆。而以爲無者亦多。不得謂其與我見相因而不得不有。亦不得謂人心所同信而未嘗有殊者也。故其理必資深辨而後可言。否則就令信者至多。不得謂其理之遂確。此柏庚所以有四魔之說。而國社之魔居其首也。（柏庚致知新器一書。分人之妄見爲四鬼。鬼者。人之所崇信者也。一曰國社之魔。二曰巖穴之魔。三曰墟市之魔。四曰台榭之魔。）特信者既多。則信所由成。必有其故。今者外物。幾人人謂有矣。而其信又若出於自然。設云其妄。必明其所以妄之理而後可。然古及今言哲學者。未嘗退縮而不爲辨也。俟所爭者之既定。夫而後古今絕大至深之疑義。儻有以定所從違歟。

第四節　再答客難

他日斯賓塞嘗取其心學天演加改削焉。於其不可設思一例。則謂吾與穆勒所同者多。所異者寡。且從其究竟而觀之。則所異實在皮毛。無關宏旨。夫使不佞之論。與哲學大方之家。果多所合如此。此誠不佞之所寶貴而自矜寵者也。顧斯賓塞又謂是所論者。關乎心學之本原。設有所疑。非辨之至明。不可以廢。此亦不佞所相視而莫逆者。故於其言。又不敢不深勘而詳說之。夫豈好爲諍論也哉。

斯賓塞氏於向所謂信不易而常然者。則易之以爲凡詞其兩端常並著而未嘗離者。又謂一詞既立。其反難思。於此見兩端之常並著而未嘗離。以兩端之常並著而未嘗離。見其理之欲不如是而不可。此聯珠也。不佞初無異說。異者在其所用之中端。使所云兩端並著而未嘗離。其事爲存於物性。抑爲吾官所接之外物。則其事既然。欲以爲不然必不可。第若謂以吾心之欲思其反而不能。故兩端之不可離。爲卽存於物性。必不可也。吾揣斯賓塞之意。必謂兩端之不可離。爲存於人意。如此則不可離之實。當僅於一心之變而求之。不得遂謂所不能於意者。卽爲不然於物。以意之不可分者。爲物之不可二。抑以吾心所不能者。概爲他心所不能。且定爲吾心他日所不能也。

斯賓塞又謂。卽用不可設思之例。而所信或非誠。亦不得以是之故。遂謂其例之不可用。蓋哲學中無論何例。以用者不明不慎之故。皆可致差。且詞義有繁有簡。例之用以驗簡者。固不可以驗繁也。譬如形學幾何之理。二直線不周一形者。此簡詞也。亦簡理也。理之誠否。可一攬而知之。乃至勾股形弦方必等於勾股二方羃之和。詞雖簡而理則繁。不能以驗前詞之例驗之。而斷其誠妄。何則。是中有層累焉。必待徐繹遞驗而後見也。不寧惟是。世固有至顯易明之理。以心之不在而不見者矣。童子之學數也。問三十五加九之爲何。彼率爾可對以四十六。此豈其知之不及也哉。何獨童子。雖在學人長者。口爲是言。而意不及是言者衆矣。

夫謂不可設思之例。爲獨加於至簡之詞。其義可一攬而盡者。斯賓塞之言固矣。顧雖爲之界域如此。而又何解於見日出入。以爲日動。無物相接。則以攝力爲不行。又謂無地員對足底之說者。凡此皆今之所謂至誠。而古之所謂不可思者也。夫斯賓塞於此。非強生分別也。顧人心於所謂繁詞。方未爲之徐繹遞驗也。未嘗有所斷決。若勾股之理。固未嘗以二冪之等爲不可思。亦未嘗以二冪之不等爲不可思也。獨至如吾所舉之三理。古之人若於言下立覺。其不可設思。非待徐推。而後可決。且三者之誤。又非若童子之於算數。其心或不在也。蓋方聞其詞。於兩端立見其不可合。既立見其不可合。則其反自爲常然而不可離者矣。然則斯賓塞立繁簡之分者。又何益於辨歟。

斯賓塞又謂理之用通例以驗其必誠者。必其最簡至公之例。自太古生民以來。所閱歷所見聞而無異者。必如是之理。而其反不可思。夫而後眞從閱歷而然。而其理乃必信。但不佞終謂既由閱歷而得此反不可思者矣。則其理之誠否。何不卽閱歷而徵之。而必用此反不可思之通例。而後能徵之歟。乃斯賓塞則應之曰。以閱歷者之甚衆。不可徧徵故也。彼以謂資閱歷以驗一詞之信否者。其事如欲知凡直線形其角數必同於邊數。吾心必取凡三角方形五角六角以至無數角之形。而悉識之。乃有以證所言之誠否。異哉此子之言。吾所謂取證於閱歷者。致不如是也。夫使有人焉。其一生之所見。與詞合而莫有異者。而所聞於他人者。又皆同而未嘗異。則所謂閱歷者盡此。且吾知事有所閱雖同。而未足以斷其不爲異。然使如是而不足。則雖盡所見聞而憶之。如斯賓塞氏之所爲。猶未足也。且夫反不可思之意。非生於足不足也。而出於習不習。至於習。烏足恃乎。然則設所閱者。果未足以定一理之誠否。是通例者。不能明其如是也。方且隱之。使不足者若足。而不能於所閱歷者。能有所裁決審擇抑明矣。往者斯賓塞氏嘗謂生人心習之本於閱歷而成者。其果成於腦脊之間。而傳之以爲種矣。是故一種類之心習之賦於人人也。若良知良能然。有不待學而至者。則一人之閱歷。卽謂受於其先。而益之以一己者。莫不可也。就如所言。吾說之不搖。猶自若也。蓋此所明者。不過心習之稟乎其先而已。稟乎其先者。前乎一人之閱歷而夙具也。顧前乎一人之閱歷而夙具者。非皆誠也。所以成此習者。非以其誠。徒以其習故也。於吾說何能爲損益乎。

向使斯賓塞於推證之術。所以始於此例之故。能深切而究言之。明從原所以有委者。以不從之不可以設思。則其義或較堅而不胞。然卽如此。亦與向者不佞所指吾知吾目之視明而非妄者。因吾覺性無恙。吾不能設爲視闇之思同耳。此非不能設思也。設思之義。致不如是。假如有謂吾覺甲爲乙。覺乙爲丙。則云甲不爲丙者。不可設思。其言爲誤。當云吾欲不以甲爲乙不可得也。至於設思。則無論何時。甲何不可爲丙之與有。雖歌白尼天運之說。瞭然於吾心。深知地球之運而繞日。而十二時自爲轉一周。然於日之出入。以爲地靜而天動者。不獨可以設思。且有人焉。以此理於思爲易。而眞理於思爲難者矣。

第五節　覆審哲學家漢密登所謂相滅與不中立二例

哲學家漢密登維廉其言斯賓塞通例也。意與不佞合。而謂心之所不能設思者。不必爲物理之所不能有。物固有可誠且必誠者。而人心以爲不可思議者矣。然漢密登持良知之說甚堅。而謂有公例焉。其理先具於心。而非由於閱歷之後起者。且謂科學有從此等公細例術而得之者。如奴優彌那萬物之本體。如無對待之太極。愛智學之所爲。凡以明如是之理。非已落形氣如人類者。所得以與知也。雖然有公例焉。所以決如是之藩籬。而以窺衆理之極者。蓋造物於此爲之隄防。所以使萬物本體之世界。不至終於冥昧而不可知。則意者其二例乎。二例云何。一曰相滅之例。其次曰不中立之例。相滅例者。謂互駁之詞不可以並誠也。不中立例者。謂互駁之詞將必有一誠也。以是二者爲吾矛。吾將以陷奴優彌那之堅盾。以是二者爲吾衝。吾將以攻無對太極之堅城。何則。與之以二。彼將不得不受其一故也。雖其實將終於不可知。而人智爲其所夙擯。然如物質之可分。至於無窮。吾人所不可思議者也。至小極於無內。亦吾人所不可思議者也。顧二者必有一誠焉。不居此則在彼。此漢密登之說也。

是所謂相滅與不中立例者。乃不佞向者所未及。乃今言公例之理矣。則及是而論之爲宜。相滅例者。謂一正詞與其相應之負詞。不能同時而皆是也。世常以此理爲屬於元知。不必辨而可喻者。漢密登與德國學者。皆謂此爲人心用思之大法。顧他愛智學者。其學識與相埒者。則以此例爲複詞而無所發明。其詞之義。早涵於名。知其名而已足。相滅者特正負之界說。明何物之爲然否耳。

若從其後說。則不佞能言之。雖然。一進而已。夫正負者。對待之名也。明其不並立。而非各自爲說者也。夫謂負者果然。則正者必否。此誠申詞複詞。使聞者覺其贅設。蓋負者必有所負。所負者卽其正也。尙有餘義也耶。故相滅之例。若居乎理之最初。固使更易其詞。謂一言之立。不能一時爲誠妄。則其義之淺明見矣。獨至如名宗學者言。則不佞半步不能進也。蓋所謂一言不能同時誠妄者。實非中詞。而與一切最初之公例同物。由最早之閱歷爲之會通。其所根之理。以兪咈二意不能並居於懷。而常爲釐然二意故也。自其一心。已可以見。而徵諸外物。則一切相反陰陽之事。皆可會通爲之。如明晻、喧寂、動靜、先後、貧富、貴賤、智愚、凡事之顯然相違。所在相滅者。皆此類也。故相滅例者。人心知識最初之公例也。

夫相滅例者。謂一言不兼誠妄。則不中立例者。謂一詞於誠妄必居其一矣。然不佞嘗不知此例之所以尊。而號爲思理所必由者爲何說也。蓋以其例不盡皆誠故也。夫謂一詞有誠妄之可論者。必所謂與詞主有可屬之義而後可。設吾言烏狠香爲第三意。此語何誠妄之可論乎。蓋詞誠妄而外。尙有無義可言者也。此漢密登謂與之以二必受其一者乃不行矣。夫謂物質可分。將必有其至小者以爲極。抑無其極而可分無窮。嗟乎。此非人智之所得與也。何以言之。蓋物質捨其變見。可同無物。一也。既同無物。則其分之有盡無盡。不必言矣。即使物質爲有。而爲覺感之隱因。然此所謂可分。或屬於官知。而無關於物性。如此則分之爲事。固不可即物而言。而其分之有盡無盡。又無論矣。凡此皆出乎二者之外者也。而奴優彌那於漢密登所與之二。安得必受其一乎。（此如秦博士說瓜。而不知其瓜之無有也。）

吾之此言。却喜與斯賓塞闇合。觀於以下之文。可以見矣。但其微旨。已爲不佞前論所竊及。而斯賓塞氏乃發揮張皇。成一家之言矣。

其言曰。今如吾心憶某物之居某地。則地與物必同時皆呈於意境之中。假使心擬其物已亡。則吾意中只爲其地而亡其物。依顯。使其物無色。而吾意爲之色。意境之變。在益一物爲前無者。而使其物爲赤。而吾意以爲非赤。此非於吾意境中。祛前有之一物。必不可也。然則不中立例。非他。即意境有所相滅者之所會通已耳。其例蓋謂當吾心起正意時。其對待之負。不能不去。其起負意也亦然。而常語之所謂一切正負者。實通此閱歷而命爲此名也。故人意於二法之中。必居其一。非此則彼也。

此篇所論。於吾書固爲附庸。亦可謂反覆詳盡矣。部乙之論。亦止於此。至於後篇。則言內籀。吾所謂內籀者。從其最廣之義者也。

穆勒名學

(三)

穆勒 著

嚴復 譯

漢譯世界名著

穆勒名學部丙目次

穆勒名學部(丙)

篇一　通論內籀大旨

第一節　言內籀術之關係

本部所論。乃吾書中堅。於名學所關極鉅。格物致知。所以明自然而利人事者。其塗術盡在此。所謂推。所謂證。所以求一切難顯之情。實無往不沓於內籀。故民智之開。元知而外。莫不出於此塗。然則名學所正治者無他。明何者爲內籀之實功。與其律令之云何。挈領以振衣。提綱以頓網。明夫此。其他皆餘事矣。不幸自有此學二千餘年。治是科者。雖有專書。於內籀常存而不論。雖大凡之說。散見哲學諸家。而其人於格致科學未嘗從事。則於諸科公例之成。其層累曲折之功。不相諳委。故其論內籀也。雖枝分縷析。條理無差。終不能勒爲章規。使學者所得依循。如外籀有聯珠之法例也。近數百年。格物之功大進。內籀實用。

往往見於其間。向使有人。總所經之徑術。而會通之。卽異知同。立之大法。將所推彌廣。利用無窮。何至睽孤分北。不合不公。如今日乎。徒散見於專科。莫誰爲其通法。此所以內籀於名學。雖爲居要。而專論則至今闕如也。

第二節　言內籀不獨爲科學塗術民生日用在在必需

夫內籀者。所以求未得之公例。又以證既立之公例者也。故其爲物非他。凡以立誠明誠之事是已。誠不以量之多寡殊。所立所明者。一公例可也。一事實可也。斯二者。非異內籀也。蓋公例者以一理而統衆事。其爲數無定。其爲情必同。雖常主於一事。然使所資以考驗之證據。既有以定此一矣。則放而推之。凡情同乎此一者。莫不可執此而例之。故知推籀之所爲。凡其術之不可以二者。卽亦不可以一。苟可以一矣。未有不可以無窮。亦曰從乎其類而已。

使前言而信。則格物所用之名學。與日用常行所用之名學。其非爲兩物明矣。一日之間。目有所見。耳有所聞。手足有所行觸。使由此而有所推。且推之而於法爲合。是所以推之術。未有不與科學所以推求公例者同也。且取其層累階級而析觀之。將見所由之徑術。與爲至深之內籀無以異。蓋內籀之功。無間爲科學立一公例。抑於日用徵一瑣細之端。或從其實測。或用其聯珠。方其有推。皆有必不可違之律令。凡所以効其誠妄者固未嘗緣事之大小爲異同也。

然而名學亦能與人規矩不能與人巧耳。何以言之。今有人於此。其所推籀者。非以窮理也。將以定當前之事實。如士師聽訟者之所爲。則其事之所最難。非內籀所能爲助也。蓋斷獄者不在內籀之難。爲而在所據公例之難擇。古人之成說具在。國家之象魏常懸。獨識何者於本事爲切附。從之而得其徵。更從其徵。而得其所請比者之離合。惟此爲最難耳。訟者集於公庭。兩造各持其所是。所舉之例。故大抵皆饜聞習誦。莫以爲非者也。必所舉者切於事情。夫而後其巧見耳。而此非名學所能爲助也。機牙之警敏。根於性生。抑憑於所習。無專學也。故援引之熟。闔合之巧。雖可以摩練而益能。欲勒爲成法。則無從耳。民生各有所業。欲就見聞覩記之中。得所以最適己事者。此天所責人自爲而古及今無是學也。

獨至慮有所屬。而欲知是所圖者。於當前之人事。果有合否。則名學能予以衡量之具。爲審定其是非。是故人而有所推證辨論也。其始宜自抒襟靈。擇於前立之公例以爲之依據。至於辨論既成。則名學之繩尺。有以決其當否。此以決獄訟定爰書然。以窮物理立公例亦然。其術初不緣二者而或異也。約爲三候。其始也必竭耳目心思。以求依據之所在。繼以聯珠律令。審推證之堅瑕。終之乃覆勘所據。原詞公例之所由來。其所用內籀之術果可恃否。此則別有法程。正本篇所欲深論而明辨者也。或謂此等所用原詞。其見諸民生日用間者。多屬至淺易明之理。無假深求。則當知不僅常行之人事爲然。卽至專科邃學。亦有然者。譬如形數諸科學。其中所用造端之公例。皆爲數至少。而其理至明。人人共喻。獨至組織關合。以證一理。或解一問題。則往往運至深之思。施至巧之術。而後有合也。

夫證日用之一事實。與推科學之一公例。名學法令。無幾微殊。使聞者猶疑此言。則宜知科學所求。亦何嘗無睽孤之事實。當其推論。所由理法。與鞫獄所有事者正同。今夫天學造端於實測者也。顧其中有最要之弟佗。爲推籀所據依。而又非實測所能徑得者。如星球形質之大小。諸體相距之遠近。地員形體之眞。其繞軸自轉之率。凡皆睽孤不相謀之事實。必由他內籀之所前得者。迂迴以爲推。夫而後其眞出有如推算月輪距地之里數。其中可徑用實測者。不過於地上相隔絕遠之二處。各測太陰出地高弧。得此而各益一象限。爲四邊形之兩對角。蓋月與地心及二測處爲隅點。成四邊形。由前測而知其兩對角。其當地心之角。則依二所之經緯。用弧三角術求之。知此則亦知當月之角。其二邊爲地輻。是一四不等邊形。旣知諸角。又知二邊。則餘二邊及對隅線。皆可推得。而是對隅線者。卽太陰距地心之遠數也。此卽用滿證之術。本他內籀所先得者。迂迴以得所求。而所求者。非天學之一公例。乃天體之一事實也。

此所求爲一事實。顧審而觀之。其操術實與求一公例無以異。夫欲求距數者不僅月也。凡可望而不可卽者皆然。前所層證。見此距與全形邊角對待之理。其數雖獨。其例則公。而天體之中。獨太陰可用此術。而餘體不能者。非不能也。遠近相懸。弟他難審。恐以毫釐之爽。致邱山之殊也。然其例一耳。則推極言之。凡內籀之所得者。無所往而非公例也。

然則吾後此之論內籀也。雖置其所以考事實。獨言其所以定公例者。理將自公不爲偏也。有大法。有分例。而凡所以籀證公理者。實取一切內籀之事而賅之。故吾書所言之名學。乃大名學。乃公名學。乃無餘名學。舉斯人心智所及之端。不遺鉅細。皆可與此中得其法例者也。

篇二　論有名內籀實非內籀

第一節　論內籀非檃括之詞

內籀者。吾心能事。而思誠之功也。見所誠於一物。推同物之皆然。或曰內籀者。於一類之物。見所信於其曲者。知必信於其全也。於一物之變。見所形於此時者。決其形於異時也。舊之名家。往往取內籀以名他功。今用前立界說。則非其事者不得冒其名。

爲內籀必有所推。而推之云者。由所已知。至於未知之義也。故使其事爲無所推。委之所得。無異於原。則非內籀。今塾中所用名學小書。但使原詞主名。所命稍狹。而委詞主名。所命較廣。則無論於義有無推知。舉稱內籀。其通式如云。自此甲與彼甲爲乙。是故凡甲皆乙。其原詞必盡甲之類而悉數之。方爲眞實內籀。非有所推言也。其委詞徒取原詞所旣言者而櫽括之。如於緯曜一一皆加實測。乃云行星不自發光。又見彼得、波羅、約翰諸人。皆屬猶大云耶穌門徒乃猶大人。此在塾中名學。爲眞內籀。然其所爲。非從已知以及未知者也。特總所已知。從其繁言。括爲簡語。若準右界說。則前之二詞。無所會通。無所會通。且不得爲公詞。公詞者。必其所謂謂夫無窮者也。但使其物涵德同於詞主。則皆爲本詞之所苞。而其物之見於去來今所不計也。如云凡民有死。不僅指今日並世之民也。已往之與未來。舉莫能外。故使一詞之立。其詞主所命者。非無窮之物。則其名非公名而爲總名。其詞亦非爲公詞而爲總詞。總詞者統繁爲簡。取一一專詞而總稱之。以省歷數之煩複而已。非內籀所立之公例也。夫總詞爲物。於窮理致知之功。固非無用。特於理爲無所推知。無所推知而以爲內籀。自吾學界說言之。斯爲文義違反者矣。

總詞不爲內籀固矣。夫總詞總專詞者也。然尙有總總詞者。亦不得以爲公詞而名內籀也。何以言之。今如類數十百種之動物而徵驗之。見其每種。皆有腦脊。散之全體。而爲涅伏。以此而曰是諸物各具涅伏體用。此雖貌若有所會通。實則所云止於所已知之前事。其不得列爲公詞公例明矣。雖然有辨。使爲此言者。意主於所徵驗者而止。則其言不爲公詞。其事不爲內籀。使其爲此言也。雖所驗者止於數十百種之動物。而由此定涅伏爲一切動物之所同。其事又爲內籀。其言又爲公詞。蓋於已知之外。有所推知故也。但使其所會通者爲合法。其言之誠妄。固不待取公詞之所攝舉者。一一而徵之。故凡公例之立也。視所驗之端。與所以驗之術爲何如。而盡物與否。非所論也。前喻稱行星不自發光。使所謂行星者。專於太陽天之八緯。斯不成內籀。而爲總詞。使其意通天體一切之行星。則言爲公詞。事爲內籀。第內籀矣。而爲不合法之內籀。以其例之見破於彗星。彗星者。二星之軌。同繞力心。而能自發光者也。以其同繞力心。故稱行星。以其能自發光。故不同於日局之八緯。

第二節　論數學以遞推爲內籀其義亦非

數學有術。名爲內籀。亦不可與名學之內籀同言。如於一平員。證與直線爲交。不過兩點。已而於橢圓拋物線雙曲線。皆證其爲然。由此而定爲割錐諸形之公例。此其得爲公例，稍與前節所指之二例不同。蓋割錐諸形。盡於此四吾之所知者。與物之所有者無異故也。（割錐諸形四者之外。尚有點線、平行線諸形。然皆前四形之變。）故如此公詞。可以爲會通。而不可以爲內籀。其可以爲會通者。以其物類盡此而無餘。其不可以爲名學之內籀者。以其理之無所推知。而委與原同其廣狹。此外如幾何。以圖式證理。其不得徑稱內籀。理亦與此略同。其題固爲公理。然每設爲圖式。無論此圖存乎紙素。或懸意中。其所證者。非直接公理也。乃在一圖式之間。迨既證之後。見理之信於此圖者。可依同術而得之於其類。則櫽括之以爲公詞。如題之所云云者。（說見前部之篇三第三節末。）譬如甲乙丙三角形。證其內角之和等於兩象限。由此而知凡三角形之莫不然者。非以甲乙丙然而推之也。乃以甲乙丙可證爲然。則依此術。餘三角莫不可證爲然也。若必以此爲內籀。其正名當稱依顯內籀。然終不可指爲內籀之正宗。誠以內籀最重要義。有不存者。其所得之理雖公。而非見曲而知全。得一而推萬。吾之以凡三角爲然者。非以所見之三角而信之也。乃以其滿證無餘。雖任何三角。皆可以此術推耳。（按此段後半入理甚微。初學者置爲後圖可也。）

數學之內籀。於見曲知全。有方前尤近者。然亦異於名學之眞內籀。譬如一無窮級數。取其前數級而實算之。由此而得其所謂率者。則仿此而書其後級。至任何級莫不然也。顧其爲此。必心知其有成例。見前後二級之相承。未算與既算者。無以異也。此其率可以滿證而得之。設此率未定。而漫然爲之。則數級之後。往輒差謬者有之矣。

代數術雙位自乘級數。世謂奈端以內籀術得之。始以雙位之數。如（甲丄乙）者。爲之自乘。如其指數。至若干番。先擇其簡者。如（甲丄乙）二（甲丄乙）三等。爲之實乘。遂得陪數指數。與甲乙相待爲變之例。此其語或非無稽。第以吾觀之。數術能事如奈端。誠超軼絕塵。豈循轍踐迹者所可擬。每見今人於此道稍習。於級數之例。輒一覽而可知。則以奈端之思力。未有不知雙位自乘。其陪數之變。必依代數術序次絜合二例而爲之。（序次絜合乃代數二術名。如有甲乙丙丁四物。今於四取二。以序次言。其數爲二十四。以絜合言。其數爲十二。序次有先後之別。絜合無先後之別也。）知此。則如是級數。其例已立。無待再計。蓋如此之例。苟見其行於指數之簡者。將其行於繁者可以前知。然則必欲以此爲內籀。將其功亦屬於依顯。而不得以爲內籀之正宗。內籀正宗者。自其少許。推其無窮。無所依顯者也。

第三節　論內籀與總錄不同（案此節至終篇所論皆以闢哲家呼額勒博士之說）

此外。尙有第三種以非內籀名內籀者。其有待於辨明爲尤亟。蓋內籀之名因之而混。名學之理滋以不精。雖晚近鉅子著書。號爲繁富。其言內籀。迷謬與俗正同。其失無他。坐以總錄見聞。爲內籀之術也。不佞之辨。豈得已哉。

設有物焉於此。其全體乃合數部而成之。然以其物之大。不能一覽而周。則實測者期以徐徐。每一察而得其少許。如是者歷時而得其全。以旣得其全也。將以便於舉似與記憶。則爲統舉總錄之詞。聚其所分得者而爲之合。於以知其全體之情狀。此如舟師然。泛於汪洋之中。一日而得地。欲知其地。爲島嶼。爲半島。非一望所可得也。則延緣於崖隈。不數日而舟復於故處。乃決然曰。此固海中之一島也。方其繞之而未周也。彼固不知其水之爲玦爲環也。積漸而測之。及其終也。以三四言爲之總詞。遂全舉其所實測者。然而其事有可以名內籀者存乎。有自其所旣知而推其所未知者乎。則無有也。其詞之所云云。固悉從實測而得之。然其地之爲島嶼。所見也。非所推也。其爲總詞。所見之積也。所稍稍察者其曲。所總攬者其全也。夫無所推知。則何所取而名之爲內籀乎。

刻白爾之定日局行星軌道也。其事正如是爾。夫刻白爾之所爲。其不得爲內籀之功。猶往者舟師所爲。不得稱內籀也。蓋刻白爾所求者。八緯躔軌之眞形也。其實測始熒惑。所謂日局三例者。其第一二皆自熒惑發之。爲此捨實測無他術。而實測之所爲。不過候行星時時之躔度而表之。當時所可見者。熒惑由此歷彼順逆疾徐之度而已。而刻白爾所爲有過此者。能即所躔之點。而貫穿之。觀爲何等之曲線。乃得其所謂橢圓者。有以統舉所測熒惑之躔位。是橢圓者。即呼博士所稱爲公意者也。此其爲事之繁難。固遠過前者之舟師。然其理則未嘗異。使前者不得以內籀名。而僅稱總攬。則後者吾未見其可爲內籀。而不止於總攬者也。

必言所爲有合於內籀之術。則謂刻白爾以所測熒惑之躔軌。爲合於橢圓。知熒惑之軌。千古循此橢圓。彼取所躔之點而貫之也。又二躔之閒。雖未經處處實測。而熒惑所行。不軼是軌。若是二者誠非所測而爲所推。爲謨知而非爲接知。故其事可名爲內籀。雖然是二者。非刻白爾所有事也。蓋自刻白爾有生之初。是二例者固已立矣。夫行歷時而復曰周天。上古疇人知之蓋久。非刻白爾爲之作始。而刻白爾亦未嘗有所增益於其間。刻白爾特取古所立者。以自適己事。行星之軌。固有定而不過。而彼今者見其形爲橢圓。彼所爲者獨取橢圓公意。加諸所見之軌形。至於推暨謨知之事。皆古之人實豫爲之。夫前知者內籀之主義。刻白爾無所前知。故刻白爾無所內籀也。

第四節　論呼博士所言之內籀術

彙散觀以爲總攬絜偏說以爲通詞。如是者謂之總錄。而呼博士命曰總絜事實。可謂名與事稱者矣。故不佞於呼所論總錄之理。皆無閒然。卽以呼說爲吾說無不可者。但不佞所與呼不能無異同者。竊謂總錄所得。卽有公詞。必不可以爲內籀。而呼則舉此爲內籀發凡。實與內籀立名之本義不合。今呼之書具在。而其中所謂內籀者。大抵皆總絜事實已耳。

呼博士意謂。凡以一公詞貫穿散著之事實者。其人之用心。實於事外。有所更益。不祇於總錄前事而已。故其言曰。方散著事實萃爲公詞之頃。是公詞所呈。不止散著之事實。尙有一物焉。乃人心所爲。以貫穿此事實者。譬如希臘疇人。以仰察之久。謂七政之軌。猶以小輪旋轉大輪之中。謂之均輪。是均輪者。非外物所本有。乃其心之所爲。其始以爲有質。後乃以爲無質。有質無質殊。其爲因心所造事外別增則無疑義。凡創獲新理。莫不如是。方新理公例之未出也。事實雖見。然如滿地散珠。睽孤乖隔。不合不通。迨發明新理之家。本其一心。造爲此理。以貫穿之。而睽孤乖隔者。乃有通會之條。總絜之例。固不以爲內籀而不能也。

今將辨其理之是非。須先識呼博士論中。有絕異二義。併爲一談。非急別白。無從置論。蓋以均輪言天運。

希臘疇人。始謂有質之物。如大金輪周天作轉。纔知其誤。乃棄舊說。而以爲無質之幾何形。猶地球之赤道經緯諸線。是當希人變說之時。其意中乃以虛象易實境也。呼博士謂以公詞總挈事實。猶以繩索貫穿散珠。其意乃指所構之虛象。非言所推之實境。蓋希人前設有質均輪。乃爲實物。懸以爲行星運動之原因。此其事不止於立一公詞。以總挈睽孤散著之事實。至於棄有質之均輪。從空形之軌道。夫而後置運行之原因於不言。徒立公詞以總錄所見之事實。其始也謂行星之運。乃有小輪。函於大輪。主其旋轉。均輪所以動也。其進也謂行星之運其軌道。若小輪之函於大輪。其所以動者不可知。但見其軌。成此專形而已。前爲實境。後爲虛象。惟虛象乃止於總挈事實。此與刻白爾所定之橢圓軌。雖精麤懸殊。顧其所爲。則一而已。必先爲別晳。前說是非。乃可論也。

如謂無論僅爲總錄。或爲不實之推知。然皆必有先成乎心而後能之。刻白爾能識行星軌道爲橢圓。必先有所謂橢圓者存其意中而後有此。則其說固然。但如呼博士言。若是橢圓者因心所造。於事外別增。則刻白爾未嘗爲此。何以言之。蓋彼之心成。卽在所觀之事實。星軌之橢圓自在。刻白爾目而得之。猶前喩之島自爲島。非環駛之舟師。所心造而增益者。故以星軌爲橢圓者。刻白爾卽事見實。而非取其心成橢圓觀念。而益之於事實之際。夫成於心者必有所成。成之者心。而所成應物。物有形相撰德。當外緣訢合。則是於官知之間。而吾心識其爲此。凡皆在物。吾心不能爲毫末附益也。則假使行星麗天。旣過留昭回之光景。而觀者眼位。與星軌對待。適可一覽而得其全。彼將一見而得橢圓之實矣。不寧惟是。使其人有握斗撫辰之能事。就令不得一覽而周。但使星躔有陳迹之可尋。彼將量其徑軸。考其距率。得綴輯薈萃其所支節分觀者。斷其形之爲橢圓。而行星果循乎此軌也。然則是疇人者。固無異向者之舟師。舟師積其日駛。知新地之爲島。總錄之事。非內籀之事也。疇人積其馮相。悟星軌之爲橢圓。亦總錄之事。非內籀之事也。呼博士意若以其不得一覽而周。遂必指爲內籀之業。此不佞所累思而不得其義者也。

雖然。不佞非謂格物窮理之際。是心成者不足重而可忽也。夫未成乎心而有是非。此必無之事也。故欲格物。必先意物。而立公詞以苞衆事者。吾心必即衆事而見其有所同無疑也。顧謂是心成者。必居事物之先。抑乃心之所自爲。而於物爲無與。則其說又大謬。蓋心有所成矣。而與外之事物有合。則心所成者自在事實之中。而爲吾意之所本。其心無所成。而於事物無所見者。以吾官知之短。而非事實之理有不存也。故呼博士亦謂心成之意。往往有由會通者所連類之事實而得之。且有時意成於彼而用於此。不必即所連類之事實。以得其所以總錄者。如刻白爾之所爲。其事實非可一察而得也。使一察而得。則所謂橢圓之軌可以目成。惟不可一察而得。故其心必爲懸擬。是懸擬者。乃本諸學問實踐。先成於心。而姑以是爲總絜焉。更徐察與其歷見之事實果有合否。蓋先爲懸擬其大經。而徐考其離合於其細者。曰設以是爲之軌。則星躔之伏見順逆當何如。於是取其所實測與懸擬者。而積其同異。使其同乎。則所懸擬者中。而總錄之公詞以興。使其異乎。則前擬者宜捐。而更試以他擬。惟所爲之如是。故淺者遂若一公詞之立。吾心於事外有所增加。而是心成者。爲不關於所察之事實。孰知其實謬不然乎。

故行星循橢圓爲軌。一事實也。使其人而具天眼。能淩倒景超空虛。則如是之事實。可以徑見。以其不能。而徒有心成橢圓之意想。則用之以勘其所候之星躔。視其果相合否。乃今勘而果合也。則斷之曰行星之軌爲橢圓。雖然是橢圓者。非事外別增也。乃具於事中。而刻白爾見之耳。見之奈何。所歷測之躔位。皆處於一橢圓之周也。總一事實。其始也刻白爾分而徐察之。終乃立公詞以爲之總錄。爲之一語。以統其積候之功也。

吾意所與呼博士殊者具如此。至於其餘。則多脗合。如呼謂格物家雖有心成之意。至用之以貫絜事實。必有別擇之能而後濟。此篇論也。由來窮理之家。莫不知此。常幾經懸擬。屢誤數更。幸而終合。乃爲斷論。即如刻白爾行星軌形。當其未定橢圓之初。嘗立十有九說。而皆與實測之躔位不合。至於橢圓。乃終得之。故呼博士謂凡懸擬而中者。非盲進倖獲也。必心儀其理。而有以執其機。則智巧之用也。夫事物方駢羅放紛。散無友紀。及能者爲立一義。而前之散且亂者。若網在綱。有條不紊。此其人必博稽多聞。而又有反約之學。外此而能倖焉者寡矣。

故懸擬爲格物一程。而其術資於累試。欲立名詞以總絜事實。捨此莫由。然其事於內籀何如。而爲內籀之所待成者何如。此其事必俟本部專篇而後論之。乃今所宜辨者。在總絜與內籀之判爲兩功已耳。欲學者於玆得其了義。則更舉前人之一論。亦其說在總絜爲當。而在內籀爲非者。

方學術之降而益精也。窮理之家。往往所總絜之事實同。而其所用心成之意大異。蓋實測日以益密。所設想之虛象。亦日以殊也。如天學日月星辰。其感人之耳目最早。顧其始之所仰察必粗。眞形密率。不獨非所求也。即求亦無由得。何則。器不足恃也。乃謂天象諸軌爲正員。而地處其員心。以此總絜所見。若無不合。古之馮相保章。東西疇人。盡如此矣。浸假其所實測者乃加密。而合朔交會之事。多呈其差。前所設之象。漸形牴牾。總絜之意。不得不累變之以從事實。由是向之以地爲員心者。乃移而置之於偏位矣。向之以其軌爲正員者。乃更爲小員。謂之均輪。均輪繞一虛點。而虛點繞大地。顧久猶不能以無差也。則均輪之外。又爲均輪。而累變其距率。凡此皆強齊其不齊。以總絜目前之事實云爾。最後而刻白爾氏出。乃取向之錯迕轇轕者。一掃而空之。曰八緯之軌皆橢員耳。雖然。自刻白爾至今又歷年所。疇人之所積測。所謂正橢員者。又不必皆悉合。亦尙有其微差。而呼博士曰。凡此設象。雖若遞進。而不同。然皆合於總絜之用。而名有攸當也。一象之立。皆有以綱維其所得之事實。而人心得一覽而周之。故自其總錄見象言。誠皆當而不謬。獨至實測之事。日加乎前。舊設之象。不足苞舉而無偏。夫而後心有所新成。象有所更立。然則舊象自爲舊測者之代表。適當其可。其不得訾之爲謬明矣。法國理家恭德。亦謂。天象之事。凡古人所會通。即在至粗亦不可廢。如員輒諸輪之說。至今疇人苟所求無取甚精。其舊術尚可用也。故呼博士之論。但言總錄。固爲無失。蓋一時之實測有疏密。則總錄之取象有偏賅。吾人從其後而議之。雖多牴牾。然皆切於一時之用。獨前者之論。以言總絜之詞象可。若謂內籀前後雖多牴牾。要爲皆合者。此其語爲何如語乎。故總絜之公詞。必非內籀之公例。總絜者。可進而益精。內籀者。僅有其一實。知此。則於吾總絜。不可爲內籀之斤斤。可不煩言喻矣。

是故致知窮理之事。其所以爲之者三。一以著事物之情狀。二以求見象之因果。三以推未來之效驗。推未來之效驗者。猶曰以何因緣。某事某果當復見也。徒以著事物之情狀。斯無所謂內籀者。惟爲其二與三。則非內籀無由至。今呼博士之說。適可用之於其一。而不可用之於其二三。員輒均輪諸說。若以著天行之情狀。固有以舉其大凡。且用遞加次輪之術。雖推校躔度。至於極精。無不可者。而後起橢員之說。其寫天行情狀。雖較均輪次輪諸說爲簡易得實。而利於言天者之用思。而以言至誠。則與前術同爲未至。

故著其情狀。數義不同。可以並立。獨至求其因果。則數說並存。信者只一。如求天行原因。或謂星體自動。或謂有激盪神力。（此法儒特嘉爾所以有漩氣之說。蓋謂惟漩氣乃能使物依於員軌也。）而奈端立毗心切線二力之說。三者皆本實測而爲內籀。而後世天學諸家亦先後遵用其言。謂爲物理之實。顧吾聾於此。能若前者寫形之說。並信之爲不虛乎。詎不曰。使三有一信。則其二必妄耶。然則求因果。固與著物情狀者大有異。乃至推未來之事驗。則日食一事。有以爲月參日地之間。而光爲所掩。使月復然。日又當食者矣。有以爲天警人君失政。而爲災異之先驅。使國有然。則日將食。是二說者。皆人類所用之以推日食之將然者也。顧其一則信。其一則誣。然則推事變之將然。無數說皆實之理。

由是觀之。愈見內籀之名。非單詞總挈事實之可冒。以單詞總挈事實爲內籀者。無異以陳敘事實爲推知。事實所見者也。推知所未見者也。二者必不可混也。

所不可不明者。總挈之詞。固不足以當內籀。而內籀公例。未有不爲總挈之公詞。譬如言行星之軌成橢員形。此總挈也。此舉所觀察之事實而盡之以一言也。然其詞義則盡於總挈而止。獨至言行星諸體。爲日所攝。此則標一新理。純爲內籀公例。且既爲內籀公例。則前者總挈之功。自然爲所并舉。蓋行星爲日所攝一語。實將刻白爾橢員之意。函蓋無遺。而又知如是行星爲毗心力之所攝。既函橢員之意。自取前者所積累之實測而弁苞之也。

夫敍寫事實之總絜。固不可與內籀相混。然不先總絜。則內籀之功無由施。故欲爲內籀。必先有積測之博。繼之以總絜之約。夫而後內籀爲之會通。而新理出矣。蓋積測之事實如散錢。未得總絜者爲之貫舉。使事理稍繁。則內籀之功末由託始。一名物爲之詞主矣。而其物之變相性情。雖可畸零分測。然使不可會爲一言。則不識其詞之所謂爲何等。欲以類推。愈無由已。

篇三　論內籀基礎

第一節　論自然常然

前篇既取名是實非之內籀。論而汰之。乃今可言內籀之實體。內籀者。取閱歷而觀其通也。人經歷之事變不同。顧其中有相類者。以某事之皆見。其見也。常有其所以見。吾得一然。能由此而推其常然。是則內籀而已矣。

是故變之形也與其所偕形者。有其所待。有其所不待。其何以待。其何以不待。是二者之爲異。吾所不知。獨有一理焉。居一切內籀之先。必待此而後有內籀之事。其事爲造化之常經。爲宇宙之大法。則自然常然是已。惟其常然也。故一切之變。往無不復。凡事之一見者。使因緣既同。行且更見。雖千百見無盡見可也。吾人當爲內籀之頃。固心知此例之常行。而自有耳目以來。亦未見欺於造物。是故形氣中事。使因緣無異。則信於一者。將信於無窮。而一切格物窮理之功。凡以察是因緣爲何等耳。

故自然常然。爲一切推知之本。或變其詞云。造化之功。皆有公例。或云。天下之物。莫不有理。理也。例也。常然也。其意皆以明天行之信已耳。獨至盧力德與士爵爾諸哲家出。以其學教人。世之所以稱前例者。稍殊疇昔。彼謂由有盡之閱歷。概無窮之事變者。乃出心德之自然。而爲人性之一體。故決將來之變。必與既往之變。無有異者。乃若吾人之良知。無假外鑠者也。顧此言稍有偏義。佩禮云。時之爲異。盡於過去見在未來三者。而與吾心信念絕無關涉。既無關涉。自不得謂時中有起信之根。明日有火。遇物當焚。而吾心之所以信其必爾者。以今日之火。與昨日之火。皆如是故。乃至推之吾生以前之火。與今日爪哇國之火。莫不皆然者。其所據依。亦以昨今日之所見。非徒以過去。卽推未來。實則以其所見。推其所不見。以所接推其所不接也。夫曰所不接。則其所包廣矣。不獨過去未來之以時言。凡以地睽。莫非未接。（按良知良能諸說。皆洛克穆勒之所屏。辨見後段。）

故自然常然一例。無論諸家辭旨之爲何。而其爲內籀根本。斯無疑義已。然謂爲內籀根本可。謂人道必先明此最大公例。而後有內籀之功。不可。蓋云自然常然。抑云天下之物莫不有理。此例亦自內籀而來。且爲甚夆之會通。極廣之內籀。而非人心所具之良知也。又不得言人爲內籀。首成此最大公例。而後他例從之。實則此例。最爲晚成。故人心必用力日久。閱歷至深。始曉然於道通爲一之實義。而信此最篤。不生依違之見者。惟聖哲而後能。其餘或日月至焉。又其信心之界域廣狹。亦不能與此例之實義相副也。此例爲學界最高遠之會通。必先有諸小會通。爲所基之卑邇。不然。不能至也。固知世有幽奧難明之公理。學者當執此例以求通。然必有易知易明之例。先爲所知所明。而後此最大之例可得聞耳。必於事事物物。先爲盡心。見其中有必循之先後。而著之爲公例焉。夫而後天下之物莫不有理一例。可以言也。而事事物物之公例。非內籀之術。烏能得之。故曰其例爲內籀根本。而必非人心首成之公例也。夫此例既非首成。則所云內籀根本果何說耶。曰所謂內籀根本者。猶一聯珠之原詞云爾。故威得理稱一切內籀。猶無原詞之聯珠。不佞則謂凡合法內籀。皆可加一原詞。衍爲聯珠。而此究竟原詞。即自然常然之大例。根本二字。當作此義觀之。蓋非天下之物。莫不有理。則安用即物以窮之乎。

但所謂原詞者。非必逕接之原詞。此義威得理解之甚晰。其言曰。假如今有內籀。其文曰。以約翰、彼得、妥瑪、諸人之有死也。故人類皆有死。此內籀之文式也。然其式可變爲外籀聯珠。只須加一原詞。爲之起例。如云凡事之信於約翰、彼得、妥瑪諸人者。將於人類莫不信。今以約翰、彼得、妥瑪諸人之有死也。故人類莫不死。顧此原詞。烏從來乎。學者勿以爲淺諦易明之義。蓋使用之不得其宜。將成妄概之詞而得詖謬之罰也。其所由來。不出二術。一爲徑由內籀。一由於外籀之聯珠。設由內籀。如前之說。可加原詞。演成聯珠。由是遞窮。乃得最後之一式。其所用原詞。卽此最大之例。曰所由知凡信於約翰、彼得、妥瑪諸人。必於人類莫不信者。無他。以自然常然故耳。至其事果與此例相符否。固有時必待甚精之推勘而後知。然使不符。則所爲內籀。所謂由所可見推所不見者。其事爲已誤而當廢。故知每一內籀。皆可演爲數級聯珠。雖迂徑不同。而皆起例於自然常然之一語。或發端於天下之物莫不有理也。

至自然常然之爲公論。與他公論同。古今哲學家。於其理尚多異說。不佞則謂此例實由至廣之閱歷。會通而得之。顧有人以謂吾心良知。不待驗證。而知其實。是二者之辨。存於心理之至深。不佞於公論之理。既前辨之矣。使讀者於彼而有悟。將於此不待詞費而已明。至於高深究竟之談。將於後篇而後徐及。本部第二十一篇目前所尤亟者。在明自然常然一語。眞實義蘊爲何。蓋此言賅簡有餘。而精審不足。須於名義。紬加分釋定其旨趣之所歸。夫而後可舉之以爲不可復搖之大例耳。

第二節　論自然常然一語有不信時

諺不云乎。天道難諶。又曰人事不齊。夫難諶不齊者。猶云不常然也。又曰。未來事。黑如漆。曰黑如漆者。未來者不必同於既往。未見者不必同於所見也。今歲之雨暘。不爲明年之成例。此夕之噩夢。不期後夜以復然。且使歲而常然。夕而爲此。人意正復訝之。何則。以事理之不當如是也。大抵吾心於不當常然者。而望其常然。如有人朔日得金。後於月朔。舉般般然望金之復至。則人未有不斥其妄者矣。

由此言之。形氣自然之變。固有其常然。亦有其至不一。世間一切見象。其所聚以爲叢感者。有時不少異而率常。有時絕無可指之定則。有時若有定矣。忽一旦失其所常偕。而合諸其所不常合者。於是常變之名生焉。五十年以往。問非洲內地之土番人類。以何者爲正色。彼將曰黑也。十餘年以往。問歐洲之民。鵠有不白者乎。烏有不黑者乎。彼將曰天下無有是也。乃至於今。是二民者各知其大誤。然必俟五千載而後悟其非。當其未悟也。彼且以常然者爲常然矣。

若依古法而言。前二條乃爲內籀正術。然其例既皆破壞。則其籀例之術。未爲精審可知。蓋古人所謂內籀。正如培根所言。爲歷數內籀。歷數內籀者。凡諸所見。莫不皆然。但無異同。即稱常爾。而公例立焉。此淺學常智之所同用也。以其心未經科哲諸學所磨礱。故不知更有精嚴之塗術。往昔哲家。嘗以此爲人心種智。或以此爲漸習使然。凡古所謂即往知來。推見至隱者。亦不過以其事之經歷已然。斷其事之更見必然而已。至其端之爲屢臻。爲希覯。與其例之爲偏漏。爲完全。舉不論也。蓋常人心術。在即聞見而觀其所同。但使事變同符。而無歧出衝突之不期而自至者。則必爲之立一公詞。以總絜其所閱歷。若夫疑索試驗。取形氣自然而訊鞫之。（此係培根成語）則民智宏開。濬發襟靈之事。而非所望於淺化末學者矣。故靜觀萬物者。未治之心。所爲止此。冥感順受。如其固然。不能叩寂索隱。設事造端。以盡一理之變。乃至守經達權。因疑求信。見一事之常然矣。自問必俟何等變端而後可斷其常然。而公例立。此惟大心上智。有研幾之學者而後能之。夫豈常俗所能企也哉。

夫所見從同。則爲之一概。此固常人之心習。而無如其多失何也。蓋屢見其同。而可決其繼斯以往將莫不同者。不獨前所歷之未嘗異也。且必證苟有其異。必已見前而後可。顧如是之證往往難之。即或可言。亦無由斷之至盡。此歷數之內籀。所以爲科學所不任也。然亦有時而可者。此其理將於本部之二十一二十二等篇論之。大抵世俗所立之例。多由此術。獨至科學。則立例義法最嚴。其得諸歷數內籀者至寡。

方其研窮之始。或不得已而用之。顧用者之心。常懷疑豫。必俟反覆順逆。驗其例之常伸。而後目爲定則。是以格致之家。知化窮神。別存要術。而一例既立之後。千劫不刊也。

世嘗謂培根爲內籀哲學初祖。然時論稍過其實。內籀哲學。古自有之。何嘗待培根而後立乎。平情而論。培根氏最鉅之功。即在發明歷數內籀之不足恃。自餘所明。閒有傑思。能張古人未恢之義。顧以較近世格致家之所得。瞠乎後矣。大抵力質動植諸自然之學。其中公例。皆非徒用歷數內籀之所爲。故其豎義皆堅。不容復撼。獨至道德政教諸大端。則多延緣古法。即其中號爲精闢者。審其涂術。猶是培根氏之所不取者也。但積閱歷。見無同異。則例立而守之。至外緣變更。內因隨轉。古今成說。容有不行。則瞪乎未之有見也。嗟乎。此囿習篤時。一切拘攣之談所以衆也。政流繁雜。國黨紛淆。方其爭論執持。所取質者。要不過一孔之閱歷。培根氏方大聲疾呼。斥膚理貌言之不可用。而悠悠者尚猶是循其覆轍何耶。

第三節　標舉內籀名學之問題

今欲講名學內籀眞正法門。則須知有一問題。非先解此。內籀之眞不見。欲悉問題爲何。試舉謬誤不合法內籀數條。而以與合法者對勘。且是謬誤。有經數千載以爲不誤而實誤者。如云凡鵠皆白。凡烏皆黑二語。以其例之可破。知籀術之必乖。顧當時標此二詞。則固積閱歷之所實見者。蓋自有紀載以來。世人所見。莫不如此。直至今日。始悟不然也。然則事有積閱歷之甚久。所聞所見。無一節之違。而以立公例。尙猶未足。此說當可共信者矣。

今試更舉一條。貌若與此無異者。以觀前說之何如。夫曰鵠白烏黑。此固今徵其不信。而非合法之內籀矣。假令有云。人頭皆出肩上。此亦積閱歷之同然而爲之例者也。將他日亦有破例者出。使是言成爲妄發者乎。世間固有黑鵠白烏。雖三千年爲人類所未見。尙不能決語其必無。得無曰。世固有首下於肩。而亦爲振古曁茲所未見者耶。設不佞以此語人。人將應曰否。鳥獸毛色。誠有不齊。而人身之元首。未見有能易位也。此其說甚是。獨欲明其言之所以是。則非深明名學內籀之眞。必不足以與之矣。

是故有物焉。其常然爲吾人所深信。而有物不能。方其信之也。若後來者。可決其無殊於已往。未見者。可斷其不異於已知。及其不然。雖旣往之同閱者無數。而吾心所推之以爲將然者。猶在若存若亡之間。夫謂兩點之間。以直線爲最徑之距。此不獨天下皆然。乃至恆星雲漢處所。吾知此說之無以易也。又假有一精審之化學家。言昨者得一未曾有之原行。其性情愛拒爲何等。苟操術之不差。則一試之例。振於無覺。然則宇宙自然之公例。固有驗之一端。可信常然於無已。乃有他物。雖自生民至今。所見莫不如此。終不敢謂他日無破例者之或然。烏頭皆黑。亘古同稱。新地肇通。烏頭忽白。彼以一而斷而有餘。此雖沙數證之而不足。則所以然之理。必有可言者矣。

故以上爲內籀最要之問題。使有人焉。了然置對。不佞將謂此人所通之名學。過於古昔最勝之名家。

篇四　論自然公例

第一節　言自然常然者以衆常然成一常然是衆常然名爲公例

自有生而閱歷始。所能執往推來者。心知物理常然之故。顧當作是思維。其最先觀察者。見所謂常然。非儱統混一之謂。乃合無數常然成之。無數常然。同時並著。成總常然。故謂物理至信可以推知。卽緣其中一一現象。所以合成一觀者。皆有常然。故當某事某物見時。則某事某物。常與俱至。吾所接者。萬法諸緣。萃成一體。名曰自然。而其中條理萬殊。至賾不亂。組織經緯。蔚成大觀。決非紛投雜施。散無有紀。假如甲見卽當有癸。乙見卽當有壬。丙見卽當有辛。由是可知。甲乙並見。當有癸壬。甲丙偕至。從以癸辛。乙丙有壬辛之從。而甲乙丙三者皆呈。將癸壬辛亦莫能遁。前者其分。後者其合。一分一合。而自然皆有公例之可言。

是故言自然常然者。當知此爲繁詞。乃無數常然合而成此。得科學乃爲之條分縷析。使成專端。其術曰內籀。其所得則公例也。推極言之。公例乃所以名最簡之常然。譬如上段所舉七條以其不變。世俗皆稱公例。顧七者之中。其獨立最簡者。惟三而已。自餘之四。相隨而生。是以科學獨名前三爲公例。其餘則否。蓋四者乃前三之變端。而爲其所已舉。連類並至。無取專稱也。

使易前之簡號爲事實。則已下三條。皆公例也。一、空氣有重壓力。二、壓力施於流質。諸向平等。三、力之出於一向者。如無抵力則生動。動止於抵力均平而止。合此三例。而一現象生。則陀理先利之天氣表是已。雖然。陀理先利之天氣表。非公例也。乃前三例所會成之事驗。乃一現象。而前三例各各用事於其中。三例既成。則後之現象。欲不如是而不可。何則。使管中汞不上行。或所升汞重不等於同徑直立之空氣者。前三公例。必有一虛。或天氣於汞面本無壓力。則第一例爲誣。或汞重壓力。有所專注。則第二例爲誣。或氣汞抵力。未均即止。則第三例誣也。今既確知是三者之非誣。故雖其人未執玻璃之管而親試之。如陀里先利者。可執前三例以決其驗之必如是也。故其分而簡者爲眞公例。而其合而繁者正公例之流行而發現者耳。

合而繁者。乃分而簡者之變端。當其稱簡。是繁者已爲所並舉。繁者自其常然。可稱爲例。然以科學義法言之。必不得稱爲公例。一切物變。凡有可推迹之常然。固皆有例。如數學言級數。有遞增遞乘諸例。獨自然公例。則眞宰玄符。法立於此。而象呈於彼。故學者孳窮物變。雖時得其常然。顧簡例既立。則其事不得不然。一若化工於此。初不必別有制立。而其效自呈也者。則不得稱爲自然公例明矣。今試爲之界說於此。何謂自然公例。曰自然公例者。最易最簡之法門。得此而宇宙萬化。相隨發現者也。或爲之稍變其詞曰。自然公例非他。乃極少數之公論。得此而一切世界之常然。皆可執外籀而推知之。

案此段所指之自然公例。卽道家所謂道。儒先所謂理。易之太極。釋子所謂不二法門。必居於最易最簡之數。乃足當之。後段所言。卽老子爲道日損。大易稱易知簡能。道通爲一者也。

凡科學修進時代。皆於此問題有進步也。有時但爲總挈之業。不必果有內籀新理。然亦有日近之程。如刻白爾積測行星躔位。見有常然之可言。乃摛爲三詞。以著其例。方其爲此。乃由無數測候之繁。而入是三者之簡。凡行星周游散聚去留伏逆。皆可據其例以爲推。此其進也。乃至奈端所立。事雖與刻從同。而所進斯益遠矣。蓋奈端有作。能使刻白爾三例成所立動物三例之變端。凡物三體相牽。而中間有原動力者。其變化所形。莫不如此。自其例立。不獨上可以推天行之易簡。下且可以解耳目所見。一切動靜之繁殊。而明其無二理。故向者刻白爾三詞科學不復稱自然公例。必奈端所立。乃足當之。以奈例解刻例可。以刻例解奈例不可。此以見奈例之簡易也。

由此言之。則凡內籀之眞。所得者或爲自然公例。或爲數自然公例所組織之常然。是組織之常然既有自然公例。則可順推而得之。故內籀究竟有二問題。問何以得自然公例。既得之矣。問何以順推而得其究竟。顧斯二者。雖二問題。實非二問題。如觀貝然所觀同物。而目位不同已耳。且自然公例者。其義無他。世間一切現象中有常然。得內籀爲術窮之。至於最簡易之公理耳。故格物之事。所講求者。乃衆理之會歸。非一例之孤出。一切自然所呈現象。爲無數常然。糾繞交加。成其如此。惟得其術者。乃能一一抽其緒而竟其文。自然現象如魚網。而自然公例如絲繩。結繩成網。惟知繩者乃知網也。故有時必取網之一部而解析之。而後其組織之繩可以見。而本書所講試驗諸術。卽所以解析此網之方也。

第二節　論內籀有精粗之殊然精者以粗者爲基礎

由前而觀之。則窮理之事。不過求其分以通其合。而無往不資於內籀。雖有至精之術。使非有愚夫婦所與知與能者。其事亦無從以託始也。夫人類始爲至精之內籀也。非必如法士特嘉爾所云云。以天下古今之是非爲皆未定也。特嘉爾之說固甚高。而無如其難行何也。宇宙見象。其中有屢見不一見之常然。往復遞嬗於吾前。雖欲拒之耳目之外不可得。月暈而風。礎潤而雨。物各相從久矣。人類之學之也。如兒子然。見其一則期其餘。蓋自文字之先而已然矣。夫何必悉貸於科學乎。食而飽。飲而滋。墜水者溺。負暄者溫。物之隕者必至地。凡此皆不待科學而後能言之。故格物之家。其卽物窮理。莫不據舊知爲定論。而後從以求其新獲。此其塗徑。誠非謬趨。不過學問與日俱新。而舊理之限域日見。且有時所標之說是矣。而其理方有待而後眞。凡此皆必俟新知日闢之時。加商量而後邃密者也。總之窮理之道。莫爲之舊。則無以求新。使前人所仰觀俯察者。皆誕而不實。將後此最精之術。亦無由起。此不佞所於後篇。尙當詳爲覆論者也。

回觀前篇末節。所舉白鵠人頭二喻。問何以聞見之廣狹正同。而於謂彼許有黑鵠者。則以爲有是。於或曰人頭有出肩下者。則僉以爲不然。將曰前語之可信過後語也。顧二者同爲耳目所未經。何以知前事之或然。其數過後事耶。將曰鳥之羽毛。其變色常有者也。人之元首。其倒置不常有者也。雖然。何以知此。曰此亦自生民之閱歷徵之耳。由此言之。不獨一例之立。一事之誠。常賴成於閱歷也。且同爲閱歷矣。而吾信情之宜爲深淺。所施之當爲何事。所取之宜屬何端。亦必視閱歷以爲取決之具。然則衡閱歷者。仍閱歷也。閱歷而外。無能爲閱歷之質成。因閱歷而得其常然。而孰爲不爽。孰爲難諶。爲彼爲此。閱歷自裁量之。是故例之立也。不關所謂常然者數見不數見也。其例之堅懈。視所指之常然。常然不常然爲差。由閱歷而得其會通。而所得之公詞異廣狹。以會通之狹。諟正於會通之廣者。此其術出於人心之自然。雖科學最精之內籀。外此無餘巧也。名學所講方術。不過精其思理。利其器資。使萬變之來。舉不失馭已耳。若夫元理宗方。不能有以易也。

使其人於宇內常然。未窺大意。雖欲執閱歷以衡閱歷不能。故欲爲科學內籀之精。必先有非科學內籀之粗資。於古人所先獲者。以爲之根柢。有古人所先獲。以標舉萬物之常然。而後之爲科學者。乃從而勘驗抉擇之。知何者爲常然之常然。而萬物所不得遁。何者雖常然矣。而以時以地。以一切所遇之外緣。有以爲其變例。是則科學所爲而已矣。

第三節　問世有內籀公例可用之以勘一切內籀公例之虛實者乎

今夫智慧之日增。於人類也。其猶財產乎。必先擁其舊有。夫而後有其益多。故考古人所先獲者。爲學不容已之事也。雖然其所不容已者。尙不止此。蓋公例有堅有懈。有強有弱。堅者懈之範圍。而強者弱之程準也。今有二例於此。其一堅強而其一懈弱。設吾能以術。使懈弱者本於堅強者之所推。則懈弱之義力。由此其圓足立同於堅強。即堅強者之義力。亦由之而益固也。何則。凡懈弱者所倚以成例之閱歷。乃今以本例爲堅強者所苞括之故。即謂爲堅強者增益證佐可也。假如治史學者。積考史傳之閱歷。而以立一例焉。曰權之無限者。無論爲君主。爲貴族。爲民主之太半。常終至於濟惡。此所謂懈且弱之例也。乃今有堅強之例。曰天下民品程度猶卑。而庠序教育之方未盡善而無由普及。則求天理常伸而己私常屈者。不可必之事也。如此。則不制之權。常資濟惡者。大可見已。前之例得後例。爲所本而益堅。後之例附以前例之閱歷而益固。前例之閱歷何。史傳一切所書。專制怙權之害。皆此物也。而非考諸古人所先獲。烏由至哉。

自其反而觀之。使有懈弱之例。與堅強之例相衝突。或與其所類推之申例相衝突者。懈弱之例。不足存也。此如古今淺化人民。恆謂彗孛日食。及諸不常有之天象。乃災異先幾。天爲人類預告。他若希臘羅馬之神君。德爾斐之書法。杜當訥之神讖。降至星命吉凶。歷書風雨。凡此先民內籀。一一亦本閱歷。視爲常然。而後著之爲例者也。雖事變與不相應者。僂指難窮。然亦有一二之偶合。故能使顓愚篤信。雖剴切之論。無以奪之。乃其終歐西諸邦。於此等誕妄。獨能稍稍告絕者。非必曉然於占驗之不相應也。乃由科學日明。其言天。則有星學。其言人事。則有政治歷史之日精。二者強堅公例日多。在在與向者禨祥之例相衝突故也。是以至今員輿之上。格致不昌之區。蚩蚩之氓。猶以此等術數爲有驗也。

總而論之。內籒有精粗。而公例有堅懈。顧無論精粗堅懈。但以外籒聯珠求之。其例能相爲原詞委詞者。則皆互相發明。其各標之理。由之益實。又使以外籒聯珠推之。所得委詞。乃至相迕。則二例互相排根。理不兩立。卽兩立矣。其所賅事理。必有廣狹之差。此其大較也。互相發明之例。其爲委詞者。雖始若懈弱。可與爲原詞者義力同其堅固。此如篇首所引陀理先利天氣表之試驗。其事乃三公例之實徵。以其實徵。不但使三公例確然無疑。且使其中最爲難明之一例。（謂空氣有重壓力者）得此愈益昭融。無懈可擊也。

使以前術考論前此已立諸例。見其中乃有數條。自人事而言。實爲公普不刊之公例。則由此數條。可以推進餘例。使其義力同前例之公普不刊也。蓋執已定之例以推其餘。使其互相發明。原委相屬。則二例同眞。自無可議。就令不相比附。亦以見所據定例。有變例之可言也。凡如此所得者。通謂之例。使極易簡。而不爲他例所組織者。則謂之自然公例。惟宇內有眞實不虛公溥不刊之公例。是以名學有內籒之實功也。

篇五　論因果

第一節　論因果乃見象相承最大公例

世間一切自然見象。有兩對待法。一曰並著。一曰相承。一見象甲。常與他見象乙。或同時而並著。或異時而相承。舉此兩法。足以盡之。（案此書凡言理言例言常然言不易義皆相似。）不易定理。見於並著見象中者。最要莫如數。其次莫如形。形者空間之物。所以言度量法式方位者也。然數之所彌綸最廣。其理兼空間時間並著相承之見象言之。二五爲一十。其五與五相承然也。其五與五並著亦然。以言年日然也。以言尋丈亦然。形式之公例。即種種幾何形學之所發明。皆並著常然。無相承者。空間之各部分。與占空之萬物。此皆同時並呈。無異時先後之理。幾何形學。自點線平面至於立體。皆論形法之定例。論形法之定例者。即論並著之常然也。

此類公例。在吾思想。皆與時間無涉。但使其物占空塞宇。有形體之可言。爲形學公例之所有事。物有占空之體。則必有可見之形。有可見之形。則必有一定之法。有一定之法。則幾何學所論此形之撰德。皆彼所莫能違者也。今有兩形於此。其一爲渾員。其一爲員柱。使二物崇徑悉等。則渾員體積。於柱得三之二。無間二物之爲金木土石也。形體居於空間。必有對待之方位。假由一原點。知二物所與爲之向距。則二物自相對待向距。可得而推。此亦無間三者之爲何物也。

今夫理之精確通溥而不可易者。其惟形數乎。古今之哲民。其言物則也。莫不以斯爲程準。取折中焉。其不變也。雖欲爲之設變例破例之思而不能。是以古哲以其道之不可離。至乃謂其理爲本於吾心之良知。而無待於閱歷。雖其說誤。然不可謂無所見而云然也。故有他例。設能以外籀之術。從形數之例而推之。則其義之堅。亦與形數之例等矣。而無如不能。蓋本形數而推者。其所得終不出於形數。欲徒從形數。而得他科之公例者。其道莫由也。

案此爲科學最微至語。非心思素經研練者。讀之未易猝通。其謂從形數而推者。所得不出形數。尤爲透宗之論。學者每疑其言。而謂果如此云。則格物之力學。其術幾無往不資形數。又如周易。正以形數推窮人事。豈皆妄耶。不知力學所以得形數而益精者。以力之爲物。固自有形數之可言。一力之施也。有多寡之差。有方向之異。有所施之位點。故直線可爲一力之代表。而一切形數公例。皆可爲力公例。

則二者同其不搖矣。此易見者也。至於周易。其要義在於以畸偶分陰陽。陰陽德也。畸偶數也。故可以一卦爻爲時德位三者之代表。而六十四卦足綱紀人事而無餘。由此觀之。穆勒之言。固無可議也。

雖然。物理之中。所最爲寶貴者。非並著之公例。乃相承之公例也。惟得此而後有以據往而推來。亦惟得此而後有以號召形氣。斡旋事機。以收生民之利用。即在形學。吾黨所爲窮其理而貴之者。亦以得此而相承之例。有可推耳。今夫物體之動。諸力之行。與一切形氣之所呈。莫不有一定之軌轍。不過之範圍。其軌轍綫也。其範圍形也。故是綫是形之公例。與是體力之公例。欲言見象之理。有不可分。且動也力也。與其物所發見之變象。所經歷之期時。固皆有多少遲速可言。則其事屬於數。由是凡數學所論之撰德。皆於此得其用而不可遺。雖然。不可分矣。不可遺矣。是形數之用固爲大矣。然使無所輔而獨用之。則於相承之公例無得也。故必取所前獲相承之公例。合形數之理而求之。夫而後所期相承之公例出。請以事明之。如天體旋繞力心。其輻綫所掃成之冪積。與所用之時有比例。此天學中相承公例也。然欲知此。則必先明物體受一時之力者。其軌道必直。其速率必均。又必明物體受無間之力。其軌直而速率漸進。又必明物體受異力同時並施者。其所行之軌。爲平行形之隅綫。而平行形之二邊。即爲二力度量方向之代表。知此三者。而合之以形學所言直線平行形三角形種種之理而遞用之。以爲原詞。積連珠以遞推之。夫而後輻掃纍積之例。乃可求也。蓋所求者相承之公例。則所據以爲推者。亦必有相承之公例。雖淺深有殊。而必資同物。自非然者。不能至也。凡形氣變象。其公例相求之理。皆可仿此類推。使窮理之家。能明此理。則不至證其所無由證。推其所不得推。而疲精惕時於無益矣。

是故徒由形數之所已知。欲籀而得物性中至誠極溥之公例。其勢固不能。形學之例。主於同時並形之對待。數學之例。信於先後相承者矣。而所以相承者未嘗及也。故欲得物性相承之公例者。必先有其同物。既可據之以爲至固之根基。又可以爲不熒之程式。夫而後其功有由起。且如是之公例。必其至易簡矣。而其爲不可稍變不可暫離。又必與形數之公例相若。夫而後乃可用也。

自人類竭其耳目之力。其所俯仰觀察。而著爲相承之常然者。亦多矣。而期其不可稍變不可暫離。可爲至誠極溥之公例者絕少。而於是絕少之中僅有一焉。其義力可則於此格。蓋其爲例不獨至誠已也。且有以苞舉一切相承之公例。但有相承之常然。則皆爲是例之所舉。是例惟何。曰因果是已。因果云者。凡事之有始者必有因也。六合以外。不可知已。若夫人類之所經歷。則此例固與之相盡。故曰至誠又極溥也。

夫因果爲窮理盡性。最大自然公例固矣。然以其易簡也。有人焉意乃少之。曰。此何足貴乎。夫云事有始者必有因。無異云天下之物莫不有理。乃揭一切見象皆有例之公例也。雖然公等所以云然者。即存乎其例之靡不賅。雖然其爲詞之義。非徒若前者之申詞。（如云然者必然之類。）使精思而詳求之。將見此例所涵。至爲宏大而實爲格物諸法之首基也。

第二節　明因果者有爲之後莫不有其爲之前而已

因之一言。實內籀全功所有事。故於朮論內籀之初。法宜先將其義講明。至於至明極確而後可。自夫世有哲學。派別不同。其於人心知因求果之原。鉤鉅紛爭。家自爲說。向使必理明爭定而後有內籀眞術之可言。則不知直至何時。而後有專科之學也。所幸者是據證求誠之名學。無所涉於心性之紟虛。其言因果固也。而即事可言。初無待人心之微。窮極體用。而後能爲推證之事。蓋心性之理。自爲一科。而非吾名學之所乞靈待命者也。

吾今得爲學者預告。凡本書所謂現象之因。其爲物必自爲現象。至理家所指窮幽極玄之究竟因。則非不佞所探索。蘇格蘭諸哲家。如盧力德等嘗分因爲二。曰造業之因。曰跡象之因。今本書所有事者。凡皆跡象之因也。形氣中之變象。有爲之後。莫不有其爲之前。其號爲因者皆跡象也。至哲家所謂造業之因。

其爲物之有無與其事之何若。皆不佞之所未暇及也。近世哲理而最爲一時風尚者。其言因果。嘗以世俗之所謂因者實非眞因。眞因能致相承事變。而不入相承事變之中。由是而窮高極深。專求之於事物之精微。造化之本體。以得其所謂眞因者。眞因既得。不獨萬變從之而流。且其願力實足以起萬變云云。凡此皆甚精之詣。然而非本學之所圖。脫學者於本書求如此之言。固不可見。蓋本書所講之因果。不騖諸玄虛之中。而實徵諸閱歷之際。其所謂因果者。固惟知此。而後有內籀之可言。然其事則徵諸耳目之近。由其實測。見形氣中一物之發現。必有他一物者處乎其先。著爲常然。不可暫易。則由是而例立焉。非必如哲家之遠窮太始。或求諸萬物本體之中也。

有一時之現象。而從之以後來之現象。是二者之間。有不紊不易之定序。篇首謂宇宙有總常然如網。乃衆繩所組織。故總者散者之所合成。而一一皆有其不紊不易之定序。是故有某事焉。而常爲某事之所類從。不僅古然今然也。實且窮未來際。將莫不然。而吾人遂取其常先者。而謂之因。又取其常後者。而謂之果。而因果公例云者。卽謂有爲之後。則莫不有一物。或一宗一局之物爲之先也。後者無間其爲何。使一時而肇有。則必有其不可離者以爲之先。或一或衆。或正或負。必其物其事之既叢。而後所言之現象見。是所叢之事。固不必一一皆可知。顧吾無疑其有此。且不合則已。既合則所言之現象。必從之以生也。

夫惟如是之眞理爲不刊也。而後有內籀之學。且有其章則塗術之可言也。例雖不必知。顧吾心知其有例。求之得其道。則其例將終明。惟是理之可恃。故不佞後此所立內籀諸法門。其義有由起也。

第三節　論合諸緣而成一因

前因後果。各爲一事。而盡於一事者絕少。往往一事爲之後。常有數事無數事爲之先。必待此數事無數事者合。而後所謂果者從之而見。闕其一焉則不見也。常法於數事之內。獨擇其一謂之曰因。而其餘則謂之曰緣。緣所待者也。因之所待而行。果之所待而生者也。譬如有人嘗一異味而死。假其未嘗此味。固不至死。人則曰。是之所以死者。因其嘗此異味也。或曰食異味者其所以死之因也。雖然。彼之死。固以食異味。而食異者。固不皆死。是果與因有時不相從也。不知欲果之必從。必總其數前事而言之。總數前事而言之。則其人固必死。果雖不欲從因。不可得矣。其嘗異味一也。而或以其人之氣體。或以其時之情感。或以其一時一地之節候風氣。凡此所謂諸緣。必諸緣合而後眞因成。眞因從果。斯爲常然。而其序乃無以易。是故獨舉一事。爲所見之因者。於立言爲不摯然。而俗爲此言。而聽者不以爲非。則亦有故。蓋合衆緣而成一因矣。而是衆緣之中。有境有事。其爲事者。止於嘗異味。至於其餘則皆境也。事所以爲其變境所以處其常境之具也久暫不可知。未得其爲變者。則其因不備而果不臻。以其爲之變而因備果臻也。遂若諸緣之中。惟此與果獨爲親切而有力也者。此因之名之所以獨得也。雖然質而言之。諸緣之於果。其親切有力。而爲果之所待命者。亦正等耳。何則。欲得此果。是所謂諸緣者。皆少一而不可。必言其眞因。非一一總及之。則其說爲不備也。

有時言一事實。而於所待諸緣不盡舉者。則以其爲人意所已喻。或言者意有所存。雖略之而於義無損。譬如今云。某甲之死。因其登梯失足。雖其中有最要之一端。非此雖墜不死者。則某甲已身之重（此與云地心吸力語異義同）是已。此以共喻而不言者也。又如英民言某令。因國王俞允而成律。吾人心知國王畫諾之頃。必所以成律一切之節目諸緣已具而後然。而以王諾終之。遂若此議之著爲令者。獨由王諾之故。不知造律之事。王諾重輕。與他節目亦正等耳。何則。闕其一則不得爲令也。則王諾之非專因明矣。又如國會議制。僉議既分。而後首座占可否。人則謂首座爲定議之因。不知議員人各有占。輕重平等。首座之去取。不必較他議員去取爲有力也。然以首座之終占從違。遂若舉一人而已足。而他人之去取雖偏略之。於詞義亦無損也。

由前觀之。以諸緣中之最後者。獨得因之名矣。然謫而論之。又未嘗有一定之義法。大抵一現象之見。皆有無數事焉爲之先。而是無數事之中。所分之爲緣爲因者。非關要次。非以重輕。非以先後。直從言者一時意念所屬而已。夫諸緣平等。闕其一皆不可以成果。故隨言者之所便。亦無一焉不可徑舉以爲因也。今試即一極常有之現象而析言之。譬如以石投水而沉。此眞瑣屑之人事。顧其先事之所待者何耶。一、或曰其有此現象者。必先有石。必有水。又必有其投之者。凡此皆其因也。然其爲此言也與複述其事無以異。若以此言所待實爲無謂之煩詞。故自有哲學。莫有以本事爲因緣者。獨亞理斯多德一宗。其言因果也。常以此爲本質因居四因之一。或曰覩此現象。以有地故。常語石之所以墜者。地使然也。或變其詞曰。以地有使墜之能力。凡此皆無異言石因地墜耳。無異言石爲地攝耳。至言其動由地。或云本地親下。則兼及果之情狀。而非純言因者矣。又次則曰。有石有地。猶不必墜也。欲石之墜。必其距地有畛。而居其勢力圜之中。俾地力之用。過於他體而後可。如是則云石墜者。因其在地力之範圍。其詞亦無可議。終之或曰。茲石不但墜也。墜且入水。既入而沈。其所以沈。以重率過於持石四周之流質。或變而云。是石之沈。以水石同體。地吸力之施於石者。過於在水。故又曰覩此見象者。因石體重率。大於水故。此又無人斥其語爲不詞明矣。類而觀之。以上四緣。雖同爲此果之所待也。然任舉其一以爲因。其語皆合。然則孰因孰緣。尙有定法耶。

是故合緣成因。指其一以爲因者。於常語皆不誤。於科學則皆誤。其在常談廷論。是所獨指之因。或以於衆緣獨爲顯著。或以一時所爭。著意在此。使其事爲論者所著意。則其事於所待諸緣。雖爲負非正。亦可得因之稱。假如方爭一屯軍所以被襲之故。其人云。此軍所以被敵人掩襲者。因守望者不在其次也。夫守望者不在其次。乃一負緣。並非正因。其事非能生敵兵者也。非能使戍兵渴睡者也。而其所以爲被襲之因者何居。質而言之。常云使守望者而在。則其事無由見耳。故其離次也非爲造事之因在。而爲阻事因亡。而與無有守望者等耳。顧名學之義。自無不能生有。由負無從以得正也。果之生也。必有一宗一局之正緣。以爲之全因。而所謂負緣者。亦誠不可闕。蓋物莫不有其破壞尅制者。故一現象之形。常有諸正緣合而爲其眞因矣。而又無所以破壞尅制之者。則負緣也。

合緣成因固矣。然以諸緣有事與境之異。人意之言因也。偏於事者多。而重其境者少。蓋境以常然以弗覺。事以乍起而獨彰。事見而果從之。至於他緣。雖結果所不可無。顧常久存而果不必見。故頗有近世科學家。凡緣在果前而不爲果所立從者。皆不列因之數。卽使因本爲境。亦必易之以事之名。如知天下羣動。以地爲因。然不云因地。而云因地之吸力。或云因攝於地。一若恆然者不可設思。必爲一頃之奮。而後與果得同時而並見。抑兩事爲密承也。不知緣不具則眞因未立。眞因未立。則其果不臻。必得最後者與前有之諸緣合。而後因立果從。觀者徒見最後事變。爲果之所立從也。遂若果之有無。純視此事。又若其事與果所關最親。過於一切先存之諸境。而孰知其皆未達耶。向使必爲果之所立從者。而後可以名因。則自古洎今。凡言因者。當皆涵如此之一義。乃如前論。世所謂因者。固不必皆涵立時起果之一義也。世所謂因者。言各視其所重。凡無之而果不見者。皆可指之以爲因也。

然則循物理之眞言之。所謂因者。乃合正負諸緣之總名耳。統一切事境。爲果之所待而後能見者耳。夫正緣之外。更有負緣。必欲數而窮之。其勢必至繁瑣。此可櫽括之以一言曰負緣足矣。負緣者何。凡所以尅制沮遏者亡耳。蓋因莫不有果。緣亦各有所合。其在此事爲負者。自其本事觀之。則爲正也。騰石於空。地力攝之。使其高有所極而必反。或斜拋之。則爲所轉而成垂弓之勢。此其效雖若異觀。而自疇人言之。則二者地力之用。與墜石空中。無毫釐之別也。以鹻質合酸。則其濺齒蝕金之德皆不見。試之以藍。亦不轉赤。此非鹻毀酸之效也。二者翕合。別成一物。其德與二原質各異。而曰二者本德之亡。又不可也。凡因之德。可以變而不可以滅。其所以自生其果者此德。其所以變滅他因之果者亦此德。故可立一公論曰。凡一因之果。莫不受變於餘因。如此。則不必更立負緣之名。而凡合以成果者。皆謂之正緣可也。

第四節　以能所分因緣者乃為妄見

向言常法於諸正緣中。有謂因者。有不謂因者。而謂不謂間。大抵有感受之辨。有能所之辨。感者其能。而受者其所也。能所皆緣。而人意以謂。能者可以言因。所者不可言因。設以所為因。是謂不詞。雖然使諦觀之。此等分別。初無實義。蓋能所之判。異在詞語者為多。而存於理實者至寡。何以言之。如以一事為果。其受事之物。與所現之境。往往即在事中。假言者又以為因。便似因果同物。果自為因。語不成理。如問石何以墜。答云石因自墜。若此答者。石墜一果。便同無因。是故常法指石為所。指地為能。以地為感。以石為受。(或又謂地是頑物。無關感能。輒謂石之墜者。以地有攝物神力之故。此最無理。而常俗作語多如此者。)顧吾謂異在言詞。不在理實者。蓋使略變語法。將見石之於墜。固可自因。無假外力。但云石動趨地。以物質之德。本為如是。未見語不成理也。然則隕石為一見象。而石固可為此象本因。或又以物質冥頑不足為因致果。則棄質取精。不云石墜因石。而云石墜因其重力。抑云石墜。因地攝力。然其實則本無異同。但言者強生分別。

案自力學言之。則隕石之時。二體大小。雖為迥殊。而實互施攝力。不獨石走趨地。地亦動而向石。特其所行之距。與體質大小作反比例。故地移至微。而石行甚遠。然則石隕一果。地石二者。皆爲因緣。無其一者。此果不見。

古之理家。於能所之辨。最爲致嚴。由之而事有感受。亦由之而德有剛柔。而察其所指。以爲能者。大抵於一物之境。或有所生。或有所變。自非然者。不成能也。雖然。使學者稍加思索。將見言一見象。而設爲能所事境之分者。（晚近哲家多依此法解果。而博崙爲尤著。）祇成戲論。雖便於取詞。而必不可以爲物理。夫世間可指爲境者。宜莫若物塵。如容色形質。凡可以耳目官知接者。然惟此種諸塵。聚以感我。而後知物。必求其因。乃在不可即之萬物本體。而吾之耳目官知。乃其所感覺之物。然則向所謂境者。於一見象。亦果亦因。亦能亦所。就物之本體言。則可謂果境也。所也。於吾覺性。方可謂因。事也。能也。二義一時。不識安屬。即如隕石。以力理言。石之攝地。與地之攝石正同。孰分能所。即當物塵感我之時。吾之官知。宜稱所矣。然我之神明。方且熾然起與物塵相接。自不得純受無施。假使無施。即同冥頑。何由覺物。每聞人言某甲之死。因服砒霜。砒霜固能殺人。而其人之氣血臟腑。必與砒霜翕合。且爲散布周流。乃成死果。又如教人。俗當以師爲能。以徒爲所。然自實理言之。此徒心腦所具。舊影前觀。必與其師之教力會合交臻。乃能成學。使我覩物者。非但光也。吾目腦能事。所接物塵。與光有合。而覩果成。使我飽者。非惟膏粱。膏粱具而與吾之口腹能事相和。而飽果著。總之一果之間。任分能所。所之有事。正不異能。爲分別者。取便說詞。實則無所非能。無能非所。如言東西。別在眼位。非定相也。萬化之情。無往不復。是故方其爲施。卽有所受。有時不相報復。則數緣同功。會成共果。而俗昧不察。輒云是境。不知但是正緣。卽爲能事。乃至本果所涵。設言者指以爲因。亦不過言語之差。於理實非巨謬也。

案此段所論。亦前賢所未發。乃從奈端動物第三例悟出。學者必具此法眼。而後可以讀易。

第五節　有時所結之果卽在物德之中

尙有一種因果。須爲別論。蓋其事與常法稍異。而理亦差繁。譬有一因於此。其所結果。非卽現象。而能儲其能於一物之中。使待其時。別結專果。此其事爲範物成德。而其果卽存物德之中。今有硫磺木炭淡硝三者。各以定分。如法製合。此其成果。非爲炸裂。乃爲所合之劑儲炸裂之能。他日事會湊合。遂顯此果。人生世間。其所遭之境遇。所被之教誨。於其形骸知識。皆有陶範之功。其所結果不在其人所立行之事業。乃在形能心德之間。他日際會。功績以興。爲其遠果。故練習形體陶冶心靈之事。其造因皆與此同。所以範成才德。而儲其結成遠果之能者也。更以淺者爲喻。吾於一牆。加以白堊。此其成果。不但執功之圬者。

見其爲白已也。實以白色。畀此牆於無窮。後之見者。將皆有如是之感覺。故自感覺言。吾曩者加堊之事。乃爲造緣之緣。人之覩白。有待於堊。而堊又有待於吾加。牆之受堊。爲日已久。而從彼遂有感白之能。至於今而猶未已。其感白之緣無窮。而造爲此緣之緣。則一舉而已足。故謂前因結果在與物以專德。既具專德。斯有專能。專能爲緣。以有此緣。還復生果。所謂德能。不必如古哲所謂有形之物。不過爲之先事。爲後果道地張本而已。如火藥先事劑和。以爲後此炸發張本。如墁壁先事施堊。以爲見白張本。至於教人。則所有事者更爲微眇無象。始見二五不知爲十。後乃能治微積。不以爲難。雖或云腦質改鑄。然而方其造因。要不過與以能事。非實物也。能事何期會時至。知其必結專果者也。常人之意。若能事有實可言。則以此爲事物所造之境詣。顧所謂境詣者。要不過如火藥之事。雜質並居。墁壁之功。二物相附。然則境詣者。特懸計將然之事。而爲立今名而已。非有可指之實物也。

或謂由此以云。則前謂所合以成因之諸緣。常居一果之先。而與果之見端直接者。有變例矣。然而其實不然。右之所言。乃非變例。而可爲觀例之法。何以言之。當遇一見象之頃。欲考其因。則歷數諸緣。而具德之物。即在其列。如炸發爲一見象。固必有能炸之物豫居其先。與果直接。蓋無疑義。至不相直接之遠因遠緣。乃非所以結炸發之果。而所以爲能炸之火藥。既有火藥。則不論總此果者以何因緣。事機既乘。自必有炸發之事。子自父生。父又祖出。有父已足生子。然則成因諸緣。必居果先。與之直接。其例又何嘗變乎。

第六節　徒居見象之先就令恆然不成爲因必恆居其先而無所待乃爲眞因

尙有一義。須爲鄭重分明者。因之了義。始爲無漏。往嘗爲因之界說曰。因者恒居一果之先。有之其果常從而見者也。但此界說。乃通過去見在未來三際而言。故其義湛然圓足。設令稍易其意。而謂界說中恆居常從諸義。乃指已然。則所謂因果。將爲盧力德所呵。盧力德謂。如前所云。將晝夜可相爲因果。而古今一切周流相嬗之境。皆可作因果觀。是爲大謬。顧所謂因者。其云恆居一果之先。不徒自元始至今。已如是也。乃至乾坤毀壞。第使物理無遷。則吾所謂因者。使其有之。果仍當見。知此則晝夜寒暑之不足當因果。不待辨矣。今夫夜之必繼以晝者。以日之必出地也。假使天地大紘。日伏不出。將漫漫長夜。亙終古而常然。又使九日並曜。如古所傳。將物盡旦明。不復埋照。由前而言。雖夜不爲晝因。由後而言。雖晝實非夜果。其亙古相從者。又烏得謂爲因果乎。夫晝何嘗無因。特非夜耳。晝生於日。此正緣也。又必日與地二者之間。無物障隔。此負緣也。斯二既具。晝果自臻。前有夜否。所不論也。故哲家言。因果相嬗。無待而然。若其有待。卽非因果。夫晝夜迭代。有待者也。使所待者亡。則常爲後先者。從此不復更爾。使所謂因果之間。有第三物常與其際。必得此而後相從者。必非因果。恆然與否。特偶然耳。是故事常相承。與因果絕爲二義。常相承矣。必無所待。乃爲因果。自非然者。雖常相承。但爲偶合。偶合故其一雖立。其一可以不從。必有其所待之三。而後相承者驗。此知言之士所以不謂夜爲晝因也。觀於古今載籍。從未有以晝夜爲因果者。可知其理易明。早爲古人所先獲也。

然則因之界說可云。凡物之因。乃其不易前事。或先事之諸緣會合。無所更待。而其物自從者也。又可云因者其先事諸正緣之會合。設無負緣。其果必見者也。蓋言無負緣其果必見者。卽無異言無所更待。而其物從也。

或曰有二事於此。吾人所以知其爲因果者。其道無他。自吾有閱歷來。二者常相承爲先後故也。今晝夜二者。常相承而爲先後。如此而說者。乃以是爲不足。謂必有無所待之一德。抑知事境雖極萬殊。其相承如故。而後是相承者可以當因果之名而不誤。此何異言欲知因果之眞。徒恃閱歷爲不足。而閱歷之外。尙有宜知者乎。則甚矣閱歷固不足以盡因果也。應之曰。否否不然。夫因果與非因果。其爲二事相承一耳。而孰爲有待。孰爲無待。固亦自觀察而得之。是因果不能外閱歷也。吾所以知晝夜爲有待之相承者。

得諸閱歷也。以觀察之故。而知晝之可以獨存。而不必繼以夜。夜之亦可以獨存。而不必承以晝。夫一日六時之中。使太虛無有所蔽。則日爲晝因之理。雖三尺童子。猶將知之。使曜靈麗天而不伏。則有晝可以無夜。使陽宗入地而不升。則有夜可以無晝。然而猶謂二者相承。無所待於外物者。必大愚不靈者耳。然則有待與否。非求之閱歷而安求耶。且夫有待之先。非常先也。雖嘗常先於吾所歷。而爲其後者之所常從矣。然使吾所歷者。有以見其後者之不必常從。抑知吾所歷者。不足盡其爲從之變。則常先者灼然非其因也。何則。雖嘗常先。而不必果常先也。

向謂因果者。有爲之後莫不有爲之前者也。斯義不獨不以晝夜之非因果而搖。且有以涵其理而不漏。何則。夫有待之相承。生於無待之相承者也。無待之相承雖有數。而可以生有待之相承於無窮。此易見也。假有數因於此。各有不易之定果。乃今合幷。將又有無數果焉以爲之後。使合者爲二因。則其二果亦合。使合者爲衆因。則所呈之衆果。有並著。有相承。而皆有不易之法則。蓋因定者果亦定也。地之行天也。爲繞日之定軌。其時序之變。所可推而知者。以陽宗之攝力。與大地之原動力常然故也。陽宗之攝力。使之趾心。大地之原動力。爲之切軌。是二者合。而周天之橢圓成。顧使是二力者變。則是軌將隨之而俱變。是故地之行也。其時序周流。雖常爲先後矣。而不可以言因果。何則。其先後之相承亦有待者也。

萬物之流行也。有相承有並著。其常相承而無所待者。是謂因果。其常並著常相承。而有所待者。是謂秩序。於是呼博士曰。窮理之事。當分兩途。所探索者。一爲見象法例。一爲因果。然自吾觀之。如是分別。未爲中理。蓋因果亦見象也。而人道所能探索者。舍見象而外。無可致力。故所謂因果者。亦見象法例。特無所待而公溥者耳。往者法國哲家恭德謂窮理之事。所能及者。僅在現象。而宇宙物化原因。存乎不可思議之域。此其爲言。固別有理解。而呼博士洎倭失勒皆未喻之。蓋恭德所謂不可尋繹之因。乃願力因。而於迹象之因。爲格物所有事者。其鄭重之意。方與呼博士無殊。然則恭德所斷斷致審者。所爭不過在名義閒。且卽此名義之中。自不佞觀之。要爲全失。哲家佩禮云。恭德之徒。謂不當以因之名。加之見象。是欲廢科哲諸學中。最爲利用。所會通極廣之公名。而所據之說。又非甚確。從恭德之說。吾不知格物窮理。於所謂不易之前事。當以何名。夫以不易之前事爲因。相承之後驗爲果。不獨確然有可指之實。且爲科學最要之區分。必得此而後內籀法門。有所託始也。且理之無專名者。必易亡而無以垂久。故雖有恭德之思力。其所留餉後人者。尙未能爲內籀開一徑術也。

第七節　問因果有同時並著者乎

以不易之先爲因。以必驗之後爲果。則因與果之對待。必先後相承者耶。不亦有同時並著。而亦稱因果者耶。火烈而溫。雨潤日暄。草木遂茂。凡此非並著之因果也耶。自果成而因不必退。故二者偕行。則因果不僅可以並著也。且有非並著而不可者。語有之曰。因存者果存。因去者果去。古之人且以此爲公例矣。刻白爾既察天行而知其定軌矣。欲以力理言其故。而不能卒通者。彼以謂凡體之能動。必動之者與偕行不息而後可也。則不知因果固有偕行。而因雖歇。其果不亡者。又甚衆也。人以秋陽之暴而病暍。雖遷之樾蔭。未遂瘳也。剚刃於人之腹中。豈抽之而其創遂合。聚銅炭以爲冶。既成之後。未常爲冶也。雖鑪錘息功。冶者已古。曼曼之用。未嘗絕焉。凡此皆因盡而果存也。若夫因果必相持而後不廢者。則亦有之矣。陀里色利之爲空氣表也。倒持空筩而汞自上。則天氣之壓力實爲之。藉令壓力猝弛。其汞立下。何以故。地之攝物無有已時。汞之親下。而上行者。必氣之所壓。與地之所攝相持。而後得此果。人以束帶而腰勞。帶去而腰適者。什八九也。白日麗天。秋羽畢見。西崦既匿。冥不見泰山者。則又因亡而果與俱去矣。是固不可執一而論也。

然則諸因果間。固有別異。有欲果長存。其因不可以或息者。有得因成果。因去果留。但無負緣。即亦不滅者。大抵世間物變。於第二類爲最多。一物既生。長垂不廢。必俟毀之者至。乃始告亡。其第一類。則物生矣。

必生之者與之偕行乃不亡滅。或則謂因果初無二類。但有應因立呈之現象。一剎那頃。因果相從。果隨因滅。故須息息造因。而後息息見果。不僅當其初現。爲由因生。譬如空間。光明周徧。無論何點。皆爲受光。然乃應因立呈。因滅則果亦滅。故欲息息常明。須有光因。與之俱永。如此則於詞爲便。不必別立並著因緣。蓋或意非因常住。而後果存。但係應因立呈之果。故欲果現。須復有因。息息相承。至無窮已。然此於詞便矣。而所異者只存名辭。不存事實。云須息息造因。與云須因常住。初無異實。

至於究竟問題。問一現象之因。或其諸前緣之會合。方其結果。必在果先。所先時刻。至暫極微。抑有因之於果。非眞在先。而爲同時並著者否。此理往者侯失勒約翰嘗爲著論推詳。號極精湛。顧其辨議。於不佞本書。頗無關涉。今夫果之從因。大抵間不容髮。卽有先後。無由覺知。乃至因果中間。延涉俄頃。而是俄頃。正不知幾許層折相承。人不省覺。今卽謂因果二者。有非相承。實爲同時發現。其於不佞前說。無所動搖。蓋因果者。指其對待而言。所由起者爲因。從而有者爲果。知此卽不用先後相承諸名。而云因者諸緣會合。當其旣立。更有見象。常以立形。亦無不可。蓋因果所重。祇存對待。至其爲同時並呈。抑稍涉後。於吾理解。本無出入。總之果之於因。雖可並著。不得居先。假使吾見甲乙二事並形。而昧其孰因孰果。設定乙能從甲。而甲不從乙。則甲爲先立之因。乙爲有待之果無疑義已。

第八節　論恆住因（恆住因亦稱本來主體）

世間常有無數見象。樊然雜呈。不相倚待。然皆視一物爲有無。如是之物。是名主體。主體亦一見象。而無數異果。從之而生。雖然流形。分出並著。但使主體不滅。則是數者。常不期而並臻。此如太陽爲一主體。由之而有天行。由之而有晝光。亦由之而有暄暖。又如大地恆住。則由之而有墜物。以其爲慈氣所聚。又由之而有方針。乃至一格利拿（此云青精石）。亦爲主體。因之而揣者知堅。持者覺重。視者見其廉隅磊砢之形。與其灰白晶瑩之色。凡此皆各自爲果。未嘗相謀。古哲家物性撰德之名。正爲此耳。大抵以一物而呈如是之諸異果者。則云以其物有如是雜德性情之故。如云地有攝物之德。又含慈性。日有統天之德。主於散熱發光。青精石則有重有色有結力方晶之性。堅剛廉劌之德云云。然此皆取便語言。而於本物之理。人心之知所以能然。無所解說。不過得此名言。而後本體所雜呈諸果。可以舉似。且以其有總絜之功。用諸言語思想之間。人心造理。易湊單微而已。

由此而窮宇宙甚深之理。如所謂常住因。與所謂原來主體。有可言矣。蓋自然之中。有無數常住因緣。自未有人類之初。長存世間。不知幾何年代。如日、如地、如諸行星。並其中所涵之物。如氣、如水、一切庶品。或雜質、或原行、熾然會合。成此化工。皆常住也。以人類閱歷言之。則自太始以還。此因長存。而其結果成能。亦至今猶未已。特取如是之因。而更窮其因。則人心之靈。尚莫能企問原來主體。何以成其如是。是存而久者。又何必此而非他。其會合羅成。所各得於天之分。何爲必爾。其散布空間者。其疏密何以如今。諸此難端。皆自生民以來。雖聖人莫能答也。不寧惟是。卽其散著之情狀。欲求其所常然。欲著之爲公例。亦不可得。六合之大。不能執所見於一所者。而推其在在之皆然也。是故所謂常住最初諸因。其在一所。孰多孰寡。乃屬偶然之事。雖一一諸因。皆有專果。而諸果會合。亦有其並著。有其相承。且因果之間。皆有定則。然多寡稍有不同。則果驗卽以大異。則其並著相承。是偶然者。亦不可以爲因果。亦不得謂爲自然公例也。所可推者。特本耳目徑接而得其並著相承之情狀。乃復據此合諸因之撰德。以推知其物之多寡。與其散布之實形耳。他何有焉。且此常住之因。固不必皆物也。而往往爲事變。事變周而復始。必周而復始者。而後能有常德。而爲恆住之因也。故因之常住者。不獨塊然之大地。而地之繞軸自轉。亦爲常因。以此自太始以還。而有晝夜之迭代。潮汐之起滅。及諸他果。然地之何以自轉。其本因雖至今莫能指實也。故地轉亦爲最初之因。而又常住。雖然。地之自轉。所難知者其事之原始耳。至其事既起之後。則其理初無難言。用奈端動物第一例。所謂動不自止。軌直速均者。合之以通攝力之公例。則疇人之所能言也。

是故理之難言者。獨其最初。如所謂常住因本然主體是也。乃至世間一切見象。或近或遠。無非最初者之所成物也。或爲物象。或爲事變。有爲之後。莫不有其爲之前。皆有不易之定則。其前者合。後者立至。而所謂前者。孤因可也。合衆緣而成一因可也。且爲之前者。將又有其前者焉。其相承不易又如此。如此而遞窮逆溯之。若窮江河。終於濫觴。濫觴者何。其不可復窮之本然主體。常住之因是也。乃若順而推之。使常住之諸因既立。萬變將不期而自成。至於無窮。皆可預策。故曰。化者不易者也。

世間每一刹那之所呈。皆前一刹那所已有之後效也。假有人焉。於此一時。凡世間用事之物。其位置趣操。功分差數。舉一一皆知之而無遺。則後此天地之所形。雖一切前知焉可也。又使兩間之變。有二項焉。爲其脗合。則元會周流之說。將信而不誣。世之轉也。如在圜周。盡未來際。終而反始可也。乃今天運固不如是之循環。雖然。使有人焉。於所謂恆住因者。能一一灼知其撰德。與其散著之形。則用因果公例。於兩間見象。雖本心成之說。懸擬而推言之。固亦可與自然冥合也。惜乎倮蟲之生。其官知神慮之所至。其至微陋而不足云。乃如此耳。

案周易八卦。皆常住因之代表也。作易者。以萬化皆從此出。則雜糅錯綜之。以觀其變。故易者因果之書也。雖然因而至於八。雖常住。乃非其最初。必精以云。是眞常住者。惟太極已。

第九節　常住因所結諸果雖常並著不成公例

自世間一切現象。其起滅。視因果公例與原因會合之何如。是以異果並著。雖復常然。不成公例。以自別於因果之外也。夫異果紛呈。或爲並著。或爲相承。固多有其常然者。然此由其本因會合。而結果亦爾。因不並著者。果不能並著也。進而求之。是所謂因。或自爲果。如是累進。至其最初。將見異果並著。無從常然。若誠常然。必最初原因並著之情。本有公例而後可。顧前節已言。此種最初原因。其會合雜成之數。無由得其定例。原因之會合既無定例。則結果之會合亦無定例。其相承並著。雖若常然。均非無待。果之偶合者。生於因之偶合而已。其中果果相屬。差有獨立公例可言者。必爲一因之異果。果雖異而出於一因。斯其並著相承常然可恃。然此無異言一物有種種撰德。其中聯繫之情有定法耳。此逕自然公例。不佞將於本部後篇言種類特撰時。更爲詳論也。

第十節　論全力恆住之理

自此書第一次出版以來。歐洲格物之學日益精進。而宇宙全力恆住一例。所被尤廣。所藉以會通之理。

亦日以多。蓋此例如鉅工閎造。一時格物專家。大體精思。皆萃於此。顧其大恉。不外二端。一曰。討論事實。以爲會通之資。一曰擬議辛理。而後考同於物。

其討論事實奈何。彼謂兩間形氣之物。或稟自然。或由人事。向所謂異體殊性。而各爲生力之原。如熱。如電。如物質愛拒。如知覺運動。如動物勁積。（凡物行有遲速。西名爲威洛錫特。此言速率。今定凡用二文。則稱速率。如用單字。則名曰遫。又物質西名馬特爾。此言質。質之多少。則名馬司。今譯爲塊。凡言物力強弱。必以遫與塊相乘。是名爲勁。勁積者。其勁之全數也）皆可互易。而有一定之量數。可以豫推。夫此類現象。互爲生滅。古之人固已見及。特今日格致家之所爲。於相生互易之中。其羞數功分。能爲精密推算而已。是故彼是方生。相爲消長。如有甲乙二種力原。當甲之一分或全數消時。必有乙者或生或長。而二者之中。以若干甲。化若干乙。有不易定程。不得增減。設反其事。其由乙變甲亦然。前所已滅。今可復見。所復之數。與前無殊。假如今有一磅之水。欲其熱升高一度。其所需熱量。若轉爲力。如蒸氣漲力。可以舉一磅之塊。離地七百七十二英尺。或舉七百七十二磅之塊。離地一英尺也。蓋以塊乘距所謂勁者正等故也。又此所用熱量。雖已轉爲功力。然得其術。可由功力復轉成熱。量如其初。

此爲格物中包孕最廣之公例。自其例明。而格物家所以言形氣者。（案中國所謂氣者非迷蒙騰吹、块然太虛之謂。蓋已包舉前指諸品而並名之。以與理質二者鼎立對待矣）大異曩昔。蓋古謂如是力原皆殊品異體。各有本原。不可相混。至今乃知其爲一物同體。特發現各殊。惟其同物。故可相轉。且還變終始。其量數無累黍之差。使有一力於此。其量爲甲。轉以爲電。其量爲乙。他日又以丙力。而生丁電。則丙之於甲。必猶丁之於乙。又同一力也。而化熱、化電、化聲、化光、化爲人身之知覺運動。同時所生。或一或不一。然使一一以術爲之還原。其量必等初力。無幾微差。且於是諸力品之中。雖欲此有所長。彼無所消。其勢不能。消長循環。終符初力。凡此眞實物理。乃以一例四言揭之曰全力常住。常住云者。不生不滅。不增不減也。惟不生滅。故不增減。惟不生滅增減。故不能無所消而忽長。無與易而自來。凡此皆經無數試驗。而明者靜觀。所在在可見者也。

全力常住一語。實舉六合全量以爲言。但欲識其義之至精。又當知二品相爲生滅。變相反宗之間。時之短長。固所不計。其間不容瞬息可也。亙京垓年代亦可也。何以言之。今有一石子。經人騰拋空中。當其脫手。得若干遫。至於極高。力盡石反。（所謂盡者。蓋地吸力與原動力相抵爲無。）不容瞬息者也。墜至原拋處所。石之速率。必與脫手時同。特力路向上向下異耳。假令微有參差。則以原力費於空氣沮力之故。是亦可計者也。但使石轉下墜時。更爲一物所隔。如懸崖屋檻之屬。則此石長居高所。莫爲遂轉。歷歲不還。即至終古。亦意中事。則其原抛功力。有若暫失不見。必至復墜。始爲反宗。以其反宗。可知居高之時。力尙在石。早暮雖殊。有時仍見。此在物理。是爲儲能。別於行動時效實之力。世間力品。儲能爲多。又如石炭久埋地中。以物理言。此眞力海。儲能潛伏。亙百千刧。直至開採。煅之於爐。乃效實力。而爲熱品。轉以機器。能成鉅工。舟駛車轔。皆是力也。向者格物家。知物質三際。由凝轉流。從流變氣。當其轉變。翕受大熱。其度不升。因有變質伏熱之例。然頗疑熱爲微眇有質之品。靜涵物中。其論電慈。亦爲此想。自大力常住例出。乃悟其非。是故煅炭之頃。所效實力。乃取千刧以往。大地草木。吸受日光。孕成官品。力不虛受。具此儲能。今經焚燒。復成效實。凡此皆全力恆住之例。所討驗於事實。而得其會通者也。

更自其後一義。所謂擬議夅理。而後考同於物者言之。夫夅理不可以根塵徑接者也。擬議夅理。必存懸想。由意概物。考其誠妄。是以於事爲難。其夅理曰全力恆住者。動象恆住也。卽異品之力。互爲生滅。無他。亦動法互變而已。此其立言。純屬擬議。何以言之。蓋動物固有靜時。今言動象恆住者。無異言動無休時。言動無休時者。必取不可見之動而懸擬之。如熱。如電。如聲光。皆質點微塵之動。震顫往復。其度至微。而不可以吾官接。顧點之爲動。與塊之爲動殊。然點動可轉爲塊動。猶塊動之可轉爲點動也。動由塊而入點者。由可接而入於不可接也。雖然點動在物。於何徵之。曰有之。化學之分合化質也。其分於舊質而合於新。涫沸激躍。官可接也。乃至熱之爲點動。愈易明矣。在凝則爲張。在流則爲沸。在氣則爲弸張炸裂之事。此又官所得接也。且夫物形之變皆動也。使非點動。則由凝而流。由流而氣者。其孰爲之。是三者之變。皆點之震蕩愈閎。而往復之度彌侈。千鈞之錘。下而擊物。固塊動也。十乘之轉。附軌而馳。又塊動也。然而物摩軌熱者。其故無他。動由塊入點。致此變耳。由此。彼則謂因熱而有點動者。其說爲非。實由點動乃以生熱。而二現象本因。皆由前動。是前動者。爲塊。爲點。爲物撞擊。爲火燒薪。則非所論。但非由此。熱無從生。凡此皆所懸揣擬議者也。更有進者。欲轉大力恆住之例。爲動象恆住之例。其言力母。乃由於日。由日經此太虛。以熱與地。生諸種動。顧眞空無物。熱無由傳。是故言光熱二理者。皆爲懸設以太。以太者。乃最剛氣。布滿六合。人無由覺。然其物非無質。故以積多。能生沮力。能傳動浪。略同常氣。但精微耳。且以太不獨布滿虛空。又能入於無閒。質點莫破。隙當至微。然常爲以太所周浹者。是故日輪爲一大塊。炎炎烈烈。通體質點。騰沸震動。動達四周。傳及以太。附於以太。及斯物體。物體點動。乃有弸張。及呈光熱。感覺吾官。凡此於理。皆涉懸想。但其理至誠。更無疑義耳。由前得力界說。如云力者。方動之質。以質爲力。祇以動故。然此界說。終不可用者。以方不必皆爲效實。而儲能爲多。若擯儲能。恆住例廢。是故言力。不必皆動。有如石炭。方其在山。一切成靜。後入洪爐。乃成點動。亦不得云是點動者。炭伏地時。已常有之。至於舉石。騰寄山巔。當未下行。更無動在。是故力之正界。非曰動象。乃具動能。而所謂全力常住者。非謂六合無論何時。其動象常有此數。乃云能動之量。旣無從增。亦不能減。至一時效實之力。其數卽由此量。轉而形之。全數之力。兼效實儲能而時爲多少。斷無一時盡爲儲能。亦無一時全歸效實。大抵所謂物質通攝力者。多屬儲能。有其動權。無其動迹。或有謂此權之積。乃係先天效實之動。轉而爲此。此其懸擬。是謂夸誕。且通攝力所致之動。雖爲效實。要不從前有之塊點諸動而生。則吾人所共見也。

自全力恆住一語立爲格物至大公例以還。頗有人謂不佞前標因果諸例。未臻精密。如所謂最初原因。原來主體諸論。皆須改良。而後爲合。顧自不佞觀之。毋庸爾也。蓋動不一法。而動者不一。所以致動。亦不自一。吾人見一現象。無論其爲一力所形。抑爲能生一力。而斯二者。更有前緣合緣成因。則可決也。其因果相從之間。亦各有不易無待之定理。近世學者。取因果公例。與全力恆住一例對勘。推之至精者。莫若培因科師。著其說於所撰名學中。其所標大旨。謂察見象因果時。所最當著眼者二物。一爲動力。是謂事主。一爲羣有會合。是謂物局。動力爲能。物局爲所。能所相得。見象生焉。此其說甚健。意蓋謂因果公例。惟變生變。意能易者。而後有所易。故徒物局。不足以致變端。必有能變者。與於其際。而後變生。如欲然爟火。薪炭空氣。緼火膏油。皆羣有會合之局。然僅此局。不能成爟也。必資炭養諸物之愛力。而後爟生。又如欲爲磨麥。徒兩石輪囷。麥粒敷芬。不成磨動。必待水之就下。風之排盪。其磨乃旋。是亦力也。顧惟是培因所謂力。固卽具於物局之中。爲之涵德。不待求於局外。旣曰水。自就下。旣曰風。自排物。旣曰空氣薪炭緼火膏油。則愛力自存其中。乃今必取其性具固有者。而特標之爲事主。於辭毋乃費乎。夫所謂物局者。萃函能具德之物而成局也。函其成物之能。具其能爲變象之德也。然則培因所謂二者。舉其一而其旣從之矣。奚庸分乎。物物各具能所。不能外能所而爲存也。

設取全力常住一例。變其詞以爲之曰。世閒一切諸力。本先時之動而後有。如此。則言一切現象。亦當云是諸現象。所以成者。知其前緣。必有動相。如無動者。相不能成。此其說固矣。然須知是前動者。非爲效實。何以言之。譬如石炭。當其焚時。見種種光熱見象。然當在山。不韞點動。亦無壓力。又如拳石處高。有壓力矣。顧其爲量。僅等本重。至於下墜。速率漸增。所得勁積。不預有也。故知所指前緣。所謂動相。不關效實。僅能名爲此物撰德。以其具此撰德。事會湊合。自呈動相。而能動之力。如前所論。卽具物局之中。並非外鑠。而格物家所謂儲能之力。亦卽物撰之一。爲物所具有者。至吾人所索原因。卽此具有撰德者會合之物局。至於更進。而問以何因緣。具此撰德。則必資常住例所標新理。乃有可言。蓋物撰今爲現果。而由果溯因。以常住例。知由前動。儲於此物。動之爲量。等於所儲。而所儲新故。固所不論。或前刹那。或百千劫。無有殊異。然此理即前所云因所結果。乃以撰德。畀於此物。(本篇第五節)其所積儲能之力。與物他撰。同爲虛寄。待時而呈。非即事實。故此種種。所謂儲能。所謂寄積。所謂撰德。言其功用。皆以取便說詞。求明物象。以言其實。舍虛寄外。固不必作爲有物長存觀也。夫有力能無事功。既無動象。亦無壓力。此於現在。固同於無。無以爲有。名曰儲能。不過表吾心性情。謂他日設逢事會。其果當見耳。今有石塊於此。爲重一斤。使其爲日所攝。能由大地墜入太陽。則當至時。計其積勁。有億兆斤。顧今論石。則不過取其現有之重爲言。此現有者。即所施於載者之壓力。一斤而已。不能過也。彼謂此塊有億兆斤之積勁具於其體者。將無異言未焚之石炭函方焚時所呈之熱量。使前言未爲實境。則後語亦爲虛寄。炭所具者。惟其撰德。以此爲因。用有焚果。是果者何。若干熱量。從之而出。

從前說觀之。全力恆住一例。於吾舊立因果公例。不能有所動搖。亦不必別增新解。全力恆住一例之於因果公例。猶全質恆住一例之於因果公例。前例括動力之本原。後例窮沮力之歸宿。其有益於學界者。以得此而後格物公例。所見益眞云耳。而所見之眞。亦正如科師培因所言。由此可以分別眞因與非眞因而不過常爲並著者。蓋眞因成果。必耗本力。以此本力。轉爲異果故也。今有一動象於此。欲明其致動之原因爲何。則當局諸物中。有原動消變者。皆與此果之因爲有事。是則培因科師所謂觀察見象。所分事主物局之精義也已。

第十一節　論惟志願乃爲造業因之説（案此造業二字乃用其最初之義與常語之義不同）

有一古説。近數年來頗爲學者所主持。世之言因果而與吾説相僢者不一宗。惟此最爲有力。是故不可不明辨以著是非之實也。

古之言因果者曰。萬化皆原於此心。現象眞因。實爲志願。故志發體從者。因果之法式。而人心者。一切觀念名理之大原也。欲明果必有因。獨於此而可見。其人雖闇。亦知手足運行。爲所自主。獨至無生之品。其中因果。乃僅有先後相承之可知。若夫志願之發。則造因權力。爲所自知。有開必先。不必待覩驗而後信其能事也。無間其志願之果達與否。方其起欲。心知奮發能力之用。絶非外生而能起業。然則志願者。乃健以造因。而非順以應法。惟是健德。志者自知。造因達果。不俟閱歷。乃知其然。是故前謂因者無所待之常先。顧其爲物。尚囿形氣。而志願方超形氣。而爲一切現象之前因。蓋志願者造業之眞因也。且由此而推言之。則知形氣之因。雖居果先。無所造業。言造業者。惟志爲能。彼以謂形氣現象。皆力之變。力無所主。

即同頑相。設謂頑相之物。一經創造。莫持其志。自能常然。此於物理。無有是處。且物變之形。由心起業。無心有變。不可設思。說者又謂。宇宙萬緣。同爲業相。顧一言業。已涉知識。有業無知。亦成戲論。夫塊然物質。冥頑不靈。而謂其物自具種種權能。此雖極情造想不能至也。故世間現象。雖若形氣自然。言其眞因。皆由心造。心志願也。志願不由於人。則出於天。（注人兼諸生物言）今如地之繞日。成橢圓軌。顧此軌非毗心切線二力之所爲。爲此說者。不過形其跡象。取便說詞。而言其實。則地循此軌。全由天命。法輪旣轉。鴻軌常周。人從而求。見其與毗心切線二力之所爲者。正有合耳。凡古人所謂造業眞因。而爲後世則表章者。其說具此。

今夫造業因爲哲學聚訟舊矣。將欲發明義趣。其事固非名學之所圖。自說者以其理爲常識所可周。而科學所指爲形氣之變者。彼則以爲實出於天命。此其是非誠妄。固有可論。而得其要歸者。斯吾名學雖欲無辨。不可得矣。

自我觀之。志願亦形氣中之一事。二者之爲現象原因。正復相等。無所謂一能造業一不造業也。夫志願發心。百體從令。是二者之相爲因果。與寒風司令。水澤腹堅。鑽燧星星。燎原火烈。相爲因果。無所不同。發心之志願。以爲之先。從志之手足。以爲之後。以吾意言之。是二者之常然相承。要未必如前說所云。爲此心所直接自知。而無俟於閱歷者。夫謂嗜欲運動。二者各爲現象。先後皆其心所覺知。誠然有者。獨二象之聯屬彙征。則純爲閱歷以後之知識。彼謂志願之發。造因權力。爲所自知。由因達果。有開必先。不待覩驗。已信能事者。此眞吾所不能附和者也。向使有生以來。主動涅伏。壅廢斷絕。或肢體不仁。偏枯痿痹。則嗜欲雖至。形跡不隨。其所謂志願發心。百體從令者。旁人苟不相告。彼又烏從而徵知之。當此之時。前所謂心知發奮者。以人身內景之理言之。將爲覺意。起訖終始。盡於腦界之中。無肢體外動之爲繼。第覺固覺矣。而以言奮發。則必不可。蓋奮發者。用其自力而求得所志之謂。而於此之時。形旣痿矣。且生而卽痿矣。則恐不特無奮發之事。將亦無奮發之思也。以如是之情境。而吾心尙有覺知。將不過嗜欲之情益之以不自由之苦而已。然則此時之志願。無亦順以應法。而不能健以造因明矣。

善夫哲家罕彌勒登之爲駁論也。其言曰。欲明古說之不然。但著思於心志形動二者之間而已見。蓋形動爲吾心所覺之顯象。而心志爲吾心之所覺之隱情。然而二者之間。自內景言之。尙有歷層之形變。爲吾心當境之所不自知者。是故願之與行。如二環然。分處鋃鐺之首尾。而中間之無數節目。則吾心概夫未之有明也。夫以志動體。其事世之人所皆爲。其故世之人所莫知。吾欲行而足舉。吾欲攫而手拏。然當方拏方舉之初。吾體中之骨幹肌肋脈絡涅伏。乃至於種種流質定質。皆緣欲致動先之。而手足之拏舉乃終見。是諸動也問有當機立覺者乎。則無有也。且其理驗之中風不仁之候。乃愈明已。方其始病。不悟其體之果不仁也。必既欲之。而體不從志。乃恍然悟心志形動之絕為兩端。而志至者氣不必隨也。則閱歷而知之事也。夫自病者必待驗而後知其形之不從心。吾有以知常人亦必待驗而後知其形之果從志也。此罕彌勒登之論也。彼謂志願造業。不待閱歷而知者。倘有當乎。

以志壹之可以動氣。遂以志願為造業因。志發形動。理居事先。無待閱歷之驗。乃至求其實證。則操是說者未嘗為之。且以謂不必為。彼謂以志命形。義固自了。若夫質以動質。形以變形。其理更須解譬。而後可喻。且謂如是因果相受之間。若無使者。揆諸常道。不可設思。然則彼以志願為造業因者。其說非由實測。乃據所指本然之心德而言。顧其迷謬。自不佞觀之。乃坐以心之習為心之理。又緣是習。起於最初。人所同然。故有此失。蓋人近取諸身。覺心志形動。二者相承。於人所習。此為最先最頓。最徑最常。自彼有生。夫已如是。自餘身外他變相承。形動生滅。雖有常然。未有能如是之習者。而人心常法。以便設思。往往取其最習。例所不習。以是之故。彼見以因致果。莫若嗜欲志願。常信無違。於是於思力幼稚之秋。遂謂從欲致動。本心造業。為因果法式。以例世間一切現象。必有志願。為之真因。近由人心。遠基天命。此鬼神體物之說所由來也。今欲著其說之謬悠。固不必用休蒙學派之說。但取宗教哲家。如盧力德之言。著而論之。將學者益知高識大心之談。但使意在求誠。則雖學異宗風。其說亦合。(以下皆盧力德語。)

健行論曰。方古人俯仰觀察於近身遠物之間。而思其所以然之故也。見有物焉其變動爲己所得與者。又有物焉。其變動爲己所不能與。而別有其使然者。於是曰。如是之物。其有生氣精力如己者乎。抑亦有生氣精力者。實使之然。其道若己之使物乎。此初民動物二法也。

顧初民之用思也。常以第一法爲最便。來諾爾神甫云。蠻人遇動物。不知其故。輒稱有神。此不獨蠻人爲然。凡民用思。莫不如此。必待教誨破之。而用思有法度者。而後免此。否則長爲蠻人可也。

來諾爾之所言。固有徵於事實。亦可於種民文字言語而驗其果然。

淺化之民。莫不以日月星彗。山川風海。泉源江湖爲有神。神者何。謂其有知識思忖動作健行之德也。惟神故嚴之而罔敢斁。祈其懷保。祀以馨香。此蚩蚩者崇拜鬼神。迎尸範偶之本性也。

更察諸種言語文字之初制。更可以得其時之信情。卽如動作之字。莫不分感應二門。感而健者神之事也。必以謂有神之物。應而順者質之事也。則以云受事之頑質。

故曰。日出入矣。月弦望矣。風吹潮來。水流花開。彼以爲是莫不有神。各能自顯其動力。故言其事。亦以感健之動字爲之。

夫考一國之文物。必自所傳之載籍。顧未有載籍之先。則民智見端。惟著於文字者爲最確。單文隻字。皆上古進化歷史之金石也。雖年世久遠。不少磨滅。然使觀得其術。則制作者之理想感情皆可見也。乃至其例。可以通諸種各國而無不然。則其中所表之思情。必爲初民所同具。

有聖人起。以其心量之超於常倫。而又得其閒暇也。乃爲卽物窮理之業。始悟向所謂有神。而具自動之力者。其物實同冥頑。而爲他力之所使。此民智絕大進步也。由此而心德乃尊。脫於往者鬼神之桎梏。其自任益重。乃進觀於物理之會通。

故惟哲理日明。民心之所嚴日寡。向之所以嚴之者。以其物爲有神爲具健德故也。乃今塊然順而受事。向也其動以志願。以自力。今也其動以理數。以外因。彼方同受運轉於洪造大鈞之中。隤然無所自主。功罪皆非其事。則吾又何所取而嚴事之乎。六合之內。乃若時表之機。一輪之轉。他輪爲之。輪更有輪。至於無已。嗟乎。此自民志肇開至今。所猶未得其歸宿。而太極之所以爲無極也夫。（盧力德之言止此。）

以此觀之。則人心之於因果也。常近取其當躬之可知。以遠例物理之難見。其爲此也。若任自然。而無俟學。蓋當理想最爲幼穉之時。所見此起彼應。常爲相承者。不過一身之中。內之願欲。外之動作。與旁人之同其可見者而已。若夫物例之純。雖上下昭著。未及察也。洎夫以心觀物。稍見會通。知因果之道。不關嗜欲。前者物變起於願力之意。始以日消。雖然消矣。而日漸之德。深於哲理之思。所謂惟願力造業之見。仍著心本。雖復學問。不皆掃除。且爲哲理之沮力。不使新識有所根蒂發榮於中。此造業因之說。及謂必有志願。乃有事功。凡不佞所欲摧陷廓淸者。所以至今牢不可破也。其說之堅。不緣理解。乃由最初心習。沈著堅韌。不可刪鋤。

雖然。是習之沈著堅韌固矣。而終不得目爲心德之本然也。此求諸哲學歷史乃大可見。何則。自有科哲諸學以還。古今學者。不皆以形氣因果爲不可設思。亦不皆以造業惟心爲可思議。實則諸派之中。多言形氣因果。爲同物相感。理易設思。而惟心造業。以神運質。異物相驅。乃眞不可思議。是故二變相生。名曰因果。使皆形質而相感應。此在治科學者。但使心習稍成。卽皆視爲應爾。不獨如是因果之間。無煩解說。乃至以神運質。必待明其相驅之實。是質非神。始得了義。夫使古今學人。爲論如此。則知造業惟心一義。其持之者當由心習。非根心德。灼灼明矣。何則。使其根於心德。則知是異說。已莫從生矣。

近世有一哲家。論希臘碩師。治形氣科學所以終乏勝效之蔽。其指事甚確。其見理極精。然其平生嘗極主願力因之說。遂使所論之言。無異自表其心習於不自知。其言曰。希臘人治形氣之學。所由終於不達者。坐舍見跡以求物情。不知學者於物變因果之間。能求其跡。而不能求其所以跡。必求其所以跡。故彼之心常冀於見跡因果之外。遇一物焉以爲理。謂知此理。則因果常然之跡可以前知。於是見因果矣。而於形氣之中。更扣其所以因果者。此所以用畢世之勤而終於無所得也。其論希臘古哲之言如此。意蓋謂古哲知二變之爲因果矣。而意以爲未足。謂窮理盡性之事。必於見象之中。得一物焉。知此。則於一因也。雖未見果。可以決其果之必此而非餘。此其箴古人之失可謂精切微至矣。然論者不知平生所主造業惟心之說。其失正與此同。亦於因果之外。求其所以因果者。則亦曷嘗有是物哉。且論者之說。猶有未盡也。彼希臘古哲之所爲。不僅求其所欲得者已也。實且囂然以爲旣以得之。不獨窮其所謂造業因也。實自以爲旣知造業因之爲何等。故論者之與古哲同其失。而不同其所以失。彼之以古哲所爲爲過也。蓋以謂因果二變。苟獨求之於形氣。則見然固然。初無致然之理與於其際也。而自古哲言之。彼非知其過而怙之也。其守此不移。固其心之所存。與今之論者大有異。彼方取形氣之變。而一一會通之。乃至得其一原。而愉然自以爲懸解。而在論者之意。則以謂宜求諸形上。惟願力乃可以爲造業之眞因也。是以達黎吸樸諸子。以濕化爲萬物之原。謂本此而得宇宙無窮之變象。安那芝彌尼以氣。畢達哥拉斯以數。凡皆自謂得其眞解。無上眞因。而爲萬殊之一本者也。彼古哲之言物理也。其謂因果萬殊。不能無所謂一本者爲之主化。此其旨所與前之持論者同然者也。特未嘗以願力爲造業之眞因。此其旨所與前之持論者異然者也。曰水。曰氣。曰數。自彼言之。凡前之不可思議者。得此而渙然冰釋。故其愜心析疑之用。正與後世主造業因之說者。同其愉快也。

今夫言因果。以形氣所呈之先後爲不足。務求遇其所謂理者。得先成夫心。以決見象之必應爾。此不僅希臘之古哲爲如是也。求之晚近哲家。則有賴伯聶子。常謂理有不待證而共知者。一切物變。因之生果。必有其所以生之可言是已。是其用意。與希臘諸古哲同矣。顧其異於常派者。則諸志以命氣。雖爲權力之內證。然不得以此爲因果相從之原理。故志願造業之說。不可用也。彼且窮之益深。進求此志以命氣之原理。若以帝謂言物變者。則惟神異之端而後可。至於尋常形氣之因果。其中相系之故。必更求易簡而愜於人心者。徒云天命。未爲得也。此賴伯聶子之學也。

且以志願爲造業因。在前之學派。則不獨以其理爲出於固然。而無煩解說。乃至世間一切形氣因果。亦必有人天之感欲行於其中。而後其果從以發見。此惟願力爲造業因之學說也。乃自他宗哲家言之。則又謂志氣相使。其理至爲難明。不可思議。緣此故特卡爾諸人。不得已倡遇事因之說。以釋其紛。蓋彼謂神質異物。何能相使。志欲之不能命動。猶形質之無由起思。虛實相因。理不可喻。夫特卡爾者。惟心學派之宗師也。其學直指本心。以爲萬物法制者也。然終以志氣爲不相因果之物。則造爲遇事設因之說。謂有眞宰。實爲一切現象之眞因。假如吾欲動足而足動者。非吾志願能爲此也。乃眞宰遇此。爲之發機。而動果見。由此言之。世間一切造業眞因。非形非質非志願。曰惟上帝。而上帝具此能力。非以其心。非以志願。而以其無所不可而全能。此在哲理。固爲懸設。而其設爲此意義者。正緣志氣神質絕爲兩物。無論人天。不能相使故耳。且其始也。以神運質爲不可思議。其繼也勘論愈精。而二質相使。亦爲不可思議。不可思議。故不應爾。不應爾而竟爾者。則造化眞宰。隨時運事。以其不可思議能力。與於其際。譬如鐮石相擊。以不可思議能力。爲之遇事因而火見。牝雞伏卵。亦不可思議能力。爲之遇事因而子生。

夫諸派哲學。其於因果不同如此。吾黨次而觀之。知其故無他。徒以人心觀物。於前因後果之事。不肯止於事實現象之相承。而必於事實現象之外。合漠窮幽。求其所以相承之故耳。且彼所自謂得理者。不必甚異而難知者也。彼方卽形氣變象之中。而取其最稔習之一事。舉此以解所見者之差繁。此如達黎安那芝彌尼謂諸因結果。必待氣水爲之化原。夫而後其變爲可喻。若夫不佞卽今之所辭闢。所謂持造業因之說者。則又謂物質自變。理不可通。必有志願。或天或人。用於其間。乃足造業。而至特卡爾之學者。則又以此爲難言。必世間見象。一一爲帝謂之所通。夫而後有可言之因果。夫其說之不同如此。則後之學者。將安所得其一是而守之。雖然。自不佞觀之。則其異無他。徒以其人心習不同。而其說自爲異耳。夫心習者意相守之所爲也。故彼所可思議。與其所不可思議。羌無定程。而但視其所習爲何等。心習於此。則彼所謂易見者。此可以謂難知。心習於彼。則雖此之所至難。而彼可以爲易喻。本其心習。定所設思。難知者雖論可以不通。易喻者則其理至明爲無待閱歷解證之公論。嗟乎。此誠科哲歷史之恆然。而玆之聚訟。特其一端已耳。

蓋諸派之所以立其說者。莫有求諸事物者也。而皆指其本心以爲正。是以其義皆主觀而無客觀。其一曰。甲乙相承。不若丙乙相生之爲徑。事既可解。而又有所以然之理之可言。故謂乙者待甲而形爲誤。甲乙之間。必有丙焉。惟有丙而後可以得乙。非丙固不能也。此吾人心理之所同具而至明。無待辨證者也。其一曰。唯唯否否。自我觀之。丙乙之於甲乙。其相承之爲徑均耳。且甲乙相承之易知。若過丙乙者。則甲何必得丙而後有乙乎。其一又曰。謂甲乙之可以相生者。固誤矣。而云丙乙相生者。亦未爲得也。必云丁乙相生。而後得其實。故知丁者。其合於大道。過知丙也。之數家言。其爲聚訟如此。此其非眞理公例之行。殆可以洩。而吾黨於斯所可見者。人各本其所習以觀化。而由之分難易耳。彼之所習固不同也。則取其義之相守最深者。以爲其心之良知。以例外物之相感。不知彼意之相守最深者。特亦現象相承之一法耳。烏足以例外物之相感。而以爲特出於自然而最簡易者乎。諸家之論皆然。而彼以志願爲造業因者。

是其一也。

且彼既以志願爲一造業因矣。而且以志願爲一切之眞因。雖有果顯然。爲他因之所結者。猶以爲志願之所爲。曰舍是則無因果。今夫志願之近果。無他。止於人身涅伏之變。蓋志願發心。而百體從令。二變之際。涅伏介焉。故志願卽能造業。其所造者卽人身言之。不出涅伏之變而已。然則縱以其說爲然。謂諸現象必有造業之因。徒取形跡之因。未爲了義。而人類之言動視聽。確有志願嗜欲。爲其造業之因。將吾黨由是而推。遂從其說。直云造業之因。所可知者。止於志願嗜欲。至於其外。以無明徵。故不可用。是以世間現象。必因志願嗜欲而後形乎。假其云然。則破壞名理。雖天下武斷之言。無加此者。何以明之。夫天下因果見象多矣。而其中僅此焉。動乎吾心。致涅伏之變相。則卽此而謂爲造業之因。猶有說也。乃今以是之造業因。動於吾身之中而吾覺之。又以吾所能覺者止此而無餘。遂欲近取諸身。而宏推之於宇宙之萬變。雖其事所閱歷者至狹。所爲感覺。舍人道動物而外。莫有徵者。舉不復顧。輒謂一切因果。必有造業而造業者必同於吾心之志願嗜欲也。此其於名學內籀推概之例爲何如乎。往有論星球世界之說者。其所爲正如此矣。其所閱歷者。僅此一而無餘。生於斯。死於斯。長種族於斯。故大地之爲行星。有其居之之人物。無可疑之事也。乃今欲舉此一以例其餘。凡陽宗五緯。月從彗孛。乃至恆星雲漢。與夫星氣之無窮。

輒謂星球之用。固所以居。使莫之居。則不應有。此其爲說。與本吾身中志願所爲之因果。舉以例一切世間之因果。以謂必有欲者。其變乃生。寧有異乎。夫舉一以例其餘。內籕所爲有若此者。然必合其所同。以推所異。從未有無同可言。不過各爲現象。遂可舉一以例其凡。斷爲無異者也。今夫宇內生者不一物矣。吾生而並謂他物生者。非當其躬而覺之也。吾以彼爲有知覺運動而無疑者。非曰以吾之然。彼遂不得不然也。吾所爲推者。以吾與彼所兆者同也。惟所兆者同。故推其因。有以決其不異。若夫山川風雲草木華實。亦宇宙之大物。而皆有其能事者也。然彼與吾所兆者異。彼與吾之現象。非一例也。故吾之生。不可以例彼之生也。乃今主造業惟心之說者。吾叩其故。則曰因果固然。不察所兆者之至異。其所取爲法式者。又爲形氣中至狹之現象。徒取其心習之所偏者。欲混而一之何可哉。此造業因之說所以爲吾名學之所不用也。

篇六　論幷因

第一節　論幷因有二法門一協和之合一變化之合

所不可不明因果相承之理者。以非此則無以立測驗之方。而為格物窮理者利其器也。前篇於因果相承之理詳矣。然尚有一不可不知之別異。以其事所關甚鉅。非專篇論之不能盡也。

前謂一果之結。常不止於一因。往往諸緣悉會。而後果見。此當為學者所共明矣。今設諸緣畢具。而其中有特具之二因。會合同功。而成其一果。又設諸緣如故。而是二因者。各各孤行。則又各成其專果。而與前者所共成之果不同。特其不同之數。使測驗者於二因之專果。乃所前知。則於二因之共果。無待實測而後知。但據相和之情。可逆推之而得其必呈之實。蓋二因成果。各有專例。今則因合果合。果中所各得之分。一如其因所各得之分而為之。不差累黍。世間現象。如此者多。且為其甚多而最要之一部。如動力諸相是已。動力諸相。以動相驅。或無動相。而但有漲壓諸力之相。使其相轉相使之時。一力皆有一力之效。故此類因果。有言二因相尅者。乃為謬詞。何則。於共成果中。諸因之效。皆有可指。完全滿足。一如孤行故也。今設有物。為二力所驅。其一向東。其一趨北。其所行道。與所至點。二力同時所共成。與二力異時所分成者。效驗正等。此例於力學名并力例。於吾名學為并因例。并因例者。并因成果。等於分因成果之和。

前例所加廣矣。而以概形氣諸變則大不可。其最顯然與此例異者。莫如化學。化學往往以二質之合。成第三質。顧第三質之性情撰德。與所由成之二質。莫不迥殊。亦與以人力所攙合之二質大有異。此如輕養二氣。合而成水。二氣之性情。在水莫由見也。又如以醋入鉛養。乃得鉛糖。以銅入磺強。乃得藍酸。凡此皆色味懸殊。性情絕異。略舉數端。可見果中之物。不與因同。果之變態。非實測無從逆億。是以力學爲科。屬於外籀。而質學不然。力學之計力效也。無論所言之力。爲塊動之顯。抑爲點動之隱。但使知孤行之例爲何如。則並生之果可豫計。蓋其物守例至信。無間在合在分。分成之效。仍存共果之中。測者所爲。會焉可耳。乃至化學所治之現象則不然。其諸因孤行之例。至於會合。杳不復存。假有二質於此。雖各著之性。爲所已知。然而化合之時。當爲何狀。所成新質。屬於同等。非經實測。欲逆指以定之者。吾黨今日所知。尚未足以與此也。

化學中諸因之會合。其果已不可知如此。乃至有官之品。爲之原因。所會合爲成。所謂生生之例者。其不測愈可知已。夫有官之品。其體中所具之質。固皆本於無官。乃合無官而成其有官矣。且生理附之而見。此決不能從無官者孤行之公例。抑從其會合相感之理。遂推而得其近似者也。吾黨於生物一身之含質。無論所微驗推勘。其精密廣博。至於何等程度。然終不能以其所分。言其所合。以含質之情狀。解全體之生機。譬如吾舌。其所合之質點。若膏若縷。若一切之化學質。以較他部之質點。不甚異也。然此何爲而知味。而他部不能。然則所呈於合果者。欲求之於分因。雖累千劫。莫能明矣。

是故果之結也。常不一因。而以因之會合有二法門。故物理公例。其相牽涉。亦分二觀。請先就其和合者言之。（其會合如力理者。謂爲協和之合。省爲和合。至會合如質理者。謂爲變化之合。省爲化合。）今設於某所某時。有二因者。方各孤行。則結互相衝突之果。衝突云者。大畧言之。一主建立。一主破壞者也。如火藥既然之後。以其漲廓之力。推激彈丸。可終天際。顧自彈丸出口之後。地力牽攝。無有已時。是以藥力雖盛。必終墜地。又如挈壺爲漏。其一竅受水。能使水平之遞高。有浮箭之驗。其一竅瀉水。又使水平降淺。而壺水以虛。今無論竅有大小。流有舒疾之殊。由之而得差數之結果。即使受瀉適均。同時有事。致其得果。同於無物。如此亦不得謂二因之例。或有不行。蓋惟同時。抑爲先後。是二因者。當其分行。兩不相謀。各循本例。故其結果。以和合言之。無論爲無爲有。觀物者不得謂其例爲未行。或於此而忽變也。雖然。是二因者。固明明相毀矣。而猶云和合何耶。此其理想出於代數。方數術之未進也。加減之事。每分言之。自代數理精。則數有正負之分。術無加減之異。所謂加者。以正入正。所謂減者。以負入正。故其所得。雖較猶和。而其通和或等無物。其術愈廣。其例愈賅。有裨窮理。厥功甚鉅。惟援此例。故雖相毀之因。亦得稱爲和合。故凡因之和合者。雖相衝突。其例各行。即至得果爲無。亦各行其例也。獨至化合。則合因之例。與分因各行之例。絕然不同。舊理不見。而新象代興。且必歷驗始知。無從預計。化學以二流質勻合各若干分。至於

其界。二流忽然轉爲凝質。其立體占位。亦大於二流體積之和。是則變化存焉。異於和合之果者矣

第二節　論因果以和合幷因例爲常其餘例爲變

諸因會合。其共成之果。等於所各成之果之和者。曰和合。其共成之果。異於所各成之果之和者。曰化合。和合者二例同功。不相變滅。化合者構精變化。舊例成新。其爲不同如此。此萬物變象中。最要區別也。前曰幷因。爲變象因果相承之常。而化合之幷因。則爲特殊。爲變例。然宇內之物。所呈現象。雖極變化。無悉與幷因例背馳者。所歷之變無窮。然其中常有一例。爲所恪守而可尋。此如物質重數。和合化合。常爲特操。無所增減生滅。爲雜質之金石。爲官品之動植。其所合之重。必等於其分。夫物之重率。固有變異之時。雖然其變以攝力心之遠近爲差。假所距既同。則感物平等。不緣分合以爲異也。故卽以動植官品而言。天機構合。有官知神欲之異稟。顧其身之質點。以力理言。以質理言。皆未嘗以有生之故。而失其本來之撰德也。推之則動。灸之則焦。是其爲物。仍守力理物質之公例。而未嘗變。總之當諸因會合變化。而新例生。是雖與諸因舊例爲殊。而舊者常不爲新之所盡掩。必有一二不易之定則。以與所成之新例。並著而偕行也。

例之由化合而得者。以之爲幷因。又可得和合之新例。此如化學生理諸例。多化合而爲幷因常例之變者矣。然不以其例之生於化合。及其自爲幷因。遂不得復爲和合也。蓋第一共果。雖由化合之變例而結。而共果自爲幷因。復結第二果時。又可循和合之常例。諸因之會合也。方其一變而舊例革新。至於再變則新者循故。是故化學生理諸科。其學未必無漸成外籀之望。蓋欲窮雜質之理。於原行撰德之中。或欲明官品性情。於所考動植原質之公例。其不能固也。然則取一合而後。雜質官品之公例。由簡馭繁。以求後此合成之共果。則固常有可推之理者矣。今假於人身質點原行之中。欲推其所謂生理者。勢固萬萬不能。然生物之例。有簡有繁。其繁者則多從其簡者而得之。蓋簡例之成。固從化合。而簡與簡者所會推而成之繁例。則皆依和合之常。無爲化合之變者。且不徒生理之例可相爲合。乃至以生理之例合之力理質理之例。無不可者。而其結果皆和合之可推。無化合之難測。即如生物現象其合簡成繁。依和合幷因之常理者。晚近所得尤多。故其人於此等現象。考驗日深。愈知原因會合。簡者所循之例。常行於繁者之中而不廢。乃至心靈現象。推之羣法治功。莫不同此。蓋羣法治功非他。特心靈現象之呈顯著明者耳。今夫會通之業。所謂以賅通之例。舉散殊之小例者。化學境進。最爲無多。然以今日學業之事觀之。此道通爲一者。化學亦非無望也。夫欲以原行之性情。言合質之撰德。是固其道無由。然雜質原行二者所各具性情撰德之中。固或有一定之對待。此假以內籀正術。求而得之。則後此合成之數質。當爲何等。與夫雜質分析。當爲何種原行。固或可先試驗而操其左券。近者達爾敦所得之合質定例。可謂賅通。雖所御者止於量數。未及性品。然即性品之例。固亦有其偏及者。繼斯鑽索。安見不能得其公溥之例耶。酸強之與底雜。此雜質中之二大類也。二物遇其成質爲何。其性品奚若。科之疇人。大抵皆能言之。又巴妥烈之二鹽相解例。又如同分結晶例。皆晚近之創獲。所從之可以漸窺合質之祕者也。（此外爲培因所舉者尙多。如謂原行質點。愛力最大。雜質融液。必較其所合之原行爲易。物質愈合愈凝。愈分愈散。皆新例也。見培因名學）故化學多變化之合。致其共果之例。不可即分因而前知。是謂歧承之例。然其歧承之理。亦有可言。夫雜質之性。本於原行。雖非今日所能言。庶幾後此得之。以與原行公例合。而變化學爲外籀之科也夫。

由前觀之。直謂世間無一現象爲并因例所不賅者。未爲失也。諸因會合。其所成之公果。實總其各成之果而得其和。此其大率已。雖然。斯例也。可以云大率。而不可以云大同。蓋有因果。當轉因爲果之時。而諸因之公例不見。新例行焉。是新例者。或蝕其舊。或盡變其舊以爲之。特是之共果。其自爲因也。則又循并因常例以爲合。遞推以往。可至無窮。故曰果之見也。不以一因而其成果之例。有和合者。有化合者。和者其常。化者其偶。即在化合。一化之後。不復更化。復循常例。而爲和合。是則幷因之理而已矣。

第三節　問果之於因有比例否

頗有一二名家。以因果比例。爲不諍之公論。且本此以言自然之變。雖有變例。亦必從爲之詞。以徵其理之普及。顧自吾黨觀之。則因果比例一例。所謂果必視因爲消長者。固居物變之多數。此其理已爲前節幷因例之所包。而無取於分立。且因果有比例者。所幷之因。必爲同物。故其公果能等於分果之和。如用一百斤挽力。可挽一重物於斜板而上之。則用二百斤。可挽同物者二。此謂果之與因。有比例也。第所謂二百斤者。其挽力非倍一百斤者耶。向使分而用之。其前後所挽之物。亦正等耳。分用則分舉。幷用則幷舉。此謂幷因和合得果等於分行。無足異也。然比例之例。必不可用於化合之因果。向使因增。而所得之果。物殊其前。則所增之因。非以長果。乃以變果。如有一物於此。加之以若干之熱力。則其體積漲大倍其熱力則融液之。三其熱力。乃分其物爲原質。是三候之果。固爲殊品。殊品故無比例。然則因果比例一例。獨可見於幷因和合之時。非和合者。其理不可見也。非和合者。因會而物情變。物情變而故例不行。故曰無比例也。是故比例之例。其賅備不若幷因例。則以爲幷因例之一節可耳。

以欲明內籀之術。故不得不於因果之爲物。先有所明。蓋內籀爲術無他。凡以窮因果之情狀云耳。世間現象相踵。有其常然。物變並臻。有其同體。凡若此者。於因果或自爲例。或由一例之所推。或爲一例之旁證。假使吾人之智。見一果而能言其因。得一因而能知其果。則所謂與天爲徒。執化之樞者矣。當此之時。物變所由。莫不可知。而未來之事。使弟佗所據。周悉不遺。則皆可預言而無由遁。（弟佗見部甲）是故總而言之。內籀者。遠之則所以求造化之法例。近之則日用常行。所以見果知因。執因定果。而名學所謂內籀術者。凡以通其事之方耳。

篇七　論觀察試驗

第一節　論心之析觀

夫所謂冥心觀化。即物窮理。知有某事爲之先。莫不有某事爲之後。歷見屢效。未嘗或差。後者必從其因。先者必致其果。如此者非合之事也。亦析之事而已矣。夫萬物萬事。莫非果也。其著而肇有也。必有其因。

而是因者。又必爲一事物。或爲一宗之事物。具則其果立見焉。此至確而不可易之說也。故世間今日之所有。乃昨日所有者。自然必至之符也。促以云乎。則此剎那之所有。乃前剎那所有者之效驗。繼繼繩繩。盡未來際。而吾可決知其有常。使他時者六合現象。有復如古之一時者乎。則必流轉以復至於今。又可決也。是故窮理之事。在析所見之繁。以爲其簡者。條分體解。識某果之由於某因。

如是之爲。謂之析觀。以取其渾全而析之。以爲部分故也。雖然。其事不僅爲之於心而已也。使有人焉。卽一現象以致其思。徒用心力。而爲之縷析。此其所爲。於吾所欲求者。尙不必得也。然其事必託始於此。夫曰天秩曰物則固也。然方其一覽。則紛紜膠葛。雜遝總至。莫化工時時之所呈若。乃吾心之所爲。卽取此紛紜膠葛雜遝總至者。而條分之。將於此見其孰爲先焉。將於此見其孰爲後焉。雖然未至也。見其先後矣。而先者孰後之所先。後者孰先之所後。猶未能定也。將欲定之。則徒析之於心者不足用矣。必析之於物焉。求析之於物。非先析之於心固不能也。且一言觀物。其術至不同。而愚智巧拙相絕者。夫人而見之者也。蓋觀物之審否。視爲析之何如。善觀物者。非徒見其物之當前。與夫其物之全而已。固將得其物之部分而條理之。此非盡人之所能爲也。其神之不凝。卽當其物可以無覩。或覩非所覩。而遺其大半。其意之不誠。則妄見作。其所未覩者。自以爲覩也。以所臆造。當其事實者有之。以所謨知。爲所接知者有之。或知其類矣。而忘乎其數。或識其量矣。而昧乎其品。或旣覩其全矣。而其爲之別析也。或合其宜分者而爲混。或離其宜總者而爲複。其析之也。直不如其不析之爲愈。則甚矣觀物能晢之難也。今夫明何者之心德。與所以習其心者之何如。而後觀物能善者。此其術誠可得而言也。然其事非名學而教育自脩者之所講也。夫欲與觀物者以巧。賢聖所不能也。爲之規矩焉。使率由之。以無至於或悖。是所能也。是故其事如教製造然。凡所謂章則律令者。取以繕學者之心。使有製造之能。觀物之素者也。彼非教人以所事也。而教之使可事事。彼特予之以強植筋骨之方。而非授之擊刺攫拏之術也。

若夫觀察之廣狹。縷析條分之以如何爲程限。則事有不同。而不可以一概。無論何時之宇宙。必盡其所有之現象而詳之。此不獨勢所必不能。卽詳之要亦歸於無用。譬如今之治化學者。當其燒煉之頃。於七政之躔。所不必紀者也。以其事之兩不相涉故。然古者鉛汞之家。則以所關爲至重而謹著之矣。蓋以彼之道言之。則亦著其所宜著者而已。且取現象而析之。使必釐然期於至簡而不雜。此亦至難言已。蓋吾所謂至簡者。未必其果至也。雖然惟此亦無足患。蓋其析之也。期於有以資觀察試驗之功而止。資之奈何。明其分區。使二者各知所用力是已。故所最要者。吾旣爲之微析矣。而未嘗以所至者而自畫。卽或爲前人之所分區。亦不使之爲吾拘而不敢進。使他日者。遞進更分。移易部類。而誠便吾事乎。則取前析者而進析焉可也。每見古來窮理之家。乃至希臘鴻哲。往往不悟一乎名之中。常函數現象之義。而世間事實理境。所已有之文字名義。常不足以盡之。故析有名而至無名。常爲理家不容已之事也。

第二節　其次析於事實

夫旣心爲之析觀。則其事之本末先後。將各有其別異。乃今所爲。則求其所以相維繫者。蓋凡事物之至吾前也。必有爲其衆先。亦必有爲其衆後。向使是衆先之可析。止於吾心思想之間。而未嘗或見諸事實。而後者亦然。則所謂相承之定理公例。必無從得。而雖有因。吾不知其何果。卽有果吾亦無由指其何因也。是故欲明因果之相從。是衆先者。必有時焉遇其一不見其餘。而吾於此時。得察何者爲之後。抑今所見之衆後。亦有時焉遇其一不見其餘。而吾於此時。得察何者爲之先。此培根氏所以著易觀（讀去聲）之術也。夫易觀者。所以抽因果使之孤行而可識之術也。然此不過格物窮理之入門。而非窮理之專術。雖有他術之用。必以此先。而或以爲盡此。則失之矣。

欲以爲易觀。於是有觀察試驗之二術。觀察者。卽於自然。以候其變者也。試驗者。爲之人事。以致其兆者也。苟審其術。則二者皆可以得理。而靡所軒輊於其間。而內籀之所以繩其堅瑕。審其虛實者。亦同律令。

如人之錢帛。但問主權之確否。其爲一己所力得。抑坐享先世所貽留。不必問也。故天理公例。其爲觀察自然而得。(如天文世運之屬。)或經設事試驗而明。(如化學格致之屬。)其於名學。初無等差優劣之懸。獨至本以爲術。則各有利用。而爲學者所要知。而宜詳審者矣。

第三節　論試驗之優於觀察者

若比二術而觀之。則見試驗之用廣於觀察者遠矣。夫二術同以易觀。若觀於自然。則所以爲易者寡。而爲之人事。則其所以爲易者多。蓋觀於自然。則必隨所遇。權非我操。而爲之人事。則吾得爲之部署。取適吾事。以副吾之所欲求。彼自然之所流行而昭著者。本非所以便吾學也。故其事常相需而不相得。今如生類非游於氣中不活。固矣。而氣之中有二物焉。今欲知是二者孰爲生類之所不可離。此求之自然不可得也。乃由是爲之試驗。各置生物於二氣之不雜者。而生之所待者乃立見。自然之中。無不雜之養與淡也。故致吾之知。必假設事。且是養與淡者。亦非試驗以求。莫從得者也。

然則試驗之優於觀察。乃爲學者所共知。蓋以試驗爲易觀。其所設之事之境。可以無窮。而求其自然。往往欲易其觀而不可得。此人爲之勝於天設也。然人爲之設事。尙有勝於天設之所爲。其關係於學術之重。不遯於前。而未爲人人所知重者。何以言之。蓋自一現象之可以人力設也。則其事可以從吾便而設之。於吾所熟知洞悉之境中。譬如有一因甲。吾欲察其所結之何果。而以甲因爲吾所能造者。則吾將造此因於一局之中。其中諸緣之因果與其相承之例。皆所已明。而所不明者獨甲。如此則一切後來變象。有異於吾所已知者。其必爲甲之所致明矣。

請以一事喻之。今如雷電之理。其見於自然也。莫不超忽震怒。而難以諦察也。乃爲之試驗焉。則有一切之電機。其膈膊雷也。其熠燿電也。是故取六合之變象。縮而納諸丈室几席之間。使吾之力可以馭。其因果相承之致。亦可以靜觀。向使不能。則所謂觀察者。非風雨震霆之際莫能以爲也。則人類至今。其所明於電理者幾何。且今之人。莫不知電之爲物。其體物不遺。與火同其周徧矣。則將謂其物宜隨地可見。而無假人事爲之設觀。而其實乃大不然。向使格物之家。不爲之電機電瓶。及一切乾濕之電池。雖至於今。無由悟其爲宇內常氣與大力也。其見於自然之現象。方且驚怪不常。以爲鬼神之事。抑陰陽戰鬭六氣之不平也。欲明其理。而資其利用何有乎。

遇一現象。抑得一事物。而吾欲窮其理盡其性也。則獨抽之。而置此所未知者於衆已知之中。而爲之易觀變境。至於無窮。則其爲物之性情大見。而因果公例必有可言。其所設以爲易觀者。皆吾所至晳而莫有疑。故其爲物之變態。亦至皙而莫有疑。此如化學之事。治者得一原行。而欲驗其性情之何若。則雜置之所前知原行之間。更番加光電水火。而遞覘其變。斯其愛拒之力。分合之量。莫有逃者。而公例之行可以揭矣。此試驗所以爲格物之利器也。

假所考覈之現象。非吾力所能致。而必取諸造化之自然。則其事大有異。向也可置其一於衆已知之中。以觀其變。乃今是叢而見之諸緣。必一一詳察之。此其事多繁且難。而有時幾於不可跂。欲爲精確完備。殆無從也。試舉其一事而言之。則如人心。夫天之於人心。未嘗生是使獨也。且樊然而各著其至異。非吾所能爲之造因者也。又以吾不能使之孤立而無繫也。則見其物之方爲演進開明。與其接於物而爲構也。常有無數物焉。以圍繞牽涉蒙蔽拘囚之。皆微渺而難明。恍惚而不可指。吾雖強爲設事而試驗之。顧所得之效未足倚也。且造物之造人心也。其事常與體俱。而是體也。又形氣之極其繁賾者也。殆無二者可以言同。吾欲取而驗之。所操者又爲至粗之術。且必俟其物能事之既歇而後可。則欲爲精且諦者。其道又奚由乎。使形下而如此。其形上者又何如。乃至合衆人之心而爲人羣。大之爲國民。小之爲家族。則所以爲察者愈繁賾而莫得其朕已。

然則格物之畛。可以見矣。方其爲一科之學也。使其物不可設事以試驗。（如天文之類。）抑可以設事試驗矣。而其事易窮。（如人心。人羣。即至人體諸科。）則欲本閱歷而爲內籀。其事恆極難。而或鄰於絕物。是以如是之科。欲勞心力而有功。其資於內籀術者至少。而得以外籀術者至多。此其理於天文一科已可見矣。至於他科。則學者操術尙未大明此理。而或依違其間。此所以用力宏而得效狹。不若天學之精進也。

第四節　論觀察之優於試驗者

雖然。窮理之事不一術已。夫曰觀察於自然。不若設事以試驗者。此自其事之一部分而言之也。乃至他部分。則利用靜觀。而不便於設試。此則觀察優於試驗者也。蓋內籀之所以有事者。將以求因果相致之常然也。故其事常若有兩端然。而學者之求道也。可各由而互至。或得其果矣。而從之以溯其因。或得其因矣。而順之以竟其果。照像之美術。起於銀綠之遇光而成黑也。此其識之所由通。從於以日光試驗諸藥而察其變也。從於遇銀綠之成果而考其所以然。亦可也。幾尼亞土番。以毒藥名烏拉黎者傅矢射人。中者輒死。此其效得之以藥飼人畜可也。驗中者之傷創。而得其所以死之由。亦可也。是故試驗之用。可得之執因以求果。而無取於見果以窮因。執因求果者。爲之造因。而歷徵其變也。至於見果窮因。必不能先爲造果。而以徐驗其因明矣。欲見果而窮因。必俟果之既見而後能。而果之見也。固由於天事之自然。抑由於人事之偶然。

夫因果爲一現象之兩端。使吾之窮理也。欲何端之由。其事由吾擇。則前論之分別。亦無足重輕已。顧何端之由。其事非吾擇也。何則。窮理之事。必從其所既知。以窮其所未知。必從其所既知。則所由之端旣前定矣。向使用事之因。其爲吾所稔。過於所成之果。吾固將設事造境。爲之易觀焉。而靜察其變態。然使遇一現象。吾雖知其所待之諸緣。而有所未明。則不得不從此果。而徐溯其因也。譬如前喻。吾怪銀綠之何以多成黑也。而昧於所以然之故。則歷咨成黑之事。比境類情。觀察之而得其通曰、是惟見光之故。何則。是成黑者。未嘗不見光也。又使吾見幾尼亞之矢之中人。蔑不死者。而求其故。其知以烏拉黎藥試驗者。事必由於偶然。而以常術求之。必訪製矢之時。所淬煉傅著者。爲何物也。

故凡遇一現象。而其因不可知者。不得不造端於其果。欲用易觀之術。則以徒見其後不識其先。雖欲設事試驗。有不能也。蓋設事試驗。惟執因窮果者能之。而由果求因者否。本果卽因之所爲。旣昧其因。烏從設事以易觀乎。是故雖極學者之能事。必從其自然者而覘之。使自然之所呈。其變境方多。則無異造物者執因而自爲易觀之事。吾乃比事而通考之。見其物之或近或遠。常有所先焉。他可以變。而惟是爲不變。且必得此而後吾所見之現象隨之。夫如是。則是二變者爲先後之常然。雖徒用觀察。不啓試驗。固已得之矣。

雖然。此先後之常然也。而遽以爲因果。則猶未也此徒觀察之所以不可定因果。而其術之所以爲終弱於試驗也。蓋使類一切得果之境而考之。而見有一物焉。常爲之先。必此而後果見。是亦可以謂之因矣乎。曰未也。必反其事。執常先者。用試驗之術。而得此果之常從也。則是先者之爲因。乃可決也。如此。則內籀之功。完密無間。而公例立。此以試驗之功。補觀察之不足也。蓋必如是。先者乃爲無待之先。後者乃爲不遁之後。無待之先。不遁之後。則眞因果也。非然者。雖常先後。特吾閱歷中之常先後而已。以云因果。有不必也。如天運之晝夜寒暑是已。晝夜寒暑雖常相從。然其相從也。以同爲一因之果。非以其爲因果也。故曰觀察術弱。徒用之者。可以覘常然。而不可以立公例。

欲求前說之明證。觀於科學而可知。今夫動物之學。其中所見爲常然者衆矣。有並著者。有相承者。且有時雖境事屢遷。而其常然者無改。顧以其中所謂先者。不得以人力爲之設事。而試驗無由。有時能矣。而所設事者。不過鼓自然之機。使時至而自呈其效。然而天事微杳。所以然者不獨其難知也。且或無從察。雖竭吾之力。必不能用試驗之術。而置所未知者於諸可知之中。惟其如是。故此學至今寡效。學者之觀察雖勤。而因果公例著者至少。並著之象。不知孰因孰果矣。且不知其爲一因之共果。相承之象。亦徒見其先後之常然。因果公例。莫適立也。

右之所論。以吾書義法言之。或嫌淩躐。然未講内籀正術之先。將觀察試驗二術之強弱優劣。與其術之各有所宜。爲學者豫言之。又未必無其利也。蓋非先明之於此。而雜出於講論正術間。恐不獨勢不給也。且亦嫌其累晦。是以吾寧前發之於此。而徐次之以所謂内籀四術者焉。

篇八　論内籀四術

此篇多用現象名義。案現象兼事物道器而言。乃物變最大之公名。但有可指。卽爲現象。無間爲形爲神爲氣爲理。

第一節　言統同術

有一現象。則莫不有爲之先後者。於諸先後之中。求其一之常然。而爲不易公例之所綴屬者。此其爲事。有最易知最簡行之二術。其一曰統同之術。其一曰別異之術。統同者。取一現象所常形之時境。類異而觀其所同也。別異者。取一現象所不常形之時境。比同而察其所異也。

今欲託事以顯吾術。則學者勿忘。凡窮理之事。常有二義。不逾二義。二義云何。或以所見現象爲果。而求其因。或以所見現象爲因。而窮其果。內籀之術。功兼斯二者。後說將幷詳之。

試取事物之前見者。如代數之簡號。而代之以十干。如甲乙。其事物之後形者。代之以十二子。如子丑。今設有一現象甲。吾方以此爲因。以此爲用事之物。而叩其得果收效之云何。乃觀之於自然。或致之以人事。而得無數時無數境焉。雖餘事不同而皆有甲如此。則是無數時境者。設有所同。必因於甲。大可見矣。何則。使吾雜甲於乙丙而試驗之。其得果爲子丑寅。又雜甲於丁戊而試驗之。其得果爲子卯辰。則吾將爲之籀曰。丑與寅必非甲之果也。以第二試驗甲因雖存。丑寅不見故也。惟卯與辰。亦非甲果。以第一試驗無卯辰故。使甲而有果乎。必並見於二試。並見於二試者。惟子而已。且子吾知其非乙丙之果也。以無乙丙而子見也。又非丁戊之果也。以無丁戊而子亦見也。然則子而有因。必甲而可。

假如甲所代者乃爲一事。如以鹻入肥。其爲此也。時地不同。外緣各異。顧雖不同雖異。而所得之效正等。所謂子者。成胰是已。如此則鹻肥並合成胰之例。可以定立。此用統同之術。以見因知果者也。

其由果推因也亦然。假如以子爲所見之現象。以此爲果。欲了其因。則如前篇所云。僅能觀察無從試驗矣。既不知因。則無術使之生果。即有時而得。必屬偶然。斷非據理以施其術。雖然。使吾觀察之際。是果所當之局。有二不同。如子丑寅子卯辰者。而又諦觀。見其前事爲甲乙丙甲丁戊之二局。則可如前推證。而知是甲先子後者。爲一因而一果也。知乙丙之非子因者。以第二局有子無乙丙故。又知丁戊非者。以第一局有子無丁戊故。如此。則甲乙丙丁戊五先事之中。惟甲能爲子因明矣。

假如子所代者爲物質結晶之現象。而吾歷觀此現象之前事。獨有一同。凡將結晶之頃。見其物質必先融液。纔乃凝結。與流質爲判分。而凝者下沈。於是知是二者先後之常然。由流入凝爲先。而結合晶體爲後。

雖然。使其事止此。則吾雖知其常先後。而猶未決其爲因果也。顧其事尚有進者。而吾知由流入凝。乃結晶之近因也。蓋吾觀察而知是二者之常先後矣。乃今益之以試驗之術。復執其甲以求其子。以子之從甲。吾知子果而甲因也。此以觀察爲內籀。復以試驗證內籀者也。化學家倭剌斯敦嘗以礈矽粉調之斗水之中。經年不動。凝成石晶。又賀雅各製大理石。乃鎔其雜質。而後用甚大壓力入塞使凝。此可見窮理之事。雖化工之所甚閟而難窺。苟得其術。人事又未嘗不足恃也。

獨至所謂甲者。人力不能爲之設事。則其爲子果之因與否。未即定也。蓋甲雖常爲子先。而其先未必無所待也。有所待則如晝夜寒暑之周流。而不可以爲因果。且吾未爲之試驗。則安知子獨待甲。而無待於其餘。向使吾於常先者能悉數之而無遺。則甲縱非子因。而子因將不出於吾之所悉數者。不幸以現象爲非人力之所能爲也。即所謂常先者且無由以悉數。即有時能爲之悉數矣。而以云得因。則猶未也。今夫吸水之機。創而用之者自隆古矣。機動而水升。顧水之所以升。而機之所以利用。其理必晚近而後能言之。風輪壓力施於水面。平均負重。遇虛而升。其理豈古創機者之所前識哉。雖然。使其事爲人力之所經營。則其爲析觀而諦思也自易。以比自然之功徒見人事之跡。而不知用事之幾何者。其遠近不可同年語矣。夫電機立而爲之試驗。究功用之所由。學者固有時而漏略。顧比之察其理於烈風雷雨之時。則所謂弗迷者。孰爲易乎。

公論曰。事之存亡。無關於一現象得失多寡之數者。必非其因也。是爲前術之所據。而以之探索推證自然之公例者也。故非其因者。皆可以損。損之又損。得其必不可損者焉。則所求現象之孤因著矣。設不可損者。不止於此一。則或並存或會合。而爲此現象之因者也。所以求因者如此。所以識果者可知已。以其術之統衆異以觀其所同也。故吾得以名之曰統同之術。且爲著其律令曰。

有一現象。見於數事。是數事者見象而外。惟有一同。則此所同。非見象因。即現象果。

統同內籀之術如此。今且置之。俟頃將更爲詳論。今所欲論者。乃爲窮理利器。過統同術甚遠。所謂別異之術是已。

第二節　論別異術

用統同術以求因果者。乃卽異事而察其所同。用別異之術者。乃卽同事而觀其所異。卽同事而觀其所異者。謂有二事。靡所不同。而獨異於吾所求者之存否。假如甲爲用事之物。而吾今者欲察其結果之云何。則爲求一局之事如甲乙丙者。而詳著其所得之果。又求一局之事。獨有乙丙。而甲不存。亦詳著其所得之果。已而更取是二果者而較觀之。譬如甲乙丙之果爲子丑寅。而乙丙之果爲子丑。則寅爲甲果。可以無疑。此由因討果之事也。其由果窮因也亦然。譬如得一果寅。而欲知其因。則察一局之果如子丑寅。而知其因爲甲乙丙矣。乃子丑之果。其中無寅。考其原因。乃見乙丙。其中無甲。則甲爲寅因。亦無疑矣。

此名別異之術。於窮理致知。其用最廣。亦所最先。人類雖當草昧之世。嘗用此術而不自知。譬如有人服鴆。浸假氣絕。而吾知鴆殺之者。由於別異之術也。其人當未服鴆之前。與旣服之後。爲靡不同之二局。其異者獨生之存亡。然則是生之亡。鴆爲之矣。

蓋此術所據之公論。其例曰。凡一現象之前事。每去之而現象從以不見者。必爲其因與緣也。一現象之後事。其存亡視現象之有無者。必其果也。故曰統同之術。舉異事而察其所同。別異之術。取同事而觀其所異。吾得而著其律令曰。

有一現象。此存後亡。彼此之事。靡所不同。惟有一事。獨見於此。是獨見者。必其因緣。抑其後果。

第三節　論統同別異二術之相關

右所論二術。其體用有同異之可言。自其同者而言之。則二術皆主於汰冗。（案汰冗術本代數方程所用。譬如天地人物四元。有四等式。乃依次遞減爲三等式二等式。最後至一等式。而純用天元。）此其功用與數術同。自培根以來。常以此爲試驗之要術。蓋前所謂易觀。卽爲汰冗之地。凡與一現象並見之事。其有無無關於因果之數者。得一一而淘汰之。統同之術曰。凡事之可以淘汰者。於所考現象無公例之綴屬也。別異之術曰。凡事之不可淘汰者。於所考現象。必有公例之綴屬也。

然則是二術之殊。不外正負之間而已。顧別異一術。於試驗之功最便。而統同一術。則利於可觀察而不可試驗之端。使學者於此。略加思功。則其所以分之理自易見也。

蓋別異爲術。其事實之合幷。因果之系屬。以比統同之術。其明夬清晰過之。其所比擬兩宗之現象。必一切從同。而所異獨其所欲考者。以先事言。則如甲乙丙之於乙丙。以後效言。則如子丑寅之於丑寅。若夫灼然不相干涉之端。固不期其盡合。如向謂今世爐鼎化學之事。不記五緯躔度。即此義也。蓋事之同時並著者無窮。若一一求合。固無此理。而事之有關出入與否。雖在常智。亦足明之。無慮求同之或過也。獨是求之自然之中。則往往錯綜奧衍。或孳然而大。或孑然而微。而為吾耳目官知之所不及。即知之矣。或又樊然衆多。不可綱舉。是故於自然之變。求二境之脗合。為別異之術所可加者。幾於無有。獨至人力可施為之設事。則常無難。使歷時不長。則兩境脗合固甚易也。當未試驗以前之物。是一境也。如乙丙是。俄而吾進之以所欲試之甲。其為時甚暫。前之物局未暇為變。則甲乙丙矣。法哲恭德曰。科學之試驗者。設為已知之境。而受之以可知之變者也。此其事皆吾所自擇。故先為其可知。即令潛移。亦可察覺。乃於此而進之所欲驗之事物。吾於前後二境。瞭然知其事之靡有異也。異者獨在所進而已。譬如驗炭氣者。先儲炭氣於甁矣。繼而取鳥於籠。置之甁內。於時鳥殭。則驗者決前後二境之悉同。所異者前事之鳥居空氣中。後事之鳥居於炭氣。然則所為此鳥生死者。必非他因。而惟空氣與炭氣之異。何則。其需時甚暫。而他變無由入故也。即有時致果者非變。而存於所以為變。（如前事捉鳥太猛。或鳥為人驚致死之類。）而因果之際。猶有可疑。然使一再驗之。則其疑可去。是故致知窮理。使其操縱進退。為人力所可施。則別異術所要之微密。皆可以悉副而無難。若夫徒觀察於自然。則可施此術者至寡。何則。自然之變。無重規疊矩者也。

若夫統同之術。其所比事類情者。不期為如此之微密也。凡同事之所形。皆可收之以為會通之用。假其事有所合符。則所推者要可寶貴。固知一同之外。未必無所更同也。然而無害。不若別異之術。一異之外。有一更異者。其所推為無用也。吾於衆先衆後之中。定其一之常如是。雖常如是者不僅此。於吾例固無傷。甲乙丙、甲丁戊、甲己庚、是三局者。皆有子焉為之後。則子常後甲可知也。子丑寅、子卯辰、子巳午、皆有甲焉為之先。則甲常先子又可知也。至於知常先者之為因。與常後者之為果。則必操甲以致其子。而後可以云也。即不然。亦必決然於子前之變無外甲者而後可。然此別異之術之所為。非統同之術之所能也。

由是觀之。則決因果者。終存乎別異之術。而統同之術。雖可以為例。而不可以為公例。可以定先後之常然。而不可以明因果之無待也。統同之術可以為別異之前驅。或察於試驗有不得施之物變。是故術雖平等。而用有獨宜。統同者。所以為觀察也。別異者。所以為試驗也。使其事為人力所可施。則用別異之術者。其收效之精確不搖。過於統同遠矣。

第四節　論同異合術

有時其現象爲人力所可爲矣。而別異之術。乃不得施。或欲施之。非先有事於統同之術不可。此亦窮理格物所時遇者也。蓋使吾以人力致所考之現象。而所憑以致此者。其先事非一。而爲一宗一局之先事。常相附著。不可解離。而加別識。此如光學中有一種石晶。隔晶視物。常呈濃淡兩影。謂之雙折。設窮理之家。欲考雙折現象之原因。其以人力致此固爲至易。但取此類石晶觀之。其象立見。然使取愛斯蘭所出之一種。問此晶以何因緣。所具何德。今以視物乃呈此象。則所謂別異之術。無由用也。何以故。以吾偏察諸晶無與愛斯蘭者一切脗合。而獨以一德異故。則欲窮此理。勢不得不乞靈於統同之術。取所有隔光雙折之物而統觀之。覺其所同。卽在結晶一事。雖由因責果。凡結晶者固不必皆雙折。然結晶雙折。其理自不可分。而晶體間架不同。或結晶之事。尙有前因。爲此雙折現象之所待者。則固可決也。由此悟統同之術。其用法亦不囿於一塗。而可修明用之。以爲窮理之利器。譬如前事欲依別異術律令。求二物前事皆同。而異者獨甲。或後事皆同。而異者惟子。勢固不能。然猶可用兩統同之術。類取凡有此現象之物與無此現象者。而審其異之所在也。

假如察有此現象子之諸物。其所異於無此者。在各有甲。而不見其餘。則統同術於此得甲子二象之不可離。乃今欲斷此不可離者之爲因果。於法宜資別異之術。如於一局如甲乙丙者。爲其無甲。而察子象之存亡。使其不存。則因果定矣。惜今不能。乃資於統同之負者以求之。向者吾嘗統有子者而觀之。而見其物之皆有甲。今者復統無子者而觀之。而又見其物之皆無甲。是前後之功。雖皆出於統同。而正負相反。則其用與所謂別異者。亦略等耳。

故此可謂閒接之別異術。或爲同異合術。合術者以相反之兩統同而成其一別異也。此其得效。以比直接之別異術。故爲稍遜。蓋欲與直接別異同功者。其前統有子之物。必舍甲而外。絕無所同。其後統無子之物。亦必舍亡甲而外。無相似者。此於自然之物局。至爲難遘者也。果其遘之。則又不必資於合術明矣。是故合術之於因果。於統同之術爲優。而於別異之方仍劣。而吾得爲之律令曰。

有現象者。同有一事。餘無所同。無現象者。同無一事。餘無所同。則此一事。於此現象。非其果效。即其因緣。

同異合術。以比統同之術。尙有優者。然以其理較繁。恐於此言之而難晳也。故暫置之以爲後篇之論。乃今將進而論內籀之餘二術。得此則所謂四術者備。而人類所本之以爲窮理致知者。庶幾盡矣。

第五節　論歸餘術

其一謂之歸餘術。卽名可知其義。而其義亦簡而易知。今如有一現象。析其部分。而以舊知之例。某部分爲某因之果。皆有所專屬矣。至於餘果。則歸於餘因。此因或爲前此所漏略。或前此但知其品。而未計其量。

譬若前事然。以甲乙丙爲之先。而子丑寅從其後。前以別異之術。吾知其數部分之因果。如甲因子果。乙因丑果。皆無疑義。由此則雖不待試驗。吾有以知丙果之爲寅。寅因之爲丙也。是故精而言之。歸餘者實別異之變術。向使甲乙丙之得子丑寅。可以與甲乙之得子丑相較。則丙寅之相爲因果。固卽以別異之術而得之。顧今甲乙共爲之專局。既不可得。吾則取甲與乙二因而分籀之。由其分果而識甲乙丙局中二者之共果。此無異別異術中所用一正一負之二局。是現象不見之負局。非得之觀察於自然。非得於試驗之設事。乃本吾意爲推。由外籀之術而得之也。是故歸餘之術。實與別異之術同其確鑿。所覘者甲子乙丑必爲無疑之例。而寅之先事。舍丙而外。更無可推。假用術者。於此而猶有疑。則必爲之設事。以丙爲孤因。而察其果之何若。或丙因寅果之例。由已立公例。可以外籀推知。下此者則未足爲精鑿也。

雖然。歸餘之術。自爲窮理利器。於本篇四術之中。其得例在科學爲最夥。用者往往有意外之獲。每逢因果微茫。其相承之理。爲人意所不屬者。輒以此術得之。譬如甲乙丙三者爲一局現象之前事。而丙獨爲恍惚幽渺之端。此往往爲格物者所難見。且爲窮理者所不知求也。蓋其物非立意求之。則無從覺。而非窮理者由顯然可指之因。不足解當前之果。亦不復立意求之也。且丙因所得之寅。當與甲乙兩因所得之子丑相雜。則掩抑蔽虧。末由自見。區以爲論。勢又不能。凡若此者。皆以用歸餘之術爲最宜。科學新理。由此出者甚多。不佞將於後篇詳述一二。以資隅反。惟今先爲之律令曰。

常然現象。作數部觀。部各爲果。果各知因。所不知者。是謂餘象。以是餘果。歸之餘因。

第六節　論消息術

前言窮理之術三。曰統同。曰別異。曰歸餘。皆所以窮竟因果。揭立公例之通方。然有一種公例。非前三術所能籀者。則恆住因之公例也。蓋其因既爲恆住。其用事於一切不可抑絕。不可祛除。而亦不可以孤舉。其住也。非人力所能致。故其去也。亦非人力所能排。吾爲設一現象於此。而籀其因果矣。是常住者其果常雜見於其中。雖欲別擇爲之。勢有不可。此吾所揭之公例。所以或疑而難信也。雖然是常住因者。亦有等耳。有其因雖不可去。而其用事之力。則可得以徐損。損之又損。或以無餘。如是則吾孤因之果見矣。譬如以搖欏考地吸力。其往還之度。以左近之高山而差。是高山者。固常住因之一也。然吾之力。雖不足以移山。而吾之力固足以徙欏。徙之絕遠。使山之吸欏。同於無功。則從如此第佗用別異之術。可以計山之吸欏力幾何也。蓋前後二事同。而山力之存否。特異故也。

雖然。所謂恆住因者。非盡若山之於欏也。因之恆住者。雖欲逃其果而無由。極人之能事。盡物之變。而皆爲其勢力之所及。則如前欏可以徙之使遠山。不可臨之以無地。地之不可以離欏。猶欏之不可以去地也。故欲觀無地之欏。其搖度何如。於事必不可得。夫欏未嘗遠地矣。則吾何由知欏之搖。必地之力乎。此非別異之術所可得也。以其未嘗異。故又非統同之術所可通也。以現象之見也。其並著而爲同者不僅地。故日月常照臨也。則安知其非日月之果。風氣常周流也。則又安知其非風氣之果乎。由此言之。則知一欏之搖。至常現象。而欲確然於其因果之致然。吾之所爲。必有出於前三術之外者。不然不可得也。

請更舉一現象以明之。則如物之有熱。夫自俗言。物體若有寒熱之異候。而科學眞理。世間物無無熱者。亦無不散熱者。然則物體與熱。二者固不可分。以不可分。故名恆住。以其恆住。而前三術乃不可行。而一物諸相。何者以熱爲因。未由指實矣。蓋使物體有時含熱。有時熱亡。則可用別異之術。以知某相乃爲熱果。而其餘相果於他因。又使得觀二境。含熱而外。餘無所同。既無餘同。則亦無體。如此則一爲有體之熱。一爲無體之熱。而吾卽異觀同。由統同術可知其例。又使能用別異之術。而定何果因於物體。則其餘果由熱結者。咨歸餘術。可以識之。乃今以體熱二者。無時而離。此三設事。皆爲虛構。而內籀三術。舉無由施。假如有人取一物。諸相析爲部分。謂某相由某性致然。遞區隨減。減盡而餘。以歸於熱。此其爲術。無殊夢囈。何以故。蓋物體無離熱時。則所前區。卽函熱果。熱果既滅。更復何餘。

故使內籀舍三而外。更無餘術。則如諸果之以熱爲因者。必將無從指實。所幸三術之外。尚有一焉。乃今可得而用也。蓋恆住諸因。雖如前言。其物不可盡絕。而取而進退之。抑察消長於自然。則固人力之所能至也。進退消長事固有域。消之退之。可以至少。而終不可以及無。使一前事甲。其消長進退。常有一後事子者。亦從之與爲消長進退。而與子並著之丑若寅。則常如故。或子之消長進退。常有甲者居其先。與爲消長進退。而與甲並著之乙若丙。常如故。則可知是甲與子。乃相待爲變之二象。而以甲先子後也。故甲爲子因。或其因之一體。而二者有因果之例行其間也。卽如熱象吾之不能使物無熱固也。顧可以術爲之增減。而格物之功見焉。以物體漲縮。與含熱多寡。常相待也。故知熱之一果。爲使物漲。夫物體漲縮者。其物質點相距之度。有遠近也。質點彌附。其體彌小。質點彌睽。其體彌大。睽極而散。斯爲流體。散而不已。

成氣而飛。是故飛流凝三體。皆熱所爲。而格物家爲之著公例曰。熱者所以使質點相睽之原因也。夫物有品量。故物變而品不遷。則其變必在量。抑與外物對待之情殊也。而對待之情著者。莫若空間之位。如前之譬。其所消長進退於熱因者。正其量也。乃今更爲取譬。問月之於地。爲何因緣。則所指之第二義。所謂對待情殊者。可以見矣。今夫月之於地。又一恆住之因也。雖極吾能事。不可得無月之地。以觀其變。然其爲象。有消息進退之可言。月之於地。其空間之位。所與地爲對待者。時有不同。而地上之潮。隨之爲變。潮之所在。必其最近月。與最遠月者。由此觀之。則月必爲潮之全因。抑其因之一部分明矣。夫果之消長進退。常與其因之消長進退相應。抑有比例。乃至趨向順逆。靡不相合。故太陰東行。而潮頭東指。雖然因果之間。不必盡如是也。卽如此潮。太陰之下爲其應點矣。而地員之上。尙有其一。在對足底處。使近者東指。則遠者西趨。而二者雖殊。要皆月躔之果。

卽如前纙。知其往復搖盪。根於地吸力而然者。亦以此術。夫始以一繩懸物。其中懸與地平爲正交。牽之使斜。而復釋之。則往復如秋千然。其往復之度。隨所處之高低南北而爲異。顧其中綫之必拱地心同也。疇人用此。證一切世間物墜必趨地心之理。而斥曩者異說。謂別有空間一點爲物所拱者之非。蓋以地員於十二時繞軸自轉一周。設於空中定體作綫。正交地平。此綫於十二時中。必與平圓輻綫。在在疊合。

如此而歷時半歲。平員行經空間。近二百兆迷盧。顧地於空間所處之位。相懸如此。而諸物之墜綫。猶與地平正交如故。可知物墜親地者。其因在地吸力。而所謂別拱空間一點者。無有是處。

總之恆住因公例。其經考驗而立者。率由此術。事在觀二現象之相待爲變而得之。名曰消息之術。爲之律令曰。

有一現象。爲任何變。當其變時。有他現象。常與同時。而生變態。是現象者。乃爲其因。或爲其果。或於因果。有所關屬。

最後二語。乃非虛贅。蓋世間每有二現象。相待爲變。然不得云一因一果。僅得謂於其因果。有相關涉。如使二象。爲一因之分果。則亦相待爲變。使僅用消息之術。將見一現象於前二義。莫知誰屬。是故欲決因果之實。必更決試驗。以察二象之相生。譬如於物增熱。見其體漲。然漲物體者。未聞能令其物增熱度也。此如抽氣使稀。乃反減熱。是體積增漲。熱無由增。而知熱常爲因。漲常爲果。二象之間。不容倒置。又設試驗術窮。無由消息。則宜察其遞變於自然之中。本實測以爲推決。但自然之中。諸緣常多繁雜。必諸緣性情皆所前知。乃有濟耳。

更有一事所宜謹者。此消息之術。所與他術同然者也。當察變時。欲得甲因子果之實者。必乙丙諸因皆靜。獨甲爲變而子從之。不然使同時皆變。安知子果必由甲因。而非乙丙乎。故欲洛消息之術。其甲子二象相待之實。必先以別異術驗之。而後所得之理。乃可恃也。

學者將謂消息一術。亦本於自然之公論。而其理實見於一切因果之間。無足異者。公論曰。凡因有變。必形於果。此非所謂簡而易知者耶。故使甲因生其子果。凡甲因度數形勢之變。必有子果度數形勢之變應之。卽如通攝力之現象。太陽爲因。地運爲果。顧地之運非無方也。必常拱日。則是地運之果。必隨太陽而變於形勢者矣。又地之運。非無紀也。其疾徐必以距日遠近爲差。是地運之果。視太陽而變於度數者矣。可知太陽地運二象。不徒有不可已之繫屬。而太陽度數形勢。二者之變。常生二者之變於地運之中。故地之運。太陽爲之。而地運之形勢。與其度數之可言者。則太陽之形勢度數爲之也。蓋因之既變。卽殊前因。故所生果。當殊前果。不足異也。

雖然因變果隨之說。固爲不誣。而內籀消息之術。則不必本此以起義。消息術所由起者。其義乃由果而求因。非卽因以言果。其由果求因者何耶。曰使此物之變。常視彼物之變爲轉移者。則彼物爲此物之因。抑於此物之因有相涉也。此其詞義甚明。蓋使其物本體。與此果爲無涉。則其物之變。與此果尤爲無涉可知。譬如星象爲物。本不關於人倫之禍福。則其分合凌犯。於人事尤爲無涉。不益明耶。

前謂消息爲用。乃在前三術悉無可施之時。此其說當也。然其用乃不止此。假一因果公例。沓別異之術而得之。顧既得之餘。正宜消息其間。以使其例之益信。蓋別異術之所定者。甲與子二者之爲因果也。而因果對待之變。所由於形勢度數之異而生者。則胥由消息之術。而後其例乃益密耳。

第七節　論消息術之限域

使因果之變。常存於度數。則消息之用最廣。當此之時。果之應因。不僅變也。且比例而爲變焉。雖然。此特前者並因例引伸之義而已。非新例也。大抵因果之事。循乎幷因和合之例者。其常循乎化合之例者。其偶。今使以甲爲因。以子爲果。甲因數變。子果從之。雖吾實測所加事有畛域。而二數相待之情。其爲觀察所可及者。既有公例之可立。其爲觀察所不及者。將可依例以爲推。此如所觀察者。甲倍子亦倍。甲三四子亦三四。則由此可知。當甲半時。子亦必半。甲於三四分而得一。子亦於三四分而得一。乃至甲盡爲無子亦當盡。然則子之爲物。全爲甲果。或甲子二果。同出一因。其所以相待爲變有如是者。然相待爲變者。不必皆如前之簡易也。則如子之度量。比於甲之自乘。則當甲爲二。子且爲四。當甲爲三四。子且爲九爲十六。又若甲爲子因。僅一部分。然當甲變。子亦隨之。此如代數公式。甲在子中。僅爲用事之一元。甲元而外。尚有他端。其與子相待之情。別有公例。如此則當甲漸減。以趨於無。子之所趨。不必爲無。而有他限。爲微積諸術所可求者。既得此限。則知子之爲變。所待於他物者。凡有幾何。而其所餘。斯爲甲果。凡此皆通於數術者。所能言也。

雖然。有不可不慎者。蓋欲用前術而無失。不僅知其變之例已也。尤必知甲因子果之本數。使本數不明。則所用相待爲變之例。未必可推之於無窮也。此如近日格物之家。以加熱於物。其體中質點相距加遙之故。輒謂摩勒（最小物質。而大於莫破。）相距之度。純由於熱。藉令物體熱盡。則其質點。當亦密切。不知此乃肊揣之理。鄰於虛造。與有法內籀殊科。何以故。吾於物體。既不知熱量本數幾何。又不知其中質點摩勒。相距眞數。則又安知熱減距收。相待之眞例。而遽謂熱盡之時。此距亦爲烏有耶。

事有異此者。則奈端動物例是已。夫奈端之立例。固亦用消息之術。然在本數既明之後。此其例之所以不搖也。動物之第一例曰。凡物既動則常動。其軌必直。其遬必均。異此者。皆有外力焉爲阻礙牽掣者也。夫其詞義自常俗言之。無乃與事實正反乎。夫世間物。以人類閱歷言。斷無動而不息者。其始匃匃。其繼徐徐。其終寂寂。烏有所謂常動者耶。故古之人。且本所閱歷。統其同而概之曰。動而終靜者。眞物之理也。顧此所以動而終靜者。未嘗無外力之阻礙牽掣。則彼之所不及思也。物動而附於地。則有不平之澀力。

物動而行於空。則有天氣之阻力。是二者。可並遇而不可以悉逃。以是之故。人間之物。無常動者。惟聖人知物動所以終息之因。常存乎外力。使外力可以去。斯其動無靜時。此其理想杳於別異之術者也。雖然。外力必不可以悉去矣。而爲之增損。常可行也。於是則驗其理以消息之術。外力彌減。動率彌均。此其與前言熱例異者。以因果二物之本數。瞭然可知故也。沮力翣力。皆可以計數。而物動之速率。又可較量。乃至沮翣外力。減之至於極微。而事效之間。尙猶可紀。夫懸纙正中。旁牽而釋。往來搖漾。食頃輒歇。獨至波佗之演驗。乃延三十餘時。此無他。其掛點翣力。以法使之至微。又於所居之空。抽氣幾盡。外無沮力故耳。由是而知。動本不息。所以息者。沮翣爲因。此雖不能從別異而可知。然可以杳消息而大見。此則奈端動物首例之所由立也。

用消息之術者。會所驗者之變。以通所未驗之變者也。以所驗者之有畛也。故其例有時而不誠。例得於畛之中。而變或起於畛之外。有破果之因。有始伏之德。當其爲驗。皆所未經。用所未驗。可以大見。此決事推來者。所以多不效也。然善爲消息者。則無慮此。何以言之。蓋立一例而不誠者。必其物之變甚繁。而所驗之畛甚狹者也。此如代數術之級數然。使其取位過寡。則甚異之公式。其發端可以相同。至數級而外。則其例之懸殊立見。故消息爲術。使因之變繁。而吾之所驗者簡。如是立例。往往不足以律未然。而因果相受之情。舉無由得此精於數學者所共知。而淺於格物者所屢犯也。故侯失勒之言曰。汽有輒率。水有沮力。前人往往即所已知。著為算訣。及其施用。使為數出於所經之外。昧者猶守成法。則所為多敗。此數年來。所屢見不一見者也。

總之為消息之事者。其功固有所始終。使其推所得於有涯之觀。而以極其驗於無窮之變。其所據以為推論者。脫有不效。固不得咎吾術也。精而覈之。則消息之術。所灼然證明者。不過二現象之為因果。抑於因果為有關涉。吾所知者。此前事甲。或事於甲有轉移之力者。必為子果之因。或其一部分而已。甲子二物。所相待為變之例。其可指為必信而無疑者。必在消息界域之內。若夫伸其兩端至於無窮。所立之例。猶信與否。則理資異術。而非僅為消息者所敢言也。

總前所論。其以為內籀之術者四。曰統同。曰別異。曰歸餘。曰消息。凡所為即果求因。異於外籀之功者。盡於此矣。云盡於此者。以不佞心識所通。盡於此也。夫四術之中。若歸餘者。尚不能無雜於外籀之術。然其功之資於耳目大半。而又有觀察試驗之實行。故以列於內籀而非過。

具此四者。雜而用之。而又益之以外籀之術。人道之所以推往知來。通萬物之變者。無逾於此。將為發揮四者之用。並以見其事之繁難。計莫若於前人窮理盡性之業。所嘗操四術而有功者。為次其事。以為解術釋例之資。庶於學者爲有助歟。故不佞繼此而言四術之設事。

篇九　設事以明內籀四術之用

第一節　黎闢諸金成毒之理

黎闢者。化學家之職志也。其考金類諸毒。生物食之致死之近因。可爲內籀法程。今首舉之。以證前篇諸術之用。

諸金之毒。若鍇酸、（俗呼砒霜、）若鉛鹽、鏐鹽、銅鹽、汞鹽、取之甚微。可入藥劑。過是以往。以與人畜。無不致死。此其效驗。雖上古之人知之。顧其所以然之理。則必待黎闢而後明。黎所咨以窮此理者。即以統同別異二術。從二者而得其會通。知以上所列酸鹽。有破壞生機之公德。爲所以致死之近因。蓋自黎說行。而諸金成毒之理無疑義爾。

黎氏之爲試驗也。先取以上諸酸諸鹽。以水化之。已而雜置生物之品。如肌肉、卵清、乳汁、血膜胃膍之屬。

於其中。覺此種酸鹽諸質。立與生品會合。密滋無間。而生品如肌肉胃膵等物。經是密合。遂成不腐之質。如木石然。第又察觀受毒之人畜。凡如是死者。其肌肉腸胃。凡毒所經。皆不腐敗。其有用劑較輕。不足致死。則被毒之部。著處成痂。成痂者。肌肉上層。被毀而創。逮肌長創合。痂乃自然脫落也。

則排比前事。而以統同之術籀之。其先之所同。在一切生品。與所謂金類諸毒者合。舍此而外。無所復同。其所驗之物。或在生物之身。或爲胚胎。或爲割體。此固試驗者之所特設也。其後之所同。則毒與肌合。立成化學雜質。其愛力至大。爲尋常養氣微生等腐物能事所不行。然則被毒致死之理。可以見矣。蓋一切官品動物。其生命所得長延。而天機不息者。卽在方死方生。刹新換故之事。必有時死。乃有時生。繼繼繩繩。命乃不絕。乃今諸金之毒。密合肌肉。梱然使之無死。無死遂以不生。而刹新換故之機永絕。此人畜之所以立死也。此服毒致死之近因。所得於統同之術者如此。

更以別異之術驗之。卽以諸金酸鹽。合入生品。成化學雜質不可腐敗。爲之前事。而生物一身全死。或一部分死。爲之後事。欲爲別異試取甚似前事。如服他種金類酸鹽。而後事非死果者。平列觀之。以微驗其異之所在。則有他種入水不化之鍇酸。常經試驗。服者不死。又有雜質名阿加仁者。爲化學家班森所考得。其質含鍇甚多。然人畜食之。無幾微害。更取肌肉乳血等物。雜投其中。則相距不合。而其物之腐臭如故。由是而知。物質雖甚相似。但不與肌肉合者。則不致死。然則死因非他。正坐肉不腐耳。此由別異以實證統同術所得者也。

雖然。用別異術矣。以云精嚴。則猶異也。蓋所取他種金類酸鹽。依律。其爲物具德。必一一與有毒者同。而獨異於合入肌肉之一事。乃前所取。其異不獨此也。既有餘異。則所爲之別異爲不精。而得理或仍未實。幸也。有解毒諸品。可資參觀。得此而所爲別異之精嚴。乃無可議。如鍇酸之毒。服鐵輕養者立解。其所以解者。鐵輕養與鍇酸合。而成不化之雜質。無由與生品更合也。又如服糖。可解銅鹽之毒。則以糖之爲物。可轉銅鹽爲淨銅。或爲紅養二物。皆不與肌肉爲合。又如吾英製鉛粉人多患絞腸痧證。唯以磺酸少許。和糖服之。則無此患。蓋磺酸輕劑。有以破鉛鹽之合。使不入肌肉故耳。

尙有一證。初若相反。適以證實。其所咨者。亦別異術也。銀鹽入水而化。如銀淡養。亦可以止腐。其性與最毒諸金酸鹽正同。用爲外藥。施之皮肉。立致毀蝕。如被湯火。已而成痂。久乃脫去。由此言之。似銀淡養爲毒。其烈不亞鍇酸銅鹽諸品矣。顧乃取而服之。殊不傷人。驗之。乃知其物入胃。以胃漿中含鹽強。又人畜血肉乳液。常有少許食鹽。具天然解毒之品。假如所服之銀淡養不多。則胃中鹽強。立與之合。轉成銀綠。銀綠入水不化。亦不與肌肉諸品爲合。是以不能成毒。此其理與前例。初若相反。正以相成者也。

以上所設事實。於內籀所得。可謂無疑義矣。顧以律令覈之。其得理尚非至堅不懈者。此又不可不知者也。蓋別異律令期於兩宗之事。靡所不同。獨其一節。彼無此有。必如此乃可立斷因果也。而今所謂別異者。非一節有無之異。乃一物用否之異。而一物之中。叢具甚多之性德。如此則彼此之異存於何者。又不得直指而精言之。用鐵輕養解毒。以其合於鏅酸。成入水不化之雜質。其毒不行。然安知鐵輕養非另具功能。而所爲解毒者實不在此乎。脫令如是。則所謂合毒成不化之質。乃以救毒者。其例不足云矣。故凡醫藥之事。其例之狹而難公以此。獨黎闢諸金毒理。其例坐此懈者至微。以其別異之中。又寓統同之術。解毒之功。由於合毒成不化之質者。不獨鐵輕養爲然。乃至諸解毒品。莫不如是。然則黎氏所沓之術。可謂間接之別異。抑爲異同合術。雖未若別異律令之簡捷精嚴。抑其次也。

第二節　論引感電例

格物家引感電例。亦可舉之以明內籀之術者也。無論何物函電。所函無論陰陽。其外繞四周之物。必同時函電。其陰陽與之正反。今考以何因緣。生此現象。

最可見者。莫若電機中之電球。設此球得電。其四周之空氣。或空中懸物。必同時感電。但其電陰陽。必與球電相反。使球爲陽。則所感者陰。使球爲陰。則所感者陽。假以絲繫藷丸。持以近球。其所感電。亦與相反。藷丸得電。其所由來。可作二想。或於球外空氣醮染而得。或即此球。所引感者。以球丸二電異陰陽。故是以相攝。又如人手向球。至於極近。則發電光。是光景者。亦必異電。乃相翕發。統前諸象。可知不泄電球。當函電時。必於鄰物。生其引感。所引感者。必與反對。故電無陰陽。無孤生者。以不能無所引感故也。一物得電。其附近物。無不得電。是二電者。必異陰陽。今試以此爲果。而取一切相同現象觀之。則有賴典電瓶之制。則有法拉第電磁同物之理。電磁同物者。蓋磁有二種。一爲天產之磁。一爲電製之磁。顧天產電製異。而其體之必具二極則同。故電之不可以孤生。猶磁之不可以畸極。取一自然磁石。碎而千萬之。百十之。其片片之各具兩儀等耳。且由是而有和爾達之電累。電圜。電累必陰陽相間。電圜必二氣交流。由是乃至尋常之電機。或以頗黎爲鹿毒。或以水精爲旋輪。方其摩盪電生。摩者與所摩。必陰陽異。凡此皆結果同物者也。

然則以統同術言之。其內籀之公例已立。前所歷舉。略盡一物得電之由。顧其事有一同者。則引感也。或陽生而陰應。或陰生而陽應。二現象謂之相承可也。謂之並著可也。一感一應。二者之事。必不可分。欲其無應。則感者先絕。

何言乎無其應則感者先絕也。此其理可用賴典電瓶。而驗之以別異之術者也。今夫賴典電瓶之制。所以畜電者也。而畜之其勢可以厚者。蓋有術焉。用二金葉。其積羃相等。而二面平行。其間則隔之以不泄電不傳電之頗黎。故賴典電瓶之制。其理無他。電積於中。而守之以其妃。此其所以能固而不散之道也。瓶有表裏。使其裏積陽。則其表積陰。此前者統同術之所得也。既積則相守。雖欲徒釋其一不能。是陰陽者。必同時並釋而後可。使其一既完而不泄。則所與妃者。雖引之使遁。必不能也。是故存則俱存。亡則俱亡。賴典爲之制以拘其一焉。雖縱其妃。不肯逝矣。

夫其例之立如此。亦可謂深切著明者矣。雖然。以消息之術觀之。又有可以相發者。夫賴典瓶之爲器。其受電之量。常過於尋常之電機。而其所以過之者。以受電之平面。與感電之平面。其羃積遠近。匪不正等故也。至於尋常之電機。則所以積感電者。乃四周之空氣。與夫邂逅之器物。四周之空氣。邂逅之器物。固能爲感。而其所以積此感者。無由多也。以所感之不多。由是而感之者亦不厚。此又感應能所相及之致也。是故從瓶機二物積電之差。而消息之。不獨賴典電瓶之理可以喻也。而電不孤生對待爲感之例。亦愈明已。

格物大家。論感電之理。最有新得。而言之最詳者。莫若吾英之法拉第。今將舉其一試驗之事而表章之。

並以見別異之術之爲用焉。

電不獨分陰陽也。抑且異動靜。法拉第以謂使靜電之在器者。能以此陽而感彼陰。則動電之在綫者。當以此來而感彼往。然則置平行之甲乙二綫。則相距不遙。當甲綫通往電時。乙之來電。當爲所感。而孰意不然。蓋電不孤生之例。既已信矣。故當甲綫有往電時。固以有來。乃能得往。而往來二電早流行於一綫之中。不待別置平行之乙綫也。是以當法拉第本其始意爲試驗時。所別置平行之綫。無動電可覺。其有動電覺於乙綫者。獨當甲綫乍斷乍續之頃。與夫平行二綫忽并忽分之時。獨於爾時得刹那之電力。然此又是一種感電。與前者殊。而過斯以往。無長流之動電見於鄰綫也。故此試驗乃與前事爲別異。別異云者。於衆同之中而得其一異也。以此一異。而果之存亡視之。

感電之理。所以窮之者。沓於四術之三。有統同。有消息。有別異。而其爲別異也。至爲謹嚴。知電無陰陽。苟致其一。必感其妃。其致之多少。即以感之多少爲差。而爲感者又不能過於所致。是故電有陰陽者。乃一因之共果也。此爲科學最精之言。而所以爲三術之取喻者。尤爲彰明較著者矣。

第三節　衞勒斯博士露理

此第三設事。乃取之於侯失勒格物肄言所論列者。侯此書於格物之事。可謂擇精語詳。賅而不漏。於近世格物諸書。獨明四術之用。間有可議。不過界畫之不清。而於相資爲用者有未盡耳。今不佞所舉衛勒斯露理。即侯氏所表章。而以爲格物至美之程式者。故即仍其書之詞。無待別抒也。

假如吾黨見零露之見象。而欲考其因。第一事當先知露爲何物。知其物者在瞭然其見象之爲何。與所欲識其因者。爲何等事實也。今夫露不獨非雨雹也。而一切烟霧潮濕諸意。皆不可以闌入。則知露之爲物。乃天氣晴明之時。物在曠處忽呈之水點。如侯氏以上所言。乃內籀副功。或其前事。其功用不佞將於丁部詳之。此則姑明節次而已。

試先取其相似見象而觀之。則青銅之嘘氣。凍研之受呵。最可見者也。暑日汲泉深井。注之頗黎之栝。冬夜聚衆於室。室有玲瓏之牕牖。或在外。或在內。涔涔然也。嚴寒累日。而解凍之風忽吹。則牆階之上如潑水矣。凡此皆與露類然者也。故此事而觀之。知其與露爲同果。然則其因儻有同乎。曰有之。凡遇此者。皆物寒而氣暖者也。彼春秋夕露。亦皆物寒而氣暖者耶。或曰不然。露夜物之寒者。以露之滋爲之也。然此甚易辨。則以二熱表。一置草間。一懸空際。當立見矣。於是爲之試驗。今知物之得露者。果皆寒於其氣者也。

於是格物者曰。露之滋物也。必所滋者寒於氣。此用統同之術而知是二者之不可離也。雖然露滋物。一現象也。物寒氣暖。又一現象也。用統同之術者。但知是二者之不可以離。而孰因孰果。抑爲一因之共果。彼固莫能辨也。欲辨之。術必有進於是者。進之奈何。益察事實而已。益察事實者。變其境而爲培根所謂之易觀也。必觀易而後有可以統別之新事實。而其要尤在察所驗者之有無。使餘事悉等。而獨所驗之露有存亡者。此則別異之術之所資也。

以磨盪發光一片之金質。置之廣庭之中。雖終夜不得露也。以一片之頗黎若水精。置之庭中。則露大滋。使憑虛平置之。則片之上下皆有露。一則得果。一則不得果。此眞懸殊之二觀矣。雖然。別異之術。未許施也。何則。以所用之二物。非諸德盡同。而獨標一異。故金與頗黎。異撰甚夥。由前所可決知者。是果之異。必從金與頗黎之異撰而生耳。假使吾知頗黎。若草木。若衣襟。凡一切之可以得露者。其德有所獨同。又知諸金與一切之不得露者。其德亦有所獨同。而又同無前之所同有者。則眞別異術之所資以明露之因果。得是爲至足。而吾將於前後二同之間。得眞因之所在矣。明此。則其所進求者。抑可知已。

從金片與頗黎之異驗。而知果之遞殊。由於物質。然則欲爲易觀。莫若歷驗異質之物。乃今承露之物質變。而露之燥潤果殊。且見物之最不善傳熱者。其得露常最多。愈善傳熱。露亦愈少。由是入理彌緊。而消息一術。有必用者。何則。物質傳熱。固有通梗之遞差。而無有無之相絕也。亦由是而知。使餘事正同。則物質得露之滋渴。與其沮熱之撰德。有大略比例。得此而前者金質與頗黎二版得露之異。乃可言矣。前所用之金片。與頗黎。皆磨盪發瑩之平面也。乃今變而用其粗糙者。將其果又以異。鐵、金類也。然吾銼其面使之歰。則露下之更取而髹之。黔之。則露愈下。速於縑紙之漆者也。然則果之殊也。其於物不僅系以質。抑於其面之精粗色澤。又有辨也。故吾今之試驗也。即一質而數變其面焉。此所謂資別異之術。以通消息者也。乃於此又得其等差。知凡面之善於輻熱。（凡物居中權而其氣力四射者謂之輻。以其如圜輪之輻線。故此文家實字虛用法也。）而散熱最易者。其承露亦最滋。然以物面輻熱有差。而散熱之德無盡絕者。故非咨於消息之術又不可。且知露之滋物。使餘事正同。其滋渴與物面輻熱之遲速。又有大略比例。其輻熱愈速。其得露愈滋。此各物質之外。別爲得露之因緣者矣。

且露之滋物。不獨以物質之不齊。膚面之瑩歰。色澤不同。而爲異也。其於物理之疏密。質點之浮實。又以爲差。物之理密質堅。若金石晶蓺。其得露遜於布絮毛毳之屬。然則內籀之功。又不得不咨於消息。蓋質理疏密。物有等差。世間固無極密之分。而不可以言疏。亦無極疏之量。而不可以言密者。故其理可以言優劣。而不可以言有無。不可以有無云者。非別異之術所得驗也。消息術用。則知露之滋物。使餘事從同。

其理疏者。承露之滋過於理密。是二者之間。又有其大略之比例。合之前二。乃以成三。第此例雖若特起。而其實則已爲第一類例之所并包。蓋第一例言物之傳熱愈劣。則其承露愈滋。而第三例所稱理疏之物。卽其傳熱甚劣者耳。氈毳蒙茸。資以禦冬。其理無他。卽以傳熱不易。外氣雖寒。而內暖得以無泄故也。第三例之理。正以證實第一例之所標者。

合前事而觀之。知物之承露而滋者至衆矣。其爲物乃有所同。而所同者一。以其輻熱甚易。抑以其傳熱甚難也。輻熱易。故其表之爲散疾。傳熱難。故其裏之爲出遲。舍此而外。靡所同也。若其承露而不可得。抑所承者少。其爲物亦至衆矣。然亦有所同。而同於前德之不見。然則二類之物。其相異之特操不其見歟。緣此前篇所謂同異合術者。乃大可用。而不佞所有取於是條而舉之。以爲前四術之設事者。以其較著彰明。欲學者察其所以辨物類情。用統同消息之方。以取別異之弟佗云爾。

諦而論之。使吾黨於此。灼然知萬物承露之多少。舍外熱易散內熱難出之外。絕無他因。其於露理。可謂通澈無餘義矣。藉第令尚有他因。而爲吾神識之所未及者。顧於吾例。無所損也。蓋自試驗之餘。吾有以知。卽有他因。亦必與所得者並行不悖故也。是故所得之理。縱非正因。而所謂表熱易散內熱難出者。要終與正因爲不可離析之實理。故日用常行。據此以推事實。卽視已得之例爲全因爲正因。亦可以無大過也。

方吾之始窮此理也。曰凡物之得露者。必較外氣爲寒也。顧因其寒乃露歟。抑因露而寒歟。孰先孰後。莫由決也。乃今能決之矣。物固因其寒而後得露也。故凡能得露之物。置之廣庭之中。即不得露。其物將自較外氣爲寒。是物之寒。不緣露而起。乃今得露焉。是寒而露非露而寒也明矣。

右所立因果公例。但自本事言之。可謂精確。顧此外尙有可以爲之旁證者三。而其理乃益實而不可撼也。

一、自已明空氣燥溼之公例。可以外籀之術。而推此理之同符也。夫運外籀於內籀之中。雖前篇所未及。顧其用於此有可言者。不必嫌淩躐也。格物家以試驗之術。知空氣含溼多寡。常有定程。而與其熱度爲進退。使熱度無變。則含溼最多之量。不可復增。增則化水。名曰溼限。故溼限隨熱表之降而愈狹。此定理也。溼化水。又自熱學公例言之。氣暖物寒。周物之氣。其熱必減。而物塵相攝。溼化之水。必著於物。是名爲露。此純由外籀而知其然者也。外籀之術。有時勝內籀者。以即因推果。於並著現象。無孰因孰果之疑。且據其術有以明所推之變。如物雖方氣爲寒。然有時不可得露者。則以空中含溼。未極其量。故雖減度。無由化水。此旱夏之夜所以無露。燥冬之夜所以無霜也。由此言之。知於前舉諸緣之外。露之滋物。尙有所待。特必由外籀而後可以推知耳。

二、由制器試驗。有以知前例之非誣也。此如格物家所造之燥溼表。置器室中。以法抽熱。使稍降寒。至若干度。而露點集。故格物家常語云某日某所天氣。其露點爲某度。即此義也。此所試驗。雖境狹事微。然推之闊遠。其理無殊。自然所爲。正復同此。此又一證。而所用之術非他。別異而已。

三、觀於自然。以知其理之至實也。向謂觀於自然。每不若求諸試驗之嚴確。良以別異爲內籀勝術。而別異所須。必二境一切皆同。中唯一異。而現象之存亡視之。此惟人爲設事乃能爾耳。乃今所觀察於自然者。與設事之試驗差相若。蓋事境無異於其初。而忽進以一節可知之異。其果立見。而爲時甚暫。無事遷情變之可疑。是眞可以決因果之相從。而無茫昧不精之慮者。夏夜遊田野間。見其上有浮雲者。其下露氣必薄。設雲羅漫天。則亦無露。往往雲開見星月時。即僅少頃。露氣遂來。天愈闊朗。露亦愈浥。俄頃雲合。露又隨乾。由此知零露必待天清。而雲露乃不並著之二象。此老農所能言者。顧其理惟格物家而後知之。蓋雲物蒙被田野。則地藏其熱不散。惟天宇開豁。地上諸物。輻熱生寒。熱散寒凝。露點乃集。此雖觀於自然。而其事實與試驗等耳。

右以露理。而內外籀所爲之繁且密如此。此以見格物窮理之事。不厭其詳。及其例既立。乃有以亮天功而前民用。使治之不得其術。徒見事物之相承。而不能言其故。淺者輒失之膚。妄者或鄰於臆。以云盡性。失之遠矣。

第四節　博浪塞迦論人屍殭腐之理

用直接內籀之術。於人身內景之學爲最難。此其理後篇所詳論也。然有一事。可爲四術之程式者。則博浪塞迦所以考人屍殭腐之理是已。其事見於一千八百六十一年五月王會紀載中。人當死時。其腠理之僨躁（謂易於觸顫動躍）愈甚。其就殭愈遲。其歷時長而腐朽亦徐以漸。此塞迦所求證之公例也。淺者驟聆其言。將謂其術當咨消息。然而大誤。彼固以所窮者之消息。爲其術之消息也。欲證其理。四術各有宜用。而第四之消息雖所不廢。然而其用儉矣。

博浪塞迦所彙集以推證前理之事實。如左。

一、凡偏枯之肌肉腠理。常較良平者爲僨躁。而偏枯肌肉殭挺。常較良平肌肉爲遲。至既殭之後。常不速腐。及其既腐。其勢亦漸而舒。

以上所云。可分二例。皆必經實測試驗而後可立者也。至其設事精密。則塞迦氏之能事。故於科學。可爲法則。其第一例偏枯之肉。比良平之肉爲僨躁。塞迦氏所以實測之者。爲術綦繁。最後乃從別異之術。取死者左右兩肢。一枯一良。行電其中。以觀其變。覺枯者之躁而易動。其經時常二三四倍於良者。夫別異之術。其精嚴在二事正同。而中翹一異。今所試驗之二肢。乃人畜一軀之物。是事同境等。而異者獨存枯良矣。雖然使塞迦氏所測。獨取一人一畜之身。則二肢之果無餘異與否。尚未可以徑斷也。何則。病者之身。其所以爲異者因緣甚衆故也。乃塞迦氏之取驗也。既常謹擇其無餘異者矣。而又取異人異畜之體。而廣爲之驗焉。故能泯其偶異。得其衆同。而別異之術之精嚴。以無遺憾。

其第二例。所謂殭挺較遲。而腐敗勢漸者。塞迦氏證此。徑術同前。彼一畜而割其當髖之腦絡。與其同部脊幹之一偏。而畜之後一足以廢。其餘一足猶爲良也。已而殺之。見枯肢肌躁既過於良。至其殭敗。亦方良者爲遲久。此固試驗正法。副別異行術之所須。無可贅議。第塞迦氏資此同術。嘗得反證之一事。此不可不著目者也。取一畜而割其腦絡脊部如前。然不卽殺。俟踰一月然後殺之。遂得其果效之全反。枯者之殭。速於良者。從殭卽腐。亦驟且疾。蓋時經一月。枯肢之肉廢而不勤。故其僨躁之度。不特無過於良。實乃劣之。則以僨躁爲甲象。此正別異術所表甲乙丙之局。甲在則從以子丑寅。甲亡則獨得丑寅之效者也。餘境悉同。獨亡僨躁。則所期之效不見。且使爲其相反。所期之效。亦得其反。由此可知。殭久腐遲諸果。

不以偏枯爲因。而實因於偏枯之肉之僨躁。僨躁踰等。則殭久而腐遲。僨躁劣常。則早殭而速腐。當其故易明者也。

二、當將死之際。於死者肌肉。減其熱度。所減處所。其躁必增。又減熱度者。其殭挺必遲而經久。其腐敗必緩而延長。

以上物理。亦自塞迦氏而始明。其明之之術。亦咨別異以爲試驗。故無取深論而事別白之觀也。則度之以述其餘。

三、凡精力勞頓。爲時過久至於空乏者。其肌肉不躁。案此理久爲內景家所熟知。實爲舊立公例之伸義。勘證之術。亦由別異爲多。故其例堅實不瑕。而觸處可證。假如馬牛羊之屬。負重長驅。業已倦殆。不令休息。取而殺之。則體殭肉腐。往往奇速。一也。又如圍獵所獲窮極倦飫之禽獸。又鬬雞下場便殺。又如力戰將卒。橫尸原野。其腐敗生蟲。皆不逾日。數者現象。其前事所同。則筋力勞頓。皆臻極點。故以統同術律令言之。知勞頓倦極與屍肉易朽。有因果之相關。夫統同獨用。固不足以決因果。特此節之理。其爲因果已有前例可徵。人畜死後。肌肉之變。常視將死之頃。其情狀何如。故於諸事現象。抽所獨同。而謂爲後來結果之一因。不至失也。

四、凡肌肉之得養愈豐。其僨躁之度。亦比例而愈大。此例亦本諸內景學他例引伸而來。所以立之者。多由別異。今如有人畜以傷跌卒死。其死時肌肉。大較得養尤豐。往往死後通體之肉。跳躍僨躁。如此則殭挺必遲。歷時綦久。而後有腐餒之變也。設若久病而亡。其肌肉之養先乏。斯其得效。必異前者。舉此二宗。知考其理者。沓於異同合術。凡殭遲腐緩者。其前死肌肉得養必豐。凡殭蹔腐急者。其前死肌肉得養必劣。以內籀術言之。知肌肉得養與殭腐現象。有因果之可言也。

五、瘳縱抽搐。其事與用力之過為類。而其效過之。亦足使肌肉靜而不躁。今如其人瘳縱抽搐。猛而且久。如在重傷亡血。猘狗嚙傷。霍亂諸候。如是而死。其屍常立時殭埶。隨卽解去。而腐爛生。此例之立。其術亦沓統同。而可信之實理。與前第三之證等也。

六、此條所列事證。以其理較為繁賾。而所待於析論者愈微。故後及之。

空中震電之致人死也。有時其屍不殭。或殭時至暫。幾為人所不及知。已而其屍遂腐。亦有死後殭埶如常人者。自其效之不同如此。則必有其所以為殊。格物者曰。電之死人也。其大類有三。大恐暈絕。而其腦之宗絡。為電所徑撼。或為電所反震。一也。血潰於腦。或潰於肺膈之間。二也。腦為電所徑擊。或為所震盪。三也。顧是三之中。實無一焉可以得不殭之效者。獨當震雷之頃。使人身筋肋。一一皆為電所掣抽者。則其人瀕死。通身之肌。頃刻皆痿。不復躁動可也。故使塞迦氏所立之例而信。則所指屍不復殭。抑殭時至暫者。其震死必出於此途。而死後殭槷如常人者。電之所為。乃異此耳。雖然。何以明之。夫空中雷電。非可以設事而試驗者也。無已。乃咨於其似。而用人為之電機。塞迦氏嘗取乍死之人畜。為注電於其周身。凡有筋肋。皆循其理。而為之抽搐。其意蓋謂吾非不知天之震雷與吾機之電力。二者洪纖之相絕也。且無由一擊而使全體之肋皆震。然使已死之人畜。經吾電力之所抽搐者。得驗其殭時甚暫。趨腐甚早。則可知如此之效。必震電掣抽之所為。事大小雖殊。而所由震攝者一耳。乃今塞迦氏之所驗而果然者。覺所用之電力愈大。其殭槷之為時愈促。其腐敗之為勢亦愈疾。當用電極猛時。則舉體肌肉。同時並萎而後此殭槷之頃。不過十五分而已。然則用消息之術求之。知殭槷為時之長短。純視肌肉僨躁為度之高下。向使電之震體。其猛逾於塞迦氏之所歷試者。則僨躁之度。可以同無。而殭槷之暫。忽若不覺。夫空中震電。雖在至微。其猛必遠逾於人力之所能致者可決也。然則震死之屍。所為易化而濡軟不殭。乃由於肌肉之萎廢。而肌肉之萎廢。乃由於震雷抽搐之猛。庶幾無疑義已。此於前者諸證之外。可為另列一端者也。

合前證種種觀之。而塞迦氏之例乃終立。其例曰。人畜方死。肌肉有萎躁之辨。其躁也。或以腠理之得養。

如見於平人之暴死。或以無用之休息。如見於肢體之偏枯。或以熱度降減。如見於遇寒凍。但使躁度甚高。則屍之殭挺必遲。而爲殭之時亦久。其腐朽之勢緩以漸也。其萎也。或以久病之失養。或以作苦之過勞。或以傷蹶霍亂服毒之痵。縱使其萎已甚。而躁度徹弱。則屍之轉殭必速。而爲時短。其腐朽之勢。亦頓以疾也。塞迦氏所窮之理。其爲例如此。其事之節目與異同合術之所資正合。凡死時肌肉萎而不躁者。其殭暫而腐疾也。反是者其殭遲而腐緩也。故曰。人畜殭腐之遲速久暫。與其當死之肌肉萎躁。有因果相繫之可言也。

顧不佞所深有取於塞迦之所爲。而特舉之以爲內籀之程式者。以見異同合術之爲用廣也。蓋四術最弱。莫若統同。而合術之去統同。特差勝耳。常苦用其術者。不能決因果之實。獨至窮理如前事者不然。而因果之實。從之而決。何以言之。蓋殭挺之與腐敗。其因爲死。固無可疑。此別異之所立也。以總因之死。而殭腐諸現象從之以生。其遲速進退之不齊。又一一可求諸當死之異象。然則此乃總因之殊態。而所察之果。從以爲異明矣。若夫必致其疑。則或者殭腐之果。不必依於肌肉之萎躁。而依於所常與肌肉萎躁並立之隱因。然而察於前事肌肉所由萎躁之因。雖有不齊。而其果之呈也。常如所立之例。是知殭腐參差之果。專以肌肉萎躁爲因。而非以肌肉所由萎躁者爲因。且縱有同時並立之隱因。亦非殭腐諸果之所待也。

第五節　論歸餘術之程式

以上兩節。所列窮理致知之事。學者誠詳繹而心知其意。則於四術之三。將自有其神明規矩之樂。無俟更爲博譬而屢稱也。獨有歸餘一術。不覩其用於前數事之中。不佞將爲舉侯失勒氏之所著者。而益之以層累之詮釋。

侯失勒曰。科學之精深繁富。洎晚近世。可謂盛已。雖然。著其所由。則新理異例之出。本於他術者。未若本於歸餘之衆也。夫自然現象之呈於耳目官知也。多繁而少簡。常雜而不清。使觀生知化之士。的然釐然。取其已明之果。以歸之已明之因。洎其所餘。往往翹爲新象。從而窮之。則往往至德要道。由此得也。

譬如婁起彗星。往復年數。有定程也。居所躔度。可推算也。顧其時與位。與婁起所推列者。常有微差。蓋其體所循之軌道。與其周遊之歷時。此可依於前測。合之日體緯曜之攝力而得之者。乃諸因致果之外。而尚有餘象焉。從以爲差。如見景之微早。周天歷時之增疾。是非日體緯曜攝力之能爲因也。夫世界之果不虛立。既決其有因。斯取而窮之耳。向使不由夫此。則是因與果。雖歷億劫。無由覺而窺之也。於是疇人曰。使太虛之中。風輪而外。有至微之中塵焉。可以任沮力。則所測之彗。當有此差。又以他證之幷臻也。前果之因。於是乎有可言者。此伊闇之說。所由定也。（自注云。侯氏末年著星學郛說。謂彗星周天之象。伊闇而外。尙有他因之可推也。）

法之格物家阿臘穀。嘗以絲懸指南之鍼。觸之使左右搖。製銅板其下。則速歇。夫物旣動矣。而旋靜者。必有使靜者也。使靜者何。沮力是已。指南鍼之搖而止者。亦以沮力。其沮力之可言者二。空氣之闐其塵。一也。懸絲之非至柔以槷而圉其絞。二也。是二者存。故鍼之動力。徐徐就耗。耗盡而鍼歇。此動物可言例也。顧是二者之果。於不置銅板時。已悉測而計數之矣。乃今置銅板其下。而得早歇之餘果。夫惟餘果。必有餘因。餘因伊何。銅板是已。今夫銅。俗以爲無與慈氣者也。乃有沮抑慈鍼之效焉。此又由實測。以歸餘之術而通新知者矣。侯氏之言如此。雖然。自不佞觀之。則所用者乃別異之術。非歸餘也。彼爲設二事。其中莫不等。而獨異於銅板之存亡。此眞別異術矣。必以云歸餘。則須先計空氣絲懸二沮力之效。知其鍼必盡若干徘徊而後歇。乃今弗及。則弗及者銅之效。是則歸餘而已矣。

格物家每當推究物情。微驗變端之時。闐然而得舊例之旁證於意表。其旁證常託於餘象之中。不獨餘象爲推究微驗者之所不期也。卽所證之例。亦常與本事渺不相涉。此以見至誠之體物不遺。而考道者之不可以輕心掉也。此如以考驗聲行速率。鼐布拉因之而悟空氣中塵受擠之生熱是已。蓋其始考音所以傳。知其傳必託於有質之中塵。如金木土石水與空氣是也。乃得其傳矣。又求明其何如傳。於是乎有聲浪疊合之說。驗之以實事。次之以數表。而聲之遠近。聞之遲速。若可坐而得之。雖刹那之頃不容間也。顧往往所推計者與所實測者之二數。雖大較不殊。有以證所考之因。與所明情狀之不謬。然其中常有不合之小差。使知速率一果。其中用事諸因。非前二者所可盡。而格物者雖於音聲之故。大理既明。而尚有餘象焉。未能得其解也。最後而法士鼐布拉出。而其祕遂大闡。彼以謂音行空間。其傳也既以中塵之浪。而中塵之浪。自近及遠。乃排擠疊沓而爲傳。夫有擠疊。是生逼桚。既有逼桚。則中塵生熱。故實驗之遬。所以與推算之遬。有參差者。則熱爲之耳。且熱之爲物。在今日又可計數者也。乃總是三者而爲之推算焉。其得數乃常與實驗者脗合而無間。故得此不獨聲音之道明也。而熱學逼桚生熱之公例。亦由斯餘象而得其旁證。此豈治聲學者之所前期者耶。

乃至化學之原質。其以歸餘一術而自得者。吾又不知其凡幾。阿飛德生之得歷氏亞。（化學字作鏷。）乃以析驗礦質中鎂養化爲礦養而銖兩不符。繙以分之。乃以得鏷。凡得一不常之雜質。既析之而著其大者矣。至其棄餘。則每爲新原行之所伏。當倭剌士敦與丁賴驗白金時。戈勞白輒取其所棄者而覆觀之。由是而碘溴二原與塞利尼亞（化學字作鉮。）諸金。從之乃見也。

侯失勒又曰。凡輓世天學新理。強半由窮餘象之理而得之。其所以得之之路。則多由於差數。此如歲差。爲疇人最大之新獲。其致此者。由餘象也。蓋日行黃道。其春分點歲有退行。（每年爲弧五十秒強。）積久成著。歷家略之。以爲復次。則參差不合。故自有歲差斗分。而歷始密合。此由奇仂之微。而得天行之實者也。此外尚有光行之斜接差。地軸自轉之繞極差。亦由奇仂之果。見於天行。用地遊歲差言之而不盡。取斯餘象而溯其由。遂成新獲。浸假推計彌精。爲之歲差與夫斜光繞極諸因。皆爲增減矣。而所以推星躔者。猶未密合也。於是知恆星有自運之視軌。此又從其奇仂。通其祕奧者矣。大抵生民於物。則天運。所由能契精微。至於毫髮無憾者。在即餘象。以通其恖。譬諸爐鼎修鍊之家。必能盡轉滓穢。化爲菁英。其功候始爲圓密。格致家之於因果也亦然。既知果必有因。則一切奇仂餘象。自必有其所以然之故。方其爲推。而與實測者有未盡合也。是未盡合者。雖在至微。有所必治。使忽其所已知。則於其舊有未盡也。或昧其所未知。則於其新。可蘄至也。要皆本內籀之至術。以即果溯因已耳。

七緯與地。拱日而爲太陽天之鉅體。其各循本軌也。有相攝互牽之效焉。顧其始之所由明。亦從餘象得也。蓋諸體之時位。推算與實測者。始而多歧。以力學之始明。疇人謂獨日有攝力。逮算位與測位不合。乃信奈端第三例。而知物體相維。大小各具攝力。大之見於恆星日月之間。微之存於纖塵莫破（莫破彼云阿屯。阿譯言莫。屯譯言破也。）之內。不僅日筦諸緯。而地筦太陰也。又如地質學家有更始派。更始派者。謂地上人物。前經毀壞。而更始新立。如宗教洚水之說是已。此其爲說。是非姑勿深論。特其持議。則謂以地球今日所可見者爲果。而以水火諸因言之。其說未足以盡也。其餘象甚深。而無可歸之原因。是知往劫以前。當有今無之因。爲之用事。抑其因同於今有。而猛壯橫被。倍蓰於茲。此歷劫更始之說也。又爲人種之學者。其派流亦二。一則謂人種本以所遭外緣互異之故。演成今日之不同。一則謂種類本殊。不可一概。間氣鍾毓。天實爲之。故有生之初。其血氣精魂。已與常人大異。而不能指其所由然。爲後說者。誠欲其義之必伸。必取形法精魂之異。解之以生學公例。所謂本於外緣種性之殊。而猶不足。有奇仂餘象。欲歸之於已了之前因而不可者。夫而後可指爲生初之異稟。而謂天演之說。於此爲虛。顧操後說者之言人。猶主歷劫更始者之言地。於所可言者尚未盡也。則歸餘之術。非其所得用明矣。不佞所以謂歸餘之術者止此。不敢謂擇精語詳。顧庶幾有以明其用。俾學者無疑歟。其前三術則所爲舉似者已多。不得不望於讀吾書者之隅反至其他料學簡易之端。與夫日用常行之實。則固旁通交推。隨所遇而可見。無假是書爲之覼縷者耳。

第六節 答客難

呼額勒博士。於僕所著四術。見謂寡用。而於此篇所舉之設事。亦斬斬然致不足之意。其言曰。所立內籀之四術。其所爲無益於格致者。以作者所視爲固然。乃即學者之所難。而俟求而後能得者也。作者方取一切現象以爲之程式律令。顧不知自然現象之多繁而少簡。區以別之。其事已難。今如吾書所列晚近諸新知。若七緯天運。若墜物之理。若折光。若物質分配之比例。諸若此論。方吾黨之求其公例。抑如穆勒所謂求衆異之所會通者。不知彼所謂甲乙丙子丑寅等。又從何而得之。且自然之現象。其伏見示隱。不必依作者之律令也。乃強以律令御之。彼謂甲乙丙立。則子丑寅從之。甲乙丁立。則子丑卯從之。而因果之理。即由此而可推也。然如其說。而彼所謂前後之合局。吾不識當以何時何地而後遇也。即至於今。向所謂新理者。則皆出矣。而數事之中。何者爲甲。何者爲子。孰乙孰丑。有能分著而一一明之者歟。理之出也。則竟出矣。方其未出。宜從何術。又孰從而詔之。彼前哲之得新理者。於作者之四術。又何知。不知四術而新理仍出。則是四術於新理固無用也。

乃呼博士又謂。使作者欲見四術之利行。而爲前哲闡求新理之所不可廢。則宜取古及今一切最奇最碻之新理。各著其術於四者之云何。不宜徒取一二偏端。以概格物致知之大用也。（此見於其書之二百七十七版。）

百年以往。有排擊外籀學所著聯珠諸律令爲無取者。其學識議論。與今呼博士之議內籀四術律令正同。夫聯珠律令。乃雅里斯多德之所爲。由來舊矣。而若人乃訾其無用。亦謂聯珠所視爲固然。乃正學者之所難。必俟求之而後能得者。所難奈何。即取推證之理。而次第原委之。以合聯珠之律令也。故其言又曰。爲辨之難。在不知何詞爲聯珠。而非聯珠既成之後。判其是非端窾之不易也。此其言徒自事實言之。則與呼博士所云。同爲無誤。蓋窮理之事。莫難於得所據。既得而條理之爲程式。而繩以律令焉。而後證之堅瑕。理之虛實。莫能遁也。雖然。方其條理之也。使其中茫然昧然。不知何者爲中程。則所謂條理者。亦徒爲耳。近而譬之。有幾何問題於此。其立術以解此題。固難於既解之餘。而覈其術之離合。雖然。使其人覈既解之離合。而無能爲役也。則於立術以解。愈無望矣。故內籀既成。論其誠妄堅脆。固非難也。然不得以其非難。遂訾著爲律令者之無用也。今夫內籀術之行用。實與生民而並始。自古及今。迷罔誤謬。夫豈少哉。是以內籀察試之律令程式。猶外籀聯珠之律令程式也。議無違律。無事必中程。庶幾其所明之理。所立之公例。爲可恃。自非然者。必無幸也。四術之用。正以爲此。設謂四術未標。而前人之爲內籀自若。古哲之得眞理自若。遂以四術爲無用乎。此何異以三古之有詞章詩歌。而譏後人之爲文譜韻學者耶。且前人之嘗聯珠律令也。尙有先獲於呼博士者。如呼謂從來新理。其得之也。未嘗用四術。而前人則謂理之眞實。其明之也。未嘗由聯珠。善夫淮德理之言曰。使嘗聯珠者而是。是取古今一切論辨而並嘗之也。何則。使論辨而有關乎名理。將其詞令文字。莫不可條理之爲聯珠。使不可條理之爲聯珠。則其言無關於名理。而亦不可以爲論辨也。今不佞亦曰。使呼博士之言而是。是從古本實測而見會通。由會通而標公理者。皆無當也。何則。使公理之立。誠由會通。而所會通者。誠由實測。則其所爲。莫不可分區之以歸四術。使不可爲四術。則其事本無關於實測。而亦無與於會通。呼將謂天下眞理。舉不由觀察試驗而得乎。則其語將誰信之。

呼之識理。其與不佞異者。既如此矣。則無怪其以不佞所舉似之四五條爲無當也。蓋不佞之意。以爲人類本諸觀察試驗。而後新理日出。知識日優。此宜所共明而無待舉似者也。所爲舉似者。以四術立說於虛。故爲之設事焉。俾學者自隅反而神明之耳。乃呼今責不足於我。夫使不佞欲著四術之利行。則亦無取甚奇甚新者而後適吾事也。當前指點。固已有餘。如統同術則云。凡狗能吠。何以故。因此狗吠。彼狗吠。而又一狗吠。此卽向者甲乙丙甲丁戊甲乙庚之式。甲者狗也。而吠者所由甲而形之子果也。又如別異術則云。凡火能燔。何以故。向者吾未執火。未嘗燔也。此乙丙式也。乃今執火燔焉。此甲乙丙式也。從之而得子丑寅。火甲而燔子也。

將以此爲過鄙淺而不足以與於呼博士所謂內籀者耶。則不知智學如浮圖之有基。是鄙淺者。固與呼所前謂智基者爲同物也。且呼於所謂內籀者。亦以意爲之區畫矣。曰事之猶相聚訟者。不可以謂內籀也。若心靈之𢆉虛。若社會之繁賾。是皆不入內籀之科。而日用常行。又以其鄙近而無當。則其所可舉似者。必在科學所旁通交推。而道通爲一者。然而旁通交推矣。而以層累曲折之稍多。勢不能獨資試驗與觀察也。則必有外籀之錯綜。擬議之導指。此純主實測者。所爲進道有限。而僕與呼博士所同致其不足之意者也。是故其事雖多。而欲取以爲觀察試驗之比事則不可。乃呼博士以此篇所引。非其意之所重也。遂以爲四術所爲本無與於內籀之大者。不知使非四術者。先奠物理於不拔之基。則呼所謂最奇最碻者。固已無所託始矣。

至呼博士所設之問題。尤無難於置答。若七緯之天運。自其實測內籀而言之。則統同之術所有事也。若墜物之公例。所謂物行遠近與時之自乘作比例者。自其紀載之事實言之。則本奈端第一例而爲之外籀者也。至其實驗之事。亦咨統同。若沮氣之差。則得之眞空試驗與尋常現象之不同。其爲術固別異耳。

若夫折光之例。若其射角正弦。與所折之度有一定比例。又統同之所得。他若物質化學諸例。以其科之專專於試驗。故無一不由別異而得之。凡是之術。本格物窮理者所共由。即呼博士於此。豈能立異。然則謂不知甲乙丙子丑寅之誰屬者。直戲論耳。

使物理之出也。舍觀察試驗。其道無由。而外籀與內籀不並立。則吾所謂四術者。眞窮理之方也已。縱謂四術非所以得理之資。而吾以謂理必得此四者而後證其實。無疑義也。非四者無足以爲證。則雖得之以外籀。必經此四者而後驗其實。亦無疑義也。故凡科學哲理。有絕大之會通。履端於擬議。成終於實證。舍四術其道奚由。故曰名學者推證之學也。而呼博士以爲不然。其學術固不以推證爲急也。彼以謂吾之於理也。憑慮傓臆。本諸心以爲擬議。立一例焉。而後取事實以印之。使事實無與吾例背馳者乎。斯吾之例立矣。即不然。必他所擬議。有簡且易於吾所爲者。而亦與所閱之事實無爽。斯吾例可置而更從其新。否則吾例固無棄也。嗟乎。使內籀之所爲止此。則不佞之所謂四術。固無取顧不佞以謂。用前說爲內籀。而於一切法作如是觀者。其迷誤在本原之地也。

使將謂理自有眞。而誠妄是非。爲常智所能辨。無假內籀爲推覈也耶。則吾見號格致大家。其推理斷論之不根。而爲稍識斯術者之所憫笑者矣。離於所習。其智愈昏。蓋彼所爭在口舌耳。詢事考實。非所任也。

世常謂內籀之學。倡於培根。而吾不敢謂培根以來之學者。其於內籀。遂勝培根以前之學者也。夫窮理之爲事也。有其所求。有其所由。所求者鵠。所由者術。今學者之所重。大抵在所求耳。若其所由。則未至也。所由之術。有其檢校。有其證明。能檢校者。又未必能證明也。晚近科學。其於自然公例。所新立者未嘗不衆也。然皆爲之擬議懸揣。而後察現象之從違。有違者乎。乃稍稍修飾之。以期於密合。此其存是去非之術也。然不謂以擬議懸揣之有非。故其用思爲已誤。使先得其術。夫固可以豫免。而無待事及而後知也。惟所由之如是。故人道之用其心力也。雖趨事圖功。一切若有以自達。而思力之楛。尚一若其古初。使所治之業。所講之科。境狹時邇。而事實與其例爲牴牾者不少概見。終身不解不靈者。蓋比比也。何則。彼必遵其達。而後見其所主之不誠故也。夫所言爲虛靈玄冥。耳目所不接者。其多謬悠。固無論矣。已乃至耳目之所周。如星學之事。科學家之用思。其譾劣可憫。同於愚豎者。亦不勝數焉。無他。徒知內籀之用。而不知律令法程故耳。乃呼博士猶以講此術者爲無所用也。

篇十　論衆多之因錯綜之果

第一節 言一果可以有數因

前之論四術也。吾於一宗之現象。常以一果。歸之一因。或以一因。從以一果。此蓋不得已而爲簡象。期於易知。又以事理之繁。非節次言之。則葛藤愈至。故所言者設象也。而不必遂爲其事實。其於一果也。於前事則若舍一因而無餘。於後事則若自爲果而不雜。以子丑寅卯辰。合而爲一時之現象。而五者各爲異事。各有專因。所欲求者。卽前事甲乙丙丁戊之中。各指所從已耳。所謂專因。誠不必皆簡。爲諸緣所萃者可也。但其爲萃。不過一形。而爲所論之果所從出。

夫使兩間之因果現象而皆若此。則窮理之業。無難事耳。而無如其不然也。其不然有二。同一現象。而所以生之者。不僅一因也。以子爲之後。爲之前者。甲可也。乙亦可也。其次則異因之各果。爲同物而無分界之可指。甲與乙之各果。不必子與丑也。而皆爲子。僅各有其部分。以是之故。幽深奧衍。窮理之業。以之滋難。蓋學者必心知二義。一果之錯綜也。一因之衆多也。而二義之中。因之衆多。稍爲易喻。是以不佞先及之。

故謂一果必有專因。抑由一宗之緣法者。其說誤也。大抵世間有一現象。則所以致此現象者。恆有不相謀之數塗。一事之生。其相承之情不一致。而果之從於異因也。不必有所輕重喜惡於其間。而皆爲物則。譬如羣動爲此果者。至繁殊矣。生盡曰死。其所以致死者至不齊也。乃至國之風氣。心之感情。皆常異因而結同果。是故定因立而果從之。然定果見。而爲其前者。則不必有定因也。

第二節　言統同術之所以弱即由前理

以同果之有異因也。統同之術。乃不可以深恃。今如有二宗之事。其一以甲乙丙。而從以子丑寅。其一以甲丁戊。而從以子卯辰。於是格物者曰。甲之於子。有因果關係。何以故。以甲常居子先故。以甲居子先。而無待於他緣故。先而無所待。則甲固明明爲因。而子明明爲之果。以舍甲而外。其前事別無所同也。雖然。自一果而可以異因也。而前術廢。蓋統同術之可用者。以子果之出。必以同因也。乃今可以異焉。然則在前二事。前子之因。可以爲丙。後子之因。可以爲戊。而所謂甲者雖再見。而實無勢力可耳。

假如有兩畫史於此。或兩學士於此。較其操行。或同於谿刻而自利。或同於慈惠而利他。更觀其前者之受教。與其生世之所當。而得一事焉爲相似。而無異。則論人者將由此曰。是二人之所以同德者。由於此一事乎。必不可也。蓋心德雖同。而所以使同者。直不知其凡幾。則安得以生世之一事之不殊。而遂曰其操行同符。乃由於此乎。

夫統同之所以弱。易地而觀。卽別異之所以強。設有二事於此。其一爲甲乙丙。其一爲乙丙。乙丙得丑寅。益之以甲。而後得子丑寅。於此可見。甲爲子因。或子因中所不可少者。雖他時得子。其因不必爲甲。而此時之甲。明明生子。無可復疑。是故多因之理。不獨無以損別異之可信也。且得一而足。雖不復觀察試驗於他端。而所標之理自信。蓋正負陰陽之間。有以決之至盡故也。至於統同。乃大不然。使所考驗者狹。則其理尤爲無徵。獨或取之以爲意事之資。而既得之餘。宜加別異之驗。或取已立不相謀之公例。由外籀推證。而得其同符。則庶乎其可用耳。

然則統其同者。果無所用矣乎。曰吾言其弱。未云其無用也。使累以爲之。而屢易其觀。將所統之同彌多。則積其弱者。亦可以爲強也。前之所統。得兩宗耳。甲乙丙、甲丁戊二者。雖舍甲而外。靡所同然。且不可以爲子因。蓋吾之所謂相承者。未必非偶合故也。自吾之累其實測而易觀也。向之得於二者。乃今得之於三四焉。五六焉。馴至於十百千萬。而有甲爲之前者。莫不有子焉爲之後。使甲爲子因。於此而猶有可疑。則必子之因。異者亦三四五六乃至十百千萬而後可。自子果不能有十百千萬之異因也。則甲子之爲因果。固可決矣。況以實測之多。將必有一時若甲己庚者。他日僅見其己庚而無甲。則子之不從。有其別異。斯相承之例。從此定矣。故曰別異之術。得一而決。統同之術。至多而亦決也。夫所統之同。必俟幾許。而後因果可以定於一。無異因同果之嫌疑。而甲子相承爲無待乎。此學者所必申之疑問也。此其精理。欲詳論者。須於後部說偶一篇及之。顧卽今以云。則甲子相承一例。所見事多。而所當情境。亦常新而不複。則數番以後。其例固已非弱而爲強。取定因果。未嘗不可沓此術也。蓋前者所論。一欲用是術者。知其所短。而立例之後。必爲別異之覈。卽由舊立無疑公例。用外籀之術。以推證其同符。而後理得心安。可以俟百世而不惑。懸日月而不刊耳。此窮理者所爲無所不用其極也。其次則欲學者。知屢驗迭觀。必何如而後爲有用。蓋統同而必貴其多者。卽以衆因難定之故。使於每番之事。不能分別爲觀。要之雖多猶爲無補。惟能分別爲觀。而後於更番之驗。能有所淘汰之嫌疑。而理之眞實乃愈見。每見世俗。其於事理也。常貿然徒以閱歷之積多。視爲其理之強弱。不悟所歷雖多。而更番所陳。初無易觀。或卽有異同。亦見於無關得失之地。則雖經千萬例猶弱也。故使得一事而有所淘汰。其證理之用。實過於千百之陳陳。能者之於窮理也。於所測驗揆候。必謹其時地度量。使灼然無模糊黮闇之可疑。設其不能。則寧更爲之。至必明而後措。既明矣。則由是爲之更端易象。以察其事之變否。蓋事實既明。功分已見。徒疊矩重規。而不爲更端易象者。於本例之強弱。初無毫末損益也。

夫統同之弱。坐因衆難明如此。然而異同合術。其爲用則大異此。蓋合術之爲用也。不獨事之有現象子者。同於有甲也。而事之無現象子者。亦同於無甲。果爾則不獨甲爲子因。且舍甲而外。子象更無他因也。假其有之如乙。則當無子象之時。法宜甲乙並絕。顧前事乃同於無甲而已。非同於無甲乙也。以此知其不然。故同異合術之爲窮理利器。實倍蓰於統同。而僅稍遜於別異。顧其術所以貴。在於二局前事。所據以爲案者。有其負案。以與正案相參。自統同者非統於其有。而統於其無。故因衆之嫌。末由干涉。論者或謂此術之精。由用負案。然則與正負合參。何若獨用其負者之易明耶。獨是以理言之。固如此矣。而施諸實事。則常不可行。何則。以有者有畛。而無者無涯故也。以事明之。今假所設問題。爲求物質透光之因。而窮理之士。不自其有。先從其無。欲卽世間一切不透光者。求所同無之一事而統之。此其於事。詎有望耶。設彼從一切透光者。先求其所同有。雖事亦未易爲。然觀有之得數。自較觀無者爲多。惟既得透光者之所同有。而後執此一德。以驗果否爲不透光者之所同無。則尚庶幾有立例之一日耳。

不佞向稱異同合術。爲間接之別異術。蓋合術觀物之法。實與別異同科。在現象之所存與所不存者。以何物爲之判。與其判別之情狀爲何如也。由前說觀之。是合術之用於內籀。自別異而外。實爲利器之最。假所治之科。僅有馮相察候之可施。而無設事試驗之由我。則異同合術。殆所專咨。此於前言露理可以見矣。（如天文地質氣候政理諸學。皆此類也。）凡此皆本所實測以求物理者也。

第三節　論原因之衆何以一一求之

以上所言同果異因之事。皆存理想間。欲窮理之家。致謹於此。非於此瞭然分明。則內籀所得。未爲足恃。又言設果止於一因。則宜何術。證其必此。此前兩節之所論也。乃今使此衆因之象。實見於格物窮理時。則內籀所爲。將何以指其實而著其事。雖然。此其術不必別爲求也。使有果於此。其生之者誠不止於一因。則所以取此衆因而一一著之者。其術固與所以取一因而著之者。無所異也。蓋自物言之。是現象者。彼或各著其前後之相承。而各自爲類。如以一宗之實測。吾知太陽爲生熱之因。又以一宗。吾識其生於蹬力乃至擊撞迫榝電氣愛力。凡斯種種。皆足生熱。顧其所以測驗之者。乃自爲事。而不相謀。其次抑自觀物者言之。則因之不一。將卽見於罔羅事實之際。欲求其所同。而常不可得。從果以溯因。既不得其所同之一事。且有時悉汰其所更之前事。而其果猶自若。既無一事爲果所必隨。亦無一焉非是則不得果者。獨至微驗深索。乃見所汰之前事。雖無一爲不可離。而其中有一物焉。爲常存者。蓋卽前事而析觀之。於以卽異求同。得其用事眞因。而爲果之所待命者也。此如言熱。太陽。蹬力。擊撞。迫榝。電氣。愛力。之數者之不一因也。顧其最初之原。則一而已。雖然知此者高矣遠矣。非可常得者也。而當未至此境之先。則不得不從其異事分條。亦爲之各著其常先者已耳。

不佞所以論同果異因者。言將止此。乃今將進而言果之錯綜。與夫因之相牽率者。夫窮理致知之所以難。爲其端正坐此耳。内籀之功。不外動靜二實測。靜者其觀察也。動者其試驗也。而觀察試驗。舍四術其道莫由。顧至果錯因牽。則四術亦無能爲役。欲通其閡而解其紛。則虛靈之外籀。所謂本隱之顯者。有所必用。而四術所爲。則外籀前驅。爲具條例原詞。與夫覈其成效已耳。

第四節　論幷因得果之現象如見於物質者（前篇六所謂變化之合）

兩因以上。合而成果。其各因之果。互感交乘。發爲新象。此其爲事。如前所論有二途焉。一如力學之事。其各因之果在也。而併爲一流。相爲酌劑。是謂和合。一如質學之事。各因之果。渺不可尋。所得之物。不循舊例。是謂化合。

於是二途。前爲最多。而往往非試驗之術所可馭。其後一途。試驗之術。正爲此設。當成果之際。其原本用事之公例。絀然不行。所生之物。與原有者。絕不爲類。此如兩種氣質。若輕若養。會合之時。本來物性。忽不可見。而見所謂水者。其性撰與前迴殊。欲究其理。當資試驗。其本有原質。卽爲生果之因。特原質而外。尚有會合一事。必統此而言。其因乃全耳。

夫旣得果如水。從而驗其物性撰之如何。此格物之功。無易此者。但使昔徒見水而欲考其因。問須何物會合。如何會合。而得此。斯有難耳。蓋太始生此水時。其狀非吾實測所得及也。就令輕養二氣共居一器。吾亦不料其能爲水。必俟一日有人偶以電發於其間。或偶以火燃之。而生水之實始見。且世固有甚多物質爲人力所可分。而無由爲復合者。故卽用統用之術。知水中有輕養之二因。然使卽一物爲驗。或但由二氣之例。而欲以外籀求其所以生水者。則終古不可得。蓋其事必用特別試驗。合二因求之。而後可得也。

假所治之物。其難如此。則欲從果而得其因。往往無直接之徑術。而常儻遇於所不期。或由取用事之物。而一一爲合他物而試驗。期於其中可得一當。然亦有不盡然者。則以如是之果。往往機緣湊合。復自反宗之故。何以明之。此如輕養二氣。並居。當質點訢合微密之時。則得水果。然水之爲物。當機緣湊合時。又復成爲二氣。至於成氣反宗。則水德與其公例。紬然俱止。而本然之德。與其公例。還復流行。是故化學分析之事。主於就現象諸果而尋其因。而所謂現象諸果者。卽用事他因所生之變象耳。

化學家拉發射之得養氣也。乃由置汞於密器中含空氣。加以微火。經數日夜。而汞轉爲丹。其重逾於本質。而所用之空氣則以失其一分。輕於原氣。且入炷不然。獨吸至死。後乃復取前丹。煅以猛火。丹復成汞。並得一氣。可吸不死。火入不滅。由此而悟。前此成丹由於二物相合。以爲其因。乃令煅以猛火。前之汞養二者。還復反宗也。又如吾以鐵屑分水。當屑煅紅之時。以蒸氣過之。則得二物。一爲鐵銹。一爲輕氣。夫鐵銹非他。鐵合養也。養所從來。知必由水。然則所試驗者。乃分水爲二物。一養一輕。養合於鐵。而輕孤立。此無異言輕養二氣。前有撰性公例。自成水後。隱伏不見。而水之撰性公例。當令時行。乃今遇此。重復發現。而水之原因。即見於水之結果。此非彼是方生也耶。

今使有二現象於此。各即其撰性公例言之。則二者杳不相涉。獨以事驗之。則互爲因果如此。彼是方死方生如此。如二氣之與水者。是二現象。是名變相。化學物質分合之事。固變相也。特變而尚有不變者存耳。蓋當輕養變水之頃。二氣仍伏其中。使其人具神眼通。當尚可見。所變水重。與所用二氣。必正等無殊。向使變相之餘。並此不見。則前後二物。撰性公例。眞無一同。分合之義。亦無由起。人將徒見輕養與水。三者之輪轉死生。而化學之事以息。何則。其爲物至變。二義相絕。不可復通故也。

凡化合之果。果與因絕不同物。哲家亦謂錯行之果。錯行之果。變相輪迴。因果互爲生滅。往往如是現象。

從果求因。其事轉易。果復生果。即爲原因。特用試驗之術可以坐得。顧錯行之果。有與此迥殊。其原因非由此術所可得者。譬如人心錯行例。每有由數端甚簡之感情喜懼萃成繁果。若化學化質之合。而因果二物。絕不相謀。且以諸因之用事。而得此效固矣。獨由其果效。不可復得用事之端。如由少年可至老境。而老境不得復成少年。是故當遇如此繁賾心果時。欲明由何前感會合成茲。如化學之事。由雜體而析爲原質者。其事無從藉手。必欲爲之。則必取此心最簡之意識感趣。先治其分。徐觀其合。爲接構而歷觀其變焉。庶積久而其例有可言耳。

第五節　論幷因得果如見於動力者（前篇謂之協和之合）

夫合因成果。果之公例。與因錯行。則其難如此。意或者協和之合。因之公例。猶行果中。斯由果推因。理當易歟。而孰意不然。使其事不咨外籀而純以內籀求之。將其難且倍蓰於變化之合也。蓋合因所生之果。與諸因之各果。絕不相謀。其所呈現象。往往瞭然可見。無所蔽虧。且以其特殊。人易爲覺。雖雜居變象之中。其爲物之存亡。終可識也。故變化之果。轉爲內籀法律所易施。計其所難。在求端以合四術之程式耳。在其事爲自然中之所無。而又不可以人爲以設事耳。然則其難。非思理之難爲也。而在形氣之難御。獨至協和之果。乃大不然。方其因之會而成果也。是果之公例。非與諸因之例。爲違行也。因之公例。猶行於共果之中。然乃絪緼交錯。互酌劑掩抑而至難明。以代數譬之。成果之後。其爲物非甲乙丙丁之排比齊列。而可別識也。乃今爲呷爲𠮦爲𠰹爲㖠爲叮。或相乘而益多。或相抵而不見。而所得者。獨諸果之通和。而所以得此和之理。又往往幽夐難明。而尋跡道斷也。斯非其至難也哉。

且因會果生。而稱爲協和之合者。蓋雖絪緼交錯。幽夐難明。然各因各果。長存其中。無一滅者。其所得之公果。猶代數之通和。析而言之。皆可指實也。此如一物得二力。量相等而向相反者。施於其體。相抵以成靜。相向使一力獨用。則一時之頃。必致其物於東。至若干丈尺而止。又使他力獨用。則於同時之頃。亦必致其物於西。遠與前等。是故二力同時並用。其得果與二力前後以次獨用者均也。並用則不疑。遞用則復故。而自後果觀之。復故之與不移等耳。

故任何因果公例。皆可伏而不行。一若爲相反他例所抑遏而不得伸也者。顧其實則例無不伸。而因莫不果。此如前譬二力之事。夫力者動之因也。而二動爲因。得果乃以成靜。又如一物爲二力所驅。其向相倚成角。物行之軌。乃依隅線。此隅綫之動。卽前者二力得果之和。雖然動者非他。易位而已。當物行隅綫之頃。無論所至何點。皆二力之所合驅。同時驅之所抵爲此點。前後驅之所抵亦此點。特需時有遲速耳。

然則一力既施。刹那刹那。果常有在。卽爲他力牽掣。非能變因。乃變其果於既結之後。然後之不能滅前。猶前之不能尅後。吾輩推其成效。遇如此協和之合。卽謂二因同時並用而獲偕存之果可耳。

雖一因之例未嘗不行。無間其爲反對諸因抵制之與否。然自事實言之。則其果固有時而不見。而淺者遂謂其例有不信時。此如力學公例。言力加物體。則物動如力所指。其速率與力量作正比例。與質量作反比例。此常信必然之例也。顧於大宇地球之上。力加於物矣。其物不皆動也。且卽動矣。亦常爲地吸力之所牽。或爲他沮力之所減。則動無幾時。終於消歇。如此則例雖常信。而事實不然。故格物之家。欲其例與見象之常比附也。則稍變其詞。不云其事。而云其勢。不言其動。而言其趣。或云其物如無所沮。當如是動。且物不僅無所沮而如是動也。且雖沮之。而其趣正同。其所具力權。其所成力果。雖沮與無所沮者未嘗異也。何以言之。今假有物。其重爲三頓。而吾舉之以一頓之力。則物之未舉而上固矣。雖然。設當此之時。得空氣水力之助。而所助者恰過所餘之二頓。則其物必舉。無疑義也。又設方吾加力一頓之時。或置其物於衡。則所稱者將爲二頓。非三頓也。然則吾所施一頓之力。不得以爲無果明矣。地吸以三。而吾持以一。使無吸者。則吾一頓之力將正如前例所云云也。

凡此效不必見。而所趣存者。其在科學名聽等塞。（此譯爲孟子雖有智慧。不如乘勢之勢。）任何因果公例。皆可爲他因所牽沮。而其果從以不見也。故其例皆僅可云勢。不可以云實行。科學之精審者。於此等皆有定名。如力學所謂漲壓諸力。皆其勢可以致動。而不必眞動者也。獨恨他科立名。少若此之精審者。使他日改良。其有益窮理之業。眞不細也。

以立名之不備不精。故言因果之例。往往不盡其實。於是世俗變例之謬說。從之而興。而自淺人末學觀之。遂若科學公例不必盡信也者。不知此讕言也。夫常人見數事之常然。妄爲一概之論。則其所概者。庸有不然耳。乃至科學公例。則所謂道也。道無時而不誠。脫有變例。不足爲道。物化之中。每有一因既行。而第二因爲之牽變。其第一因之果。遂若不齊。不知此非一例之行也。乃二例並行。而各得其果。各昭其實。二因同施。有正有次。正者得次。其共果從以參差。使正因之果。爲次因所尅而不呈。以其不呈。遂若有變。雖然未嘗變也。夫既曰公例。則百事之中。未有誠於九十九。而忽妄於其一者。

假如言。有重諸物。本地親下。此爲物理公例矣。乃有人見輕球乘氣而浮。遂謂此例爲變。不知其眞例爲有重之物。當趣地心。如此則世間無物能爲變例。卽至日月五緯。亦爲此例之所賅。蓋諸體之趣地心。其攝力正與地趣諸體相等故也。卽如乘氣而浮之輕球。或以不知通吸力理。而云前例爲變。不知氣之爲沮。乃一切物平等之象。卽至物墜。有如隕星雨雪。亦爲氣沮。而及地以徐。是故自深識其理者觀之。例與變例。初無二致。因一果同。特有衆因並行。其果以異。

第六節　論繁果籀例三術

以數因共成一果。其理固爲繁矣。然格物之事。苟得其術。亦不必遂爲所熒也。自果而窮其因。且將執往推來。斷其事之何時而更見。其爲此也有二總術焉。由於外籀一也。由於試驗二也。

和合之果。欲求其因。外籀之術。最宜兼用。蓋其因果之例。卽由分因諸例。組織而成。是以懸揣分因。合其例而以外籀之術推之。將所得者。與自然合。此外籀術也。外籀術執因求果。是以或名順推之術。外此爲逆溯之術。逆溯者從果求因。故其事必依內籀之四術。雖明知其果爲多因所滙成。然視之若一因之果。但擠集諸現象而排比觀之。逆溯之術。又分二支。靜以察變。觀於自然。斯爲觀察。若逆設諸因。爲之合散錯綜。期得同果。乃爲試驗。故外籀觀察試驗三術。皆所以治和合之果者也。

欲分三術宜用之高下。則莫若卽事以爲明。乃今將取其一事。雖用三者之術。而因果之理。尚未甚明者。蓋不佞之意。將正以其難。期與學者。得共喩其塗術。試立問題。問人身康強疾病之所由起。或由一病所以復元之機。然此問題。尚嫌太廣。則問某病。今以某藥（如汞屬）治之。能瘉與否。而觀其操術之何如。

若所操者。爲外籀之術。則將據所已明之汞性。與人身臟腑血氣之公例。觀是藥之與是病。其功用爲何如。能爲復元否也。若爲試驗。將不外因病施藥。而特紀病者之男女老少。與氣體壯羸虛實之不同。乃至其病之特別。證候之遲早。其藥於何者爲有驗。而當有驗之時。病人所遇之外緣爲何等也。至於觀察之功。則取一切經治療而愈者。排比互推。察其恙由用汞與否。或取病之愈者與不愈者。分類而察其用汞之異效之爲何。三術所爲。此其大略也。

第七節　論徒觀察之不得實

夫謂觀察之術。可用之以了此問題者。世無有以爲篤論者也。當交互錯綜之物理。雖用其術。有不能明。譬如前事。其所得者。極之不過見汞之爲物。於某病爲利爲害。然必憮然不精。不足爲後此立方之向導也。必賴他術與之兼用並擘。庶幾可以企此。吾非必謂此術所明爲無用也。今使所閱之證至多。而愈者莫不服汞。由是而立以爲例。則亦甚足以寶貴。獨無如遇此等現象。欲立如是之例。其勢必不能。此其理於論統同之所以短已及之矣。蓋一病之愈也。果同而因衆。不得獨歸功於服汞故也。雖汞能起之。而起者則必不盡服汞。使治此病。汞莫不施。則又有無效者間之。使吾例不可以遂立。

大抵一果爲衆因之所匯成者。其每因所得以用事之分必狹。且以相推奪之故。果之形也。不係一因。而所謂存亡增減，果之視因。如影隨形者。殆無其事。今夫一病之愈。所緣必多。服汞而效。僅其一節而已。然以所待者之多也。或汞服矣。而未得他緣爲助。其效可以不形。或他緣既會。雖不服汞。而其疾亦可以愈。夫如是。則汞雖閒爲療疾之一因。而愈者不必汞也。汞者不必愈也。雖實驗至多。如一時病院醫局之所報者。亦不過見得汞之療者爲多。而不效者其數寡耳。如此欲以爲臨證之指南。其價値已微。矧其據之以爲科學公例也耶。殆不能矣。

案培因曰。格物窮理。遇此等衆因成果之事。雖統同別異諸術有所不行。顧以消息術求之。則往往有得。假使一因增減。而果之變從之。則二者之例。庶幾可立。雖其理之繁不爲梗也。今如覺饑之果。亦多因矣。然天寒嘗使人饑。愈寒愈甚。是知寒之與饑。相爲因果。江海潮汐。所以知其因於日月者。以合朔弦望。分合變於上。則潮之大小異於下也。往者巴克斯醫士。以消息之術。考人身用力之時。所錮淡質之多寡。遂定操作時肌肋增長。歇息時肌消之專例。學者可以知其術矣。雖然。已上二事。當其考時。實參外籀。而用者有不自知。且使衆因之中。有其特顯。爲現象所視爲轉移者。則因果之情。自非難見。獨至前事既多。又非獨顯。而流轉遷變。不主故常。則欲於諸前之中。指其一二。謂果之消息視之。此固甚難。且有時渺不得朕者也。

第八節　論專主試驗之不行

夫一果衆因。徒以觀察之術求之。則不可以得理。旣共見矣。乃今觀徒用試驗者之所爲。而審其術之行否。今夫試驗之與觀察者無他。觀察者坐以待現象之自形。徐卽其果而推其因。靜之事也。試驗者得果而意其因。復執所意諸因。爲之易觀變境。而離合錯綜之。以致其果。察與所見。有同與否。動之事也。如前以汞療疾。一則執汞以候其病之變。一則取服汞而效之證。排比分別觀之。此二術之異也。試驗從因入。而觀察從果入。而其爲內籀之術則同。顧同爲內籀。而從果入因。勢順而易。從因入果勢逆而難。難故若旣用之餘。常可以得理。此俗所以試驗勝觀察也。

此節所論考察繁果之術。名歷驗術。今欲得此術之眞價値。法當取純於歷驗者而論之。其不純者無由得實也。不純者。歷驗而雜以外籀推證者是已。假欲知以汞治病之功用。乃使平人服之。旣得其例。然後由此推言以汞療疾之功。此其爲術。固亦有時可得眞理。然以此爲純於歷驗。則未可也。何則。其歷驗者平人。而其療疾之功。則外籀所推知。而非歷驗之所得也。所謂歷驗者。得一繁果。雖明知爲多因之所成。

不得以各因之簡例合而推之。必從本果驗而得之。而後其術乃純。所驗者。有某病如此。以汞爲藥。能療之否。必正對此問題。從歷驗以得解。

夫旣爲之試驗矣。則必由試驗之律令。其得理乃眞。而試驗繫果之時。於律令能悉遵而無違否。又可言也。夫試驗者。置一新因於諸緣之中。以觀其變。其諸緣之例。一一皆驗者。所前知者也。顧考生理之現象。是諸緣之例。能爲驗者所盡明與否。無待毛舉。人知其難。而當病人服汞時。其全體之官液府藏。現情何若。恐雖國工。不能了也。雖然是固難矣。而有時其難可以祛。所匯之因雖衆。而其例有時可以悉知。且有時以試驗易觀之甚多。不明之因。可以淘汰。是固有術存焉者也。獨此祛矣。而尙有難者。蓋諸因並集。所欲求其例者一。所旣知其例者不一。而是不一之中。往往有結果性情。與所欲求者之結果。性情相混。則驗者常熒而莫分。是故試驗之頃。凡此得果相似。及能與所驗之因。交互而難明者。必謹去之。乃至必不可去。則務計其量與得果之幾何。而謹折除之。庶幾可得其眞於歸餘之術。

若夫以汞療疾之一事。則所謂淘汰折除者。將其說皆不行。蓋方汞之用事也。其同時並集之因。其爲數或可知或不可知。皆於汞之功效有所左右。以其有所左右。故汞之功效不明。病機進退。其爲汞之力與否。不可知也。欲知之。其並集諸因之效。必一一先明而後可。此無異言求解難題。其難題固已解矣。然則別異之術。所謂取同事之前後二境。而察其所以爲殊者。無所用也。當二境相接之刹那。安知無他因者陰爲之用事。無已。則沓別異之術矣。而爲求二事之衆同而一異者。則其術尤無當。姑無論如是之繁果。求衆同一異之二事。幾於絕無也。就令有之。其眞衆同一異與否。遂爲吾黨所能辨識也耶。可知遇此等繁果問題。欲求其例。試驗之術。至此而窮。極吾能事。不過於歷驗之餘。云若某因者。屢得某果而已。蓋果繁則每因所得之分常微。必諸因中之最有力者。其所趨之勢。不爲他因之勢之所沮抑尅伏。乃有屢形之驗。故諸藥之用。時有可言之功。而專治之品爲尤著。若桂那之治瘧。若橙汁之治齲。鱈肝油之治上損。覺羅支（出黑海。葉如人指。其根有毒殺人。）之治重腿是已。然且有時而不驗。特其驗者至多。故云某藥主療某病。姑以謂歷試之物性耳。

今夫治療之學。既成科矣。顧使因多果雜。欲專以內籀試驗治之。其術有所不行如此。則又況國羣治理政事歷史之學。其繁賾且百倍於治療。欲以試驗之術得之。豈有望乎。以言其因。則同時用事者。不知其凡幾。以言其果。則交乘互激。逆伏隱見而難明。其所討論者。大抵旁羅廣遠。源流久大之端。若食貨。若治平。若宗教。若風俗。一果之結也。凡人心之所具。羣理之所通。莫不有其左右乘除之力。故其理益紛。非徒操內籀之術者。能明其所以然之故也。吾英自培根表章實測以來。世俗淺夫。持之而過。彼謂政法必用培根之術。乃以無疵。閱歷試驗。乃從政指南。而執理思索。彰往察來者。舉無當也。千掌百喙。併爲一談。嗟乎。後有論世知人之君子。將不以此爲一時思理衰徵。民智不隆之確據歟。且不獨見之談說間也。論著纂述。揮斥國謨。取爲宗旨。其可閔笑。孰過於斯。或曰。自某令施行。而民生日休。則某令之必善可知也。或曰某國強盛。乃無某政。則某政之無益明矣。夫使其說出於便私者。固無論已。假出本心。而所言若此。則宜使返鄉塾。以從事格物簡易之科。庶幾有以祛其惑。蓋若人於衆因成果之理。昧然無聞。故言之而不自知其非如此。今夫試驗若格致科學之所爲者。政法之中。無此術也。就令有之。而操政柄者之視國民。其無所不忍。猶向者馬常第之於犬兎。然亦不能爲二局焉。其中每所不同。而祇以一事異也。自其極似者言之。將不過於一地一時。爲舉廢一宗之政教。顧以因緣之多。是舉廢者。必不能旦暮效也。且夫羣象。常變化起滅。不可端倪。故雖所舉若廢者。歷時而效。庶幾可以爲內籀之術之所施。而以用事之力。已悉數而遷也。其歷試而得者。又不可以爲典要。故曰試驗之術。於政法無所於施。即有所施。猶無益也。

多因成果。欲籀其例。前言三術。其二皆不可行。觀察既無由施。試驗亦不得實。惟兼用外籀之一術。庶幾可爲。執因以責果。本分以爲合。諸用事者。各有所趨。力匯而成效著。雖然。此非別立一篇言之。不能晰也。

篇十一　論繁果籀例以兼用外籀爲宗

第一節　言第一候以內籀求分因之簡例

衆因成果。現象斯繁。欲籀其例。則內籀之術不足專用。而格物家所操持。於是有外籀之術。非純用外籀也。亦舉其大者以稱之云耳。故外籀之術有三候焉。始於內籀之實測一也。繼用聯珠之推勘二也。終以實行之印證三也。

第一候。凡窮理致知之業。必以內籀爲之基。固亦有其事不始內籀。而即從外籀入手者。然進而更溯其初。則未不基於實測。故曰內籀爲始事也。

此篇所標之外籀術。其所有事者。乃總錄分因之例。以籀其果之例者也。然未爲總籀之先。必於分因之例瞭然。乃有以資其爲合。而分因之例。其原本內籀者。固由試驗觀察而立。即有外籀之例。而推溯本原。則亦由試驗觀察而後有也。故使所討論者爲國羣歷史治亂盛衰之故。其所據以爲外籀者。必政治諸因之公例。如民俗品質風土山川通商兵戰諸大端。凡於其羣有陶鑄轉移之效者。此論世覘羣。所咨於外籀術之常道也。夫如是之所據。其簡者固由閱歷而得之。而間亦有由思理通者。則外籀之例也。大抵繁賾之例。類從易簡者推究而來。而易簡所由來。則捨仰觀俯察。無餘術也。

故外籀術之第一候。在取繁果用事諸因。各求其例。顧欲知何者為用事之諸因。則其事有難亦有易。如在國羣歷史所呈見象。其用事之因。似無難指也。蓋民合為羣。而羣之見象。必根人心德行為變化者。無疑義也。獨至感情思慮之隱。與所致羣變之何如。斯為難識。而非所論於但指其因者也。卽知生理形氣之原因。自格物程度稍高。亦非難事。蓋不外飲食居處。所待為生。與其身形骸血氣之用事而已。無難見也。然而見果知因。有其事實易於此。而轉為古人所難識者。則天行之事是也。以言其實。則日月星辰之見象。其原理至為易簡。錄數條至簡之例。合以為推。則一切之變皆有可言。而千歲日至。可坐而致。顧當生民之始。則嘗以天道為至難知矣。故曰見果知因。其事有難亦有易也。總之事無論難易。所可知者。必分因之例既明。而後其果之所以然有可籀也。

欲內籀以求分因之原例。捨前所言四術。其道無由。故今所言。不過指明當遇衆因繁果之際。其所以施此四術者。宜如何而後無失。

前謂一因之用事也。其果有不必形。而所趨之勢常自若。此說固也。然使其勢爲他因之所沮抑尅伏。則內籀之術無由施。此又甚明之理也。今欲求動物之例。而取諸力相抵成靜之現象。則由靜象以明動理。則事固無從。且無論相抵成靜者。吾無從叩寂合漠也。第令一力之施。其效驗爲他力之所合幷而增減。則欲由此而窮本因之例。亦已大難。此如物行繞一力心。成曲線軌。乃欲以此爲籀。而得動路必直之力例。庸有明乎。雖有消息之術。於此理若可施。然欲所籀之有功。其於用事諸因。須得諸行不雜之果。或有所雜。而所雜之例。爲所已知。可著爲差。從爲加減。自非然者。吾未見用雜糅之果而能得例者也。不幸科學多患此者。遂致欲爲外籀之繁委。而先無以奠內籀不拔之基。生理內景之學。其尤著也。蓋所考之物。官骸釐備。用事者多。欲析爲專因。則所治之見象隨滅。故詩家有句云。揲荒爪冪究生理。孰知臠割成死肌。卽此謂也。以是之故。雖近世內景之學進步良多。然以言其終效。恐尙不及國羣社會諸專科之易爲也。蓋羣理雖繁。然其事根於人心。而分一人之心於羣心之會。以考其思感。其事固易於分一官之用於諸官之總。以察其變相也。

或曰。欲審人身分官之體用。莫若察之於疾痛之時。方其始起。每有一官獨病。餘官晏如。於此之時。本官之體用可見。而無牽涉難明之憂。使格物者察得其方。其事將與試驗無異。獨所宜謹者。必察之於其始起之時。蓋一身官骸。本相對待。未有一官病久。而餘官不爲所波及者。至於波及餘官。則往來陂復。其理遂繁。而所得之果。莫知誰屬矣。顧不幸一疾萌起之時。常不易覺。必至一官病久。或牽涉餘官。乃有診察徵驗之事。雖然使迤及餘官矣。而其迤及有一定之次序。則其相及對待之理。可得而窺。特先後首從之間。察者必的然知其部位而後可耳。所難者病之起也。有不始於一官。而或由於全體。或始於一官。而以經首之難明。而視爲全體。病者不能自言。診者莫爲指實。將其病先後相及之致。孰因孰果。不知主名。則因果迤生之序。仍無由得也。

疾病者。出於自然者也。故其爲內籀也。主於觀察。然內景之學。尙有人事。爲之易觀。而用吾試驗之術於一生物。施以外因。而候其變。此如前者察病之服汞。或察湼伏之用。當其部而斷割之。以觀其所廢。是其得間。非但資治療也。將以求大例。而治療之術從之以推。故其爲此也。必施其事於現緣易察之一境。欲現緣之易察。故常求無病之生物而施之。使其有病。則諸緣之變化必繁。變繁則孤因之例。難以察也。無病之生物。其體中諸緣。雖亦不能無變。而以比有病之生物。爲有常而易知。蓋有病之體。其用事者常有非常之因。其果效無由以前指。無病之體。其用事者大抵前所已知。而獨以吾之所欲驗者爲變。故其公例易求。而亦較可恃也。

衆因錯綜。欲求其一一之公例。試驗之術。不可分施。則學者所得爲。僅如前事。益以消息之術至矣。雖然。消息之術。其不免於羈絆。亦正與他術同耳。其爲術之不逮事如此。則無惑乎內景之學之蹇而難進也。其因緣既不可盡明。雖果效日呈於前。莫能言其所由致。一因之變。脫非特試。則莫知其所終。此今日此科之實境也。所幸者內景之變象。雖知其所以然者少。而得其所當然者多。此醫學所以富經驗之例。經驗之例者。得其常然。而所以常然之理莫能言也。一物之生也。其分官立體。有一定之天則。自胚胎以至老死。其變進皆的然有可述者。用內籀消息之術。取一切動植下生。爲比較之剖驗。則一切官體。其形制功用之相係。降而益明。獨至求生之因。是官骸者果爲生所獨待者歟。抑亦皆果。而生之所待。別有物焉。則自古訖今無能道者。繼今以往。必有能造生物之形骸。而又能畀以生機。與自然動植等者。庶幾其理乃得明耳。

見象既繁。而欲得其因果之例者。必咨外籀之術。而外籀又必以內籀爲之先。而其事之難爲乃如此。然則格物之事將以廢乎。曰不佞之所言。將舉其至者耳。所幸者如前之端。不數遘也。格物常道。象固不必皆甚繁。故欲考因果。內籀四術。常有可施。即其難者。參之以外籀。可以輒得。蓋一因之用。其不爲他因之所牽制幷合。而獨著果效者。固亦多有。即有所合。合者之例。或爲他日所前知。此數百年來科學所由日進無疆。能爲內外籀於甚繁之現象。而收煊赫之功也。

第二節　言第二候以聯珠證衆因之合果

既識用事之諸因。與諸因之公例。斯外籀術之始基已立。可以進言第二候窮理之功。匯諸因之例。以推公同得果之何如。惟是候之功。常資權算。而所謂權算者。自至廣以至至狹之義。皆所用也。假使前定諸因。吾所知於其例者。不徒其品。且明其量。則當排比推籀之時。各種數術。自淺易以至精微。皆吾器也。顧數術用矣。而往往以繁果之難言。即取算數至深之術。而所助蓋寡。譬如三體相攝。知其各致之吸力。與各體質爲正比例。與互相距之自乘爲反比例。此形氣中常有之事。非甚繁者也。乃欲推其果。至於精極。則即用微積算術。其所得者。猶在模畧之間。乃至拋物空中。此亦至常見象。欲求其速率與及遠之度。雖所拋物重。原射之力。上颺之角。空氣稠稀。風力猛緩。所趨方向。並作弟佗而合以爲計。求得果之何如。乃爲最難之題。非甚深於此道者不能辨也。則其餘又何論乎。

且所用者。不徒數理已也。形學之理。亦有時而必資。此如所推證之果。見諸空間。有動靜位體之可論也。如力學光學音律天象諸科是已。但若其理漸繁。而用事諸因。變動不居。則度數無定。而所以爲之代表者。不能用恆數直綫。與一切有法之曲。則形數所得論者。皆存諸大分。無以爲精切詳密者也。此於生理已然。乃至心神治理。愈可知已。抑有進者。夫形數二學之公例公式。雖外籀之事。多藉此以有功如往者奈端之言天運。其尤著也。顧遂謂外籀之事。非借徑二科不行則又非其實。蓋外籀要義。在據公例以勘專端。觀當前之見象。所合於已明之公例者爲何等。而形數二科。用否所不論也。此如陀理色利試驗天氣表之事。但使了知空氣之有重。則雖無用數式形理。亦可以悟管中不落之汞。其全重必與一柱通天空氣。其徑與管等者。二重平均。而後得此相抵成靜之見象也。

故既得分因諸例。則用外籀推籀之聯珠。可以答以下之二問題。一、假如有某某諸因合而用事。其所結之共果爲何。二、今遇一現象於此。當有何等因緣。乃結如是之果。前問得因。以外籀而求所結之何果。後問見果。以外籀而定用事之何因。特二者皆繁賾而非簡易者耳。

第三節　言第三候以實驗印證其例之果然

議者曰。前謂衆因成果。欲籀其例。專資觀察試驗者。其術不可行矣。乃今兼用外籀。而所以立基者。又二術也。彼不可而此可。是非所謂矛盾者耶。且因既衆而不可知矣。則當見果慮因之時。本一心之所爲。又安知其無所遺漏。且實用事。而為慮者之所不知。顧藉謂不漏。而以品量之不明。輕重或不如其物者有之矣。夫取諸因而匯之。所能逆得其果而不違者。此知其量數者之事也。顧今因之量數。每不可知。乃雖悉知之。而薈萃以推其果者。又雖至精之算有所不能。夫如是則所謂兼外籀術者。亦等於不足恃而已矣。

使外籀為術。非第三候尚有事在。則前議者所指駁。殆亦無以復之。是以第三候之印證。為窮理不可闕之實功。自有印證。則吾之所為。有如議者之所譏。可一證而自覺。自非然者。將外籀之所得。亦同於肊測之理而已。未足恃也。必求其足恃。故公例既籀之後。必旁求符驗於事實之間。假使得一事實。而與所籀之例正相發明。則即推其例於耳目之所不經。亦可決知其不悖。又使吾外籀所得者。乃某某因合。當結某果。而見諸實事者。乃諸因既合。而所指之果不形。籀者必能言其所以不形之故。坐某因為沮。或某事未效。不然無不形也。設此不能。則所籀之例。亦不足恃。不得自解於變例也。且印證為事。必其至嚴。而博約繁簡相等。不然雖有偶合。亦不得遂言為已驗也。

莫妙於諸因分例既立。而所合籀之理。恰與前人所得之經驗例符。前人雖有經驗之例。然以其事之僅由觀察。或如前所言之總絜。故知常然而不解所以常然。乃今以諸因之分例。合以為推。見其果不得不如是。此如奈端既立動物三例之後。以數與形之理合推。知天行軌道。必如刻白爾之所積測者。然則方其例立。而印證之功。已前具矣。

且由此可知。欲爲印證之事。須將前有之積測。用統同之術。條而理之。使其說之有統。即其敍寫見象。亦宜該括靡遺。而語絕疑似。所觀察者。雖屬部分。而明顯確易。由之可見其全。庶幾有以便印證之功。而不至於或熒。此如測候七政之躔位。其始爲員軌矣。進乃爲之均輪。及其終也。乃爲之隋員。皆所以使其說之有統也。

學者或謂夫既析繁爲簡。而知分因之例矣。則繁果之例。既無助於通因。斯爲無用。則不知其例正爲格物全功之左證。得此而外籀之事。乃益實也。蓋徑由繁果。以內籀求通。雖無能至。而既從他塗得例之後。合以爲推。其效乃與前之繁果冥合。則殊塗同歸。是繁果者。正足以徵吾例。雖無助於得例。不可忽也。且其事往往有淘汰之功。能定何者爲眞因。而爲果之所必待。蓋以所由異術。果之所不必待者。於此可以不存。由是而眞因益著。此至寶貴。往往爲法試驗所不能至也。前論四術時。嘗舉奈端考驗聲行速率之事。其初實驗所得。與推算者。常有幾微之差。後得賴伯聶子乃明其理。由於天氣質點。推排澈㮃。動而生熱之故。其所驗者音學之理。然從此排擠生熱之例。相得益彰。見至誠之無息。此非尋常有意試驗者所能爲也。是故物理公例。往往於人意渺不相涉之端。而得至確之證。例之公溥。由此益明。此所以窮理之家重之。以較特立設事之證。尤所寶也。

總之因果繁多。欲窮其理。外籀之術。在所必資。而所謂外籀術者。實兼三候。始於內籀之觀察試驗。一也繼以聯珠之推證。二也。而必印證其例於事實。三也。物理之日明。天道之日尊。大抵由此術耳。世間蕃象之繁變無窮。而道通爲一。所以包舉之者。要不外犖犖數大例。向使不由此術。而徒即甚繁之果。徑以內籀求之。有終古不能得者。今欲知此術之利用。則莫若觀於天學之科。夫天學之見象。猶爲繁果之最爲易擘者耳。一體之動。其同時所受之外力。爲之驅攝吸感者。大抵無過於三物。而其餘皆可置之爲差數。三物者。太陽一也。行星二也。（如地球）從體三也。（如月）其本體之原動。在在爲切軌之直線。合前三物。得用事之四因。此其爲數。以較他見象之用事者。多寡何如。顧使言天之疇人。其所以治此學者。不咨外術而徒即行星之軌道躔次。與天行之舒疾求之。則前四因之例。又烏從而得之。其周流復次。不差累黍固也。且以其果之有常。若可識其因之恆住。然使行天力理。大異人間。雖有智巧。無由爲試驗離合之事。則至於今。所謂積測求故之事。將不過見其常然。著爲經例。若刻白爾以前曆家之所爲。乃至見果知因。能以力理言其所以然之例。終古無其事矣。是故兼內外籀者。窮理致知之利器。不佞於此。將欲更有所析觀。然其詳非此時所能盡。特外籀術。於證因責果之外。尚有用以解例者。則繼今而論之。

案此篇所言第三候之印證。淺人騖高遠者。往往視為固然。意或憚於煩重而忽之。不知古人所標之例。所以見破於後人者。正坐闕於印證之故。而三百年來科學公例所由在在見極。不可復搖者。非必理想之妙過古人也。亦以嚴於印證之故。是以明誠三候。闕一不可。闕其前二。則理無由立。而闕其後一者。尤可愳也。

篇十二　論解例

第一節　釋何謂解例

因滙而得果。唯兼用外籀。乃能卽分因之例。而得當前繁果之例。此前篇所詳論也。顧此術不徒可用以求例。亦且可用以解例。求例者。本所無而立之。解例者。旣已立而解之。以解例為窮理致知之要功。而常見於科哲諸學也。不佞將於此篇。言其義理功用之實。庶幾學者所樂聞乎。

今如見一現象。不得其解。得其解者。必能言其所由然。言其所由然。即申此見象之因果公例也。譬如云某所火災。有能證此火之成災。乃由火種墜入積芻。無人覺察之故。則言者爲得其解。又如以大例言小例者。亦得稱解。譬如火能焚物。此爲公例。乃化學家能言火之焚物。乃空中養氣。與物中炭輕諸質合者。此以大例言小例也。蓋物質合養。凡物朽敗焚毀皆然。又如銅綠鐵鏽木枯草腐。皆爲合養。以其勢漸。故不見光至於驟烈。乃見火燄。然則火能焚物。特物質合養大例中之一事。猶前者縕火積芻。爲火成災之一事也。然則解例非他。常以大例解其小者。小者常於大者。得其所以然也。

第二節　解例第一術析所見繁果之例爲同時並著分因之例

因果公例之可以大釋小。以簡釋繁者。其事有三。其第一。則前篇之所覼縷者也。以數例匯而繁果生。繁果之所得。等於諸因分果之和。故繁果之例。可析以爲諸因之分例。譬如一行星之軌道。此繁果也。析而言之。則本體之原動力。常趨直線。速率平均一也。太陽攝吸之毗心力。常趨於日。速率遞增二也。二者合。而爲繞日之橢員軌。此以析爲解者也。

所不可不知者。凡解此等例。其事不止於析總以爲分。得其分例。遂云盡也。而尚有此諸分因同時並著之一事。使其無此。則雖有分因。無由得當前之繁果。故無論求例解例。忘此則乖。譬如欲籀天運之例。不特當知切軌毗心之二力。而是二者之偕行。與其相待之比例。皆不可忽。故見象析觀。中含兩宗之物。一曰成果之分因。一曰成果之際會。際會者分因所當之時地也。窮理家忽此則荒而失其實矣。不佞他日於此。尙有所言。今且置之。但云解例之第一術。在取一公果之繁例。析之以爲分因之簡例可耳。

第三節　論第二術在審二見象而得其間所銜接者

有二事焉。以其常相承也。一若爲因。一若爲果。遠閱歷廣而考驗精。乃知是二之間。尙有事焉。非此則向所謂因果者滅。其事於所謂因者爲果。於所謂果者爲因。則所謂因者。特遠因耳。所謂果者。特遠果耳。遠因遠果之間。常有爲之介者。得此則前所謂一例者。乃今析之爲二例。此又一解例法也。向者吾以甲爲丙因。乃今知甲非丙因也。乃爲乙因。而丙必待乙而後見。此如以官接物。常人曰。吾以目見色。以耳聞聲。以手知輕重。故接塵爲感覺之因。而感覺爲接塵之果。而孰意不然。接塵之餘。乃有腦變。脫無腦變。便無感覺。故接塵爲感覺之遠因。而感覺爲腦變之近果。非但已也。設他日內景之學益精。則又安知不更有介於接塵腦變二見象者乎。特今不能。則姑以接塵爲腦變之近因可耳。然而舊例所謂感覺起於接塵者。已斷然析爲二例矣。曰接塵生腦變。腦變生感覺。此二例常然。舊之一例。不必常然也。更舉一二事明之。則如硝磺強水。蝕肉焦黑。此亦因果例也。然可析爲二例。蓋動植官品。得強水。則析其原行。而所析者與硝磺合。故強水爲分質之因。以分質而肌肉焦爛。此二例也。又曰綠氣可以漚物。以壞色。故能使氣淨。資以防疫。然此皆未解之例。如其解之。則化學謂綠與一切底質。有甚大之愛力。而與諸金及輕氣之底質爲尤。如是底質。見於顏料物色。及傳染之雜質者最多。故其壞之。以其分之。此亦解一例而爲二例者也。

第四節　論凡解例皆以大例解其小例每析彌大其例愈公

凡解例。必以大解小。解者之例。必大於所解之例。譬如甲丙相承之例。必小於甲乙乙丙之二例。此其大經。所可略論而明者。

蓋凡因果相承。其例皆可爲他因果之例所沮絕掩抑而不行。此一果之呈。所以有負緣之說也。是故謂乙生丙固矣。而乙有不生丙之時。今甲之生乙也。無論乙之生丙與否。然則丙之承甲。必待乙之能生丙而後信。是知甲丙相承之見象。必罕於甲乙相承之見象。而甲丙之例。爲小於甲乙之例。無疑也。且甲丙之例。亦必小於乙丙之例者。蓋以乙爲果。其因或不僅甲。自甲之得丙。必以乙爲之介。而乙之得丙。又無論乙之自爲甲果與否。是知甲丙相承之見象。必罕於乙丙相承之見象。而甲丙之例。又小於乙丙之例無疑。夫所謂例大例小者。以所概之事變多寡爲言。言其大小者。猶云其所冒之廣狹耳。

則更以實事明之。譬如前云接塵是生腦變。此其例大於接塵生感覺也。蓋有腦變既生。中爲他因所沮抑。如神思匆遽。心魂瞀亂之類。則感覺無由而生。此如戰陣方殷之頃。人或受傷而自不覺。（譯者常親見一友人因聞制軍將殺其友某。急出房。回手闔扉。屢闔不掩。隨用猛力無效。至神稍定。乃覺手痛。蓋闔扉時以己手隔扉。不自覺也又舟中礮卒立礮口旁。築彈以礮膛。火星未滅。藥隨手發。臂飛入墮水中。數浮沉不自知其無臂。後旁人驚呼。彼乃覺悟。頃刻遂沒。）又腦變生感覺。其例亦大於接塵生感覺者。蓋腦變不必由於接塵。而感覺隨之自生。此如人眼見象。耳中雷鳴。又肢體已失。人常覺支末諸痛癢。此皆感覺不因接塵之確證也。

故例之廣狹。視因果相承之遠近。相承近者。不但其例爲廣於相承遠者也。卽其常然。亦信於狹者。故大例有常信之時。而小例不爾。蓋自甲丙相承。以乙之居間。可證爲非最切之因果。卽知甲丙相承。雖常然而非常然。其常然之信。必不及甲乙丙二例之常然也。何以知之。乙不從甲。則甲丙之相承不見。丙不從乙。則甲丙之相承又不見。然則甲乙乙丙二例之不信一。而甲丙一例之不信二也。反以觀之。彼徒云凡丙之先必有甲在者。不獨遇非甲而能生丙者。其說爲非。乃遇非甲而能生乙者。則其說亦非也。由此知一例析爲二例。不徒其大小廣狹異也。且當一例不信之時。知何者爲之中梗。夫乙介於甲丙之間矣。則當甲出而丙不從。或丙見而甲不先。知其故必起於乙。則於乙之因緣果效加之意焉可耳。

此篇論解釋公例之術凡三。前所舉之第二術。在審所銜接於因果二象之間。而析一爲二。是二者之所會通。必較原有之一例爲廣。而見於閱歷者。其變例必希。故因果之事。所析愈細。其得例愈公。公則漸成無待之常然。無待故不爲他因所沮抑。而漸及於大道之自然。見至誠之無息。若夫第一術之如是。尤彰明耳。衆因共果之公例。自得解而析爲分因各果之公例。自前之公例必俟衆因之輻湊而後信。而後之公例無論因之分合而皆信。則後例之常然。過於前例又可知矣。且因之合彌多。則其果之理彌繁。彌繁故所謂常然者彌不足恃。何以故。使分因之例。有一爲他因所沮抑而不行者。則所稱之繁果皆無從見也。此猶機然。其支部愈繁。其爲用將愈難恃。一輪之折齒。一樞之鏽澀。皆有以致其全機之不行。故曰果之彌繁者。其爲常然彌難恃也。

且繁果公例之常然。必較簡因公例之常然爲難恃者。尚有至理焉。蓋繁果之不同。不必所輻湊之諸因異。而後所共成之果變。但使諸因之合。其品皆同。而量數獨異。其所成之共果。可以懸殊。（按此如二方所用藥品皆同。而分兩異者。於病異效也。）請舉一至明之事實證之。太陽天之諸行星。與行星之從體。其成橢員軌道者。以切軌眦心二力爲分因。然使二力對待之率。稍殊於今有者。則後此之軌道。成正員可也。成平率之單曲線可也。（俗名拋物線。）成分行之雙曲線可也。如是之異軌。自其用事二因言之。則皆切軌眦心二力之共果也。乃對待量數不同。而效異若此。假使宇宙無疆悠久之中。不必於用事之二因。徑有所毀。但使流行蓁久。而對待之率以殊。則今日所見之橢圓。不必常然而無變。變則割錐諸曲。皆可爲軌形。且夫變亦理之所或有耳。假使二星相遇。有以變其原力。抑伊閣沮力。積久而著。皆足致然。當是之時。橢軌之繁例。已非常然。而切軌眦心二力之分例。則亙古自若。總之一因自有其公例。雖所以會合輻湊者不同。其各具之至誠無息。其共果之例。正以所以會合輻湊者而改耳。夫無息所以爲至誠。惟至誠乃爲眞公例。由此觀之。是二者之孰爲廣狹大小。豈顧問哉。

第五節　言解例之第三術乃以大例攝諸小例

解例之術三。前言其二。以析爲解者也。至於其三。則以通爲解。而其爲由小趨大則同。是之爲術。乃觀異例。而知其同爲冒一例於他一例之下。抑總數例於一例之中者也。其事最著。莫若奈端之所爲。奈端知地心吸力之例。與太陽力心攝運諸體之例爲無異也。則以通吸力之例統之。蓋其始以數理知大地與諸行星皆爲太陽之所吸。而萬物親地之理。則古所已立。此二見象爲同物。同物故統之以一例。不過爲此之時。宜實證諸果之同。且其損益近退之數。亦爲一例之所彌綸而後可耳。奈端爲此。始於月輪。所以知其同於地中諸物者。不獨其體常趨力心。且是力心。即在地體之內。又以數求之。得月輪趨地之力。與距地之自乘爲反比例。假使月行近地。如尋常之隕石。其每秒所得之速率。將亦與尋常墜物正同。乃今不爾者。則以切軌之原動力有以持之。然則去切軌之原動力。月與地上諸物。爲力例所統。無所異也。故其因果爲一公例之所賅。由此而推行星。知其品同數異。因果之間。初無二法。然則是三例者。特爲通吸力例之分言而已。

尙有一事。與此無殊。故同爲格物之大業。則如取磁氣公例。而統諸電力公例之中是已。大抵窮理之程。皆自萬殊而漸歸一本。每進彌隆。而道通爲一。此科哲諸學。最大公例之所由立也。物理雖一。而時地或殊。吾黨欲以內籀之術。得其同於羣異之中。將不獨思理勝也。且必有異時異地異人異事爲之分治。其始之所得者。其例之一體。浸假而明其餘體。一時之所觀察。知其例以如是諸緣而後著。他時之所觀察。

覺其例以異此之諸緣而亦著。滙而觀之。知例之行否。與前緣爲無待。故其例公。是故眞公之例。由於羣偏之會合明其曲而誠其全者也。偏與曲其異者也。而吾所見之誠則同。誠而同。斯其例之行。所待於外緣者彌寡。有質之體。遇則相攝。此之謂吸力例。始以觀於地。若惟地爲具有此德也者。物之墜也。必有地而後然。及觀於天。審其同理。見例之行。無待於地。其所會通乃益廣已。

第六節　釋解例之實義

總前論觀之。所謂解例者。盡於三術。其第一術。乃析繁果之例。以爲用事諸因之例。諸因之例合。斯繁果之例見。其第二術。乃析間接因果之例。以爲直接因果之例。在審二見象之間。而得其所銜接者。凡此皆析一繁而爲衆簡。析一小而爲衆大者也。至第三術。則以一大而通諸小。以一簡而攝衆繁。蓋例本一。而以時地外緣之紛而異。道通爲一。則所待者祛。故其例益簡。此以通爲解者也。雖其術與內籀之統同。同爲觀同於異。顧其確鑿乃遠過之。蓋統同之例。將以所見概所未見。而此之解例。則通於所知者而止。故也。

右三術之解例也。皆由一例而析以爲愈公之例。愈公云者。所賅之見象。因果衆於前也。第一第二所解之例。精而言之。乃非公例。公例必無時無地而不信。而所解之例。以其可析。知其不然。而僅爲數公例之總。總故其行將有所待。所待彌多。則其例彌狹。此俗所以有變例之說也。至第三術則解與所解者同爲公例。卽以其同。得通爲一。

由此三術。而外籀術之爲用益廣。蓋由所析之簡例。可用連珠而籀爲無數之繁例也。得一經驗之例而不知其因果。則用外籀之術以推之。使知其因果。則用外籀之術以解之。一推一解。而吾之所進於物理皆益深。

此篇解例之解字。其義稍與俗義不同。而爲科哲諸家之所獨用者。蓋得一因果公例而用他例解之。非曰造化祕機將由此而共喻也。不外展轉相之去一例之祕。而得他例之祕云耳。其例狹。問何以如是。無由知也。其例廣。問何以如是。愈無由知也。故解例之事。非曰轉所不諳者以爲所諳。轉所不習者以爲所習也。往往其事且反此。由其所習見而得其所益奇。物墜於地至習者也。乃解其例。而得物塵之相攝。學者當知解例者。雖解非解。何則。其理非益顯也。乃以益玄。惟玄故公。而顯者得玄之一境一節而已。以諸因之並用迭用。而一果出焉。解之云者。用外籀之術。知其所待之外緣云耳。是故由解例之術。而道之大原。日益可窺。吾往者不云乎。窮理致知之事。將以解數問題而已。問孰最少之例。得此旣立。將宇內萬象。

從以粲著此最少之例爲何。又問由一二公例。可以推世間一切常然。此一二者爲何等例。是二問題。使人類欲承如是之大對。舍解例於得例之後。其道莫由也。

或以能言一例之所以然。謂之解例。然使言所以然。其義過於不佞之前所稱。則有語病。蓋常人心習。不能爲精審之思。往往以大例爲小例之因。如云通吸力例。爲萬物親地之原因。顧因字如此用者。於義爲失之。蓋地吸諸物。非物塵相攝之果。而實爲物塵相攝所發見之一事實而已。取一一發見一一事實而排比觀之。此公例之所由出也。然以人類之智。其於一公例之所以然。舍前解例諸術。析小爲大。分繁爲簡。通多爲一。而益之以諸因之際會。實無能更進一解者。然則雖謂解例爲言其例之所以然。蔑不可耳。

篇十三　雜舉解例之事實

第一節　解例之疊見於科學者

解例之功。莫著於奈端之通例。此於前篇屢及之矣。顧所謂以大解小。以簡解繁之事。至衆。尚有可言者。

通例所立。不過云物塵相攝。如磁石之於鐵。其相攝之力。以兩塵之積質爲正比例。以相距之自乘爲反比例。顧用此不獨石隕水流見於大地者可得言也。乃至星月之行軌。彗孛之遲速。橢員之軌。周天之紀。斗分之歲差。潮汐之消長。皆此例所可解。且非此例莫由解焉。嗚呼至矣。

前篇又及磁氣爲電之變相。格物家依外籀之術。知磁氣之例莫不可以電例解之。由此磁學不分專科。而其變爲電之一體。他若內景之學。自璧夏氏（法國十八稘之解剖內景之專家。）析筋骨肌肉。爲至微之原質。而全體官骸藏府之用。皆可爲原本之談。內景之奧。日以著明。此亦解例之見於科學者也。

此外則達勒敦之物塵莫破例。其尤著也。自黃白爐鼎之術。一變而爲化學。精於察驗者。莫不和物質相合。各有定分。不得以意爲增減。顧其始皆以百分爲律。百分雜質之中。其所分之原行各得幾分。（此皆以重言。譬如云某原行三十五分有奇。某原行六十四分有奇云云。）如此。故原行入雜。其相視之比例率。隨物爲異。莫明綱要。自達勒敦爲一切原行各立單數本位。名曰莫破原重率。諸原行入雜。其所分合者。必以一莫破本位單數。或其倍數。更不得爲奇零。蓋曰莫破。本物質最微。不可更爲分析故也。且依此而核之。其得數與前之百分爲紀者。皆可相符。譬如輕氣。其莫破原重率爲一。養氣其莫破原重率爲八。則以一莫破之輕氣與一莫破之養氣合。與水中二原行重數相比之率適符。又如以一莫破之輕氣。與二莫破之養氣合則又與一雜質名輕養者。其中原行重率冥合。總之二原行入諸雜質。無論何等分合。其莫破重可以積倍。而不可零分。由此分核一切原行。列其莫破重率爲表。而世閒原雜諸質。其重率比例。皆有可言。有官無官諸物質中。各具釐然不紛之天則。化學一科之昌明。蓋基於此。此又解例之卓然有功於科學者也。（案輕氣莫破重今定爲一。養氣今定爲十六。而水之公式爲輕二養一。乃以二量之輕合一量之養。故十八斤水其中得輕氣二斤。而養氣十六斤也）

第二節　解例之事見於化學者

化學解例之事。不止於前。往往以新得解舊立者。最足啟人神智。有如化學碩師格拉翰之事可以述已。蓋物質結體。分爲二類。一爲晶體。一爲膏體。晶如食鹽冰玉之屬。膏如血輪脟膜之屬。但一物多能爲二體之結質。則所謂二體者。卽以爲物質之二候。乃較確也。當一物爲膏質之候。其所見之性情品德。實大異於轉爲晶質之候。且膏之轉晶也。其勢常極緩。膏之感合他質。亦較於晶倍蓰爲難。膏質諸物之得水也。則爲膠爲髓。故膏質之品。多見於動植。如筋。如卵白。如汁。如飴。如構液。皆此物也。其有非動植有官之品。而爲膏質者。則莫著於矽酸鋁養諸雜質。

大凡膏質之物。爲水所易透。設有晶質諸品。融液其中。則與水俱下不爲沮也。獨至以膏質之膜漉膏質者。則其淋透最難。格拉翰既得此例。乃立雙分術。雙分術者。所以分晶膏二質使不相雜揉也。其法以脬膜皮革之屬爲篚。而以醡諸液。其過者必其晶質。膏質不能。

顧格拉翰所以新例解舊例者。其事不止此也。譬如晶質之可以融液者。其入口也。味必濃至。而膏雖可融液。其入口味必平淡。此舊例之未解者也。乃自格拉翰例出。而是例隨以得解。蓋别味之涅伏。縈於舌尖。而膏質之膜爲之護。晶質之味所以濃至者。以透膜甚易。與别味之涅伏。易接故也。膏質之味所以平淡者。以不能透膜。與别味之涅伏相隔故也。又醫學經驗例。凡植物之膠。非胃所能消導。今知其故。以胃膜係膏質之品。故於所食物轉爲漿時。此胃膜有雙分功用。引達晶質之品。隔絕膏質之品故也。又内景學言。胃消物其全藏之膜如舌苔然。處處皆出鹽強水。以助成消剋之功。此生物之祕也。自得格拉翰例。其理亦有可言者。又動植生理諸學所論隔膜易氣轉液諸理。關於生事者最鉅。（西語阿斯摩西譯言推遷）此例亦必從格拉翰之新例而後得解。由此知生物體中。凡水液鹽硝亞摩尼諸品。所經脬膜皆去不留。及其離身。則爲汗爲溺爲炭氣等。至於膏質。類皆附益軀命之品。則留而不去者也。

以鹽醃肉。則不易敗。此亦一經驗例也。而黎闢（德之化學家。一千八百七十三年卒）析之爲二例。一、以鹽與水愛力甚大而相攝。二、以肉之敗腐。非水不行。此乃於間接因果中。求其所直接者。是中間銜接見象。不僅可以推知。實亦可以目擊。蓋被肉以鹽。其上頃刻成鹵。固人人所習見者。

右黎闢所分立之第二例。所謂肉之腐敗。非水不行。或轉負爲正。謂物質得溼。速於腐敗。此一例仍可析爲他例。至其本例之眞實。則有別異之術。爲之考證。蓋設有膜脯一枚。經曬極乾。而又置之極燥無濕處所。則其肉必不腐。此如乾脯。如埃及之臘尸。皆其明證。乃黎闢又以外籀爲之解析云。一切肌肉。中含淡氣最多。其腐敗也。物質必經解散。而有所他合而後可。不然不能腐也。當其解散別合之頃。恆成氣質。其大者則炭酸與亞摩尼亞二種。肉中有炭質。欲其轉爲炭酸。必得養氣。又有淡質。欲其轉爲亞摩尼亞。必得輕氣。而養輕二原行。正水中之所具有者。此得溼之膜脯。所以常速腐也。動植皆有官之物。而動物體中。多含淡質。至於植物。則輕炭爲多。動物既死。其挾溼而腐。以較植物既死之挾溼而朽常倍蓰爲速者。黎謂其理無他。動物之質。於水之輕養。得兩愛力。以爲別合。植物之質。所別合於水者。獨於養氣。以成炭酸而已。溼之所以毀植物者一。所以毀動物者二。則膜脯之較芻材爲速壞。又何疑焉。

第三節　博浪塞迦於察驗涅伏時所爲解例之事

博郎塞迦所宣究腦脊涅伏之功用甚多。而莫妙於涅伏全體。迴復感應之一例。迴復感應者。涅伏二部相感爲用。而腦海知覺。不介其中。故此動彼應。若秉自然。無假思識願欲者也。（案涅伏迴復感應之理。徵於人身運動者最多。如遇人以物或手汪面。則目自眴。鼻聞惡臭。則蹙頞棘鼻。忽聞厲響。自然驚愕。行路傾滑。自然發足支拄。傾左發左。傾右發右。足絆身仆。則手自前撑。皆迴復之應。不關腦覺。）博郎塞迦氏試驗以證通身涅伏。往往於此所摩觸。昭灼之效。發於彼所。與之相應。而其人不知。如此食管中斷。設於斷處納食入胃。其人口中自生饞液。與食物同。又如以噀水射入直腸。小腸及胃自然出漿。凡此經驗諸例。皆以博郎新例而得解者也。今不佞將剌舉其講義所列。以餉學者。

一、眼經物觸。或鼻膜用物探刺。則涕淚自生。

一、膚體觸寒。則目鼻之涕淚益多。

一、人眼發炎。（因傷創而發者尤甚。）每以此眼。緣及彼眼。若將相連二眼之涅伏割斷。則不相累。

一、腦絡痛者或至失明。有時以拔去齲齒。其目復明。

一、人眼生翳。每以一眼然而明者亦病。有時起於腦絡痛病。有時起於腦前部之受傷。

一、腦絡涅伏。周羅人體內外。其杪末隱於肌膜之中。以主知覺翕張之事。往往因其杪末。爲外物激盪。而心藏之捭闔遂停因以致死。此如驟飲極冷之水。或腹部受擊。或於腹部之緣督浬伏。(西名沁孼薩適浬伏。其原不由腦脊而循脊兩旁。如貫珠然。)驟加攪鼓。皆足致然。惟斷其與心部接屬之絡。雖激盪過前。不能致也。

一、膚為火燙所傷。部廣則藏府胸首。皆可發炎。死於湯火者。多由此故。

一、體中一部之腦絡受病發痛。他部緣此而偏枯痲木者。時時有之。又腦絡病雖不偏枯。常致瘦瘠不榮。

一、一部腦絡傷斷。常致牙牀鎖閉。手足拘攣。博郎塞迦氏謂人被瘈狗嚙傷。得水則患瘛縱諸證。其故當亦由此。

一、或以蟲。或以石。或以瘡。或以腐骨。或以輕微之傷口。致損腦絡之末。因此而腦脊大部。所以為納新進養者不調。轉致暈絕抽搐狂笑風癇諸疾。

第四節　考新得之例於繁果而得解例

得一自然公例。無論其為前此所不知。而於今為創獲。抑為前此所已知。而以試驗之審。有新理之可言。則務取一切形氣之變。其中諸緣。為是例所用事者而深考之。若博郎塞迦氏之所為。可以取法。苟遵是術。則往往獲新例於意外。或於昔者經驗之例。而得其所由然。則有若英格物大家之法剌第。以試驗而知有一傳電之品。動於磁石磁鐵之旁。而其動路與磁軸作正交者。則電出。惟道不以微巨異。使前例而信。則地球全體。固爲磁品。亦有正負二極。傳電之品。動於其旁。此例亦當信也。於是謹觀察而微驗之。而知其信。如在北極地之磁軸。與地平作正交爲垂線。一切傳電之品。其動與地平平行者。皆主生電。則平旋之鐵輪。流地之平川。乃至四交之風氣。皆能生電。此近極北曉之發見。所以獨多。北曉者最爲神麗奇幻之天象。而其象則由電生也。至於赤道中衡處所。地之磁軸。平臥地平。故一切上下之動。皆主生電。而懸瀑生電之力。爲尤大也。

法剌第之所爲。所謂獲新例於意外者。若舊有之例。而識其所由然者。則莫若格拉翰之所爲爲最著。格拉翰窮其探索之功。而知一切脬膜。皆善調氣。脬內外之氣。常爲通易。此前數節所指爲阿斯摩西之物變是已。立阿斯摩西爲大例。以驗一切特例。悉得其解。如（一）人畜之軀。凡爲外氣所繞者。其內氣雖不欲與外氣交易而不能。故所居之地。有瘟疫瘴癘諸氣者。其人畜必受之。（二）西俗於所飲酒漿。如山賓。如檸檬蘇答之屬。皆塡炭氣其中以爲爽冽祛煩渴。此氣入胃。立透荒羃達周身也。（三）酒醪之入胃也。亦頃刻成氣而達周身。酒醪中含輕氣。得養生熱。此飲酒之人所以覺暖。（四）人畜病疫。其體中常製一種氣。隨成隨散。故疫病人所居之室。其空氣雖清。俄頃即壞。易傳染也。（五）以體中一切荒羃不足隔氣。且利調氣之故。人畜死時。其藏府髓血之易壞。與肌膚同。（六）肺爲清血之官。以出炭酸。與空中之養氣爲易。其爲易之事。不因肺之有膜。血之有輪。稍以遲滯。實則得此。轉以利行。雖然血中必有一質。於養氣愛力最大。遇而卽合。不然養氣入肺。將達周身。卽去不留。又入身炭酸。是謂殘氣。多成於微細血管中。血中亦必有質。與炭氣（卽炭酸）易合。不然將於周身。不擇地而出。不必周流至肺。而後與清氣爲易也。

第五節　經驗之例得外籀而證解者

經驗之例。所謂知其然而不知其所以然者。隨人類之閱歷而增。故亦謂之閱歷例。而於醫藥爲最夥。科學精進。則能以外籀證解之。此如醫藥以硝類（西名蘇答）爲破削之品。多服損人。以外籀用化學之理。乃通其故。蓋硝粉中含韃酸。與鏀炭養。入胃後。轉合成炭酸。爲氣化去。獨得鏀韃養雜質。而此種雜質。於胃中醞釀。常復炭養之質。而韃養之轉爲炭養也。所須養氣。必加乎前。夫於人身中求養氣。惟血爲能供之。然而養者血之所恃以爲盛也。奪其養氣而血衰。此所以有破削之效也。

大抵一科學之新例出。其所解舊有之閱歷例常無窮。如常人性習行誼。古人修己接物之際。所著之以爲建言者。不勝枚舉。建言則閱歷例也。（此如孔子謂巧言令色鮮仁。有子謂孝弟之人不好犯上。子游謂學道愛人等語。皆此例也。）然必待心靈之科。立大例而爲之解析。治化方進之秋。其所據以爲藝術者。（藝術所包。自治平修齊。以至醫藥農桑冶匠之微皆是。）大抵皆前人閱歷所會通。而科學之所以寶貴。在立至精至確之大例。以簡易言其繁難。信者證之使確。誤者辨正而糾繩之。或理得而未圓。乃爲補其所闕者。故科學之有裨於閱歷例。以此。而其所益於藝術人事。亦以此也。譬如農學。循環易種之術。糞溉之物科及他一切物土之宜。自有耕耘。其術已舊。其閱歷例亦至多。然必待並世之達費黎闢三數公。以化學植物之大例。爲言其理。而農事乃益精。用力少。收效多。爲前古所莫及。他若醫療之方。半由閱歷。其所會通一概者。尤多不純不備之疵。自科學日精。公例漸出。於是化質明生之家。常於間接因果之中。得其所直接者。而理術交進焉。闢除其謬誤。而合者能言其所以合。此近世醫療所爲進於古之實功也。（如外科治一部發炎。常用布條緊紮。謂如是收功最速。醫學博士亞納特能解此例。而知其所以然。則造爲平壓治炎療瘡之術。其法以豬脬一具。盛氣半滿。加之瘡所而束縛之。乃大得效。蓋瘡之所以不瘥。以新血續至。展轉成膿之故。加以壓力。而四周之血不至瘡所。敗肉日枯。而新血不敗。此其所以收功也。）悟言數理由於外籀。而無待閱歷爲之先路。顧索事實。乃不盡然。亦有先得閱歷之驗。而後爲外籀之解者。此如輪周動點。成曲線形。（俗呼欙曲線）求其羃積。始無專術。學者乃用密率實量。或以片紙翦成本形。以與所知直線形衡量相較。此其初術。何嘗本界說公論以爲推乎。（案割圓徑一周三。其始亦由實量也。）

第六節　解例之見於心靈學者

向所取證。大抵皆形氣動植之見象。乃今試取心靈形上之事。而觀解例之功用爲何。如有一箇例曰。凡意有憂樂悲喜之可言者。其相守較之常。意易成而堅。易成者言其不待習見也。堅者言其歷久難忘也。是例之立。本由閱歷。而所由內籀則別異之術也。然自有此例。而人心見象所成之特例。皆可以是證解之。譬如尋常意念。與吾心哀樂憎好之情相將並著。或於吾心所極關切之事。有所棖觸牽涉。則一局類從之事物。必易識而難忘。又如一事一物。爲吾所絕重者。或於此有大樂極哀之閱歷。則所見之時。所居之地。與同時所遇之見象。雖至瑣屑。其舊影常歷歷於吾心。又如慘劇絕理驚人之事。雖經其故地。見其用器。令人意惡。而往昔賞會愉樂之境。雖事過情遷。每一思量。猶爲起舞。凡此其感動之重輕。與人心之覺情有比例。而腦印之淺深從之。尙意曩有通人。（謂哲家馬庭納氏。）於一月報中。爲一化學家布歷斯理作傳。謂前舉之意相守例。於心靈學功用最富。苟能深思而循其理。將人心之變動發見。舊所不知其理者。乃今可言。而人道心才殊異。行誼能事。由之相遠。皆可於此見其端也。彼謂意之相守有兩法門。一爲同時並臻之相守。一爲異候繼續之相守。而所謂哀樂彌至。則意之相守彌堅。於同時並臻之境。尤爲有力。使其人之心。覺機甚富。則同時之意。相守益多。其觀物之能。利用全局悉現者。如畫圖風景。與一切可見可指之端。物至其前。常挾無數之意境與偕。此其心德。常俗謂之長於感念。長於感念者。於美術尤宜。畫工詩人以之。若夫天性澹定。哀樂不深。其心常富於異候繼續之相守。使其天才甚高。則利用窮理格物。鈎沉縋深。如是者。俗謂之長於理想。史家哲學之士以之。往者不佞常於他書。取茲所言。更爲進論。欲察詩家美術思想。得此其可闡解者幾何。其義非本書所能盡也。要之可見心靈一科。所可以外籀得解者。其例方多。而前此本科所爲。未臻美備者。未必不由於此。得一隅可以反三矣。

第七節　謂諸科學皆有漸成外籀之勢

不佞於本篇。所以衞外籀術者頗至。所爲歷舉得例解例之業。而以爲外籀之功者無他。欲後之學者知所重也。民智之增進如今。欲諸科之悉造其極。將舍外籀。其道莫由。此非甚難見也。蓋自培根興。取古之外籀。辭而闢之。而科學靡然。莫不咨內籀實驗之術矣。乃近百餘年來。諸學駸駸。漸爲其反。此其故無他。蓋培根所闢之外籀。非眞外籀也。原詞大例。所據者虛。雖有實測試驗之功。而多不合於四術。至得例矣。又未爲印證於事實。此其外籀必不可用。欲救其弊。舍培根所倡。固無由也。顧至於今。則時與事大有異。設非外籀。將內籀所得之公例雖多。而不合不公。散處於獨。夫不合不公散處於獨。非造化之理也。故必用外籀而後有道通爲一之一時。而天理之玄可以見。故不佞此篇。所持之外籀。其與古懸殊。猶奈端天運之說。異於亞理斯多德所言之天運也。

雖然。用外籀固矣。而謂造化恆住諸因之公例。爲至今盡發而無餘。繼自今後進之科。其所謂公例者。將但籀於此而可得。若往者天文諸例。籀於奈端動物三例之所爲。則又武斷不根之說也。人類之智。雖至今日爲已高。然造化將有至大之公例。其未爲人類所夢見者。又可決也。且恐其理雖爲普及。而可見之現象。僅在甚少不概見之端。若電理然。雖今格物之士。共識其無往而不存矣。顧其始之可見。僅在琥珀琉璃吸攝輕品之數事。假使熱力愛力結晶化合諸理。一旦而得其貫通。恐吾人驚其創闢。將無異奈端同時人。乍聞通吸力之公例。嗟乎。道固體物而不遺。而其例則或出於所知之外。然則謂內籀之功。於茲已竟。而後此但憑外籀而有功者。此其說又大誤也。往往物理大例之將立也。未得之於實徵。先見之於懸揣。非不爲之徵實也。奥衍杳冥。雖欲爲之而其勢不能。於是人意所擬。姑以爲然。由此而推籀之爲小例焉。觀於其窮。與見於自然者之合否也。雖然。理之以懸擬始者。必不可以懸擬終也。夫懸一例而可以言誠者。將非徒有助於思索推勘已也。必可加以內籀之功。而誠妄視與內籀所得者之分合。惟旣爲此夫而後可據之以爲至誠之公例。以爲推證之原詞。而科學所得之粲著者。雖曰皆其委詞可也。且由此前之所謂內籀者。其學可漸轉而爲外籀之科。此學術淺深之遞嬗也。

王雲五主編

萬有文庫

第一集一千種

穆勒名學

三冊

穆勒著 嚴復譯

發行人 王雲五 上海寶山路五〇一號

印刷所 商務印書館 上海寶山路

發行所 商務印書館 上海及各埠

中華民國二十年四月初版

The Complete Library
Edited by
Y. W. WONG

SYSTEM OF LOGIC
BY J. S. MILL
TRANSLATED BY YEN FU
PUBLISHED BY Y. W. WONG

THE COMMERCIAL PRESS, LTD.
Shanghai, China
1931

四五三八分

崇文学术文库·西方哲学

01. 靳希平　吴增定　十九世纪德国非主流哲学——现象学史前史札记
02. 倪梁康　现象学的始基：胡塞尔《逻辑研究》释要（内外编）
03. 陈荣华　海德格尔《存有与时间》阐释
04. 张尧均　隐喻的身体：梅洛-庞蒂身体现象学研究（修订版）
05. 龚卓军　身体部署：梅洛-庞蒂与现象学之后
06. 游淙祺　胡塞尔的现象学心理学
07. 刘国英　法国现象学的踪迹：从萨特到德里达［待出］
08. 方红庆　先验论证研究
09. 倪梁康　现象学的拓展：胡塞尔《意识结构研究》述记［待出］
10. 杨大春　沉沦与拯救：克尔凯郭尔的精神哲学研究［待出］

崇文学术文库·中国哲学

01. 马积高　荀学源流
02. 康中乾　魏晋玄学史
03. 蔡仲德　《礼记·乐记》《声无哀乐论》注译与研究
04. 冯耀明　“超越内在”的迷思：从分析哲学观点看当代新儒学
05. 白　奚　稷下学研究：中国古代的思想自由与百家争鸣
06. 马积高　宋明理学与文学
07. 陈志强　晚明王学原恶论
08. 郑家栋　现代新儒学概论（修订版）［待出］
09. 张　觉　韩非子考论［待出］
10. 佐藤将之　参于天地之治：荀子礼治政治思想的起源与构造

崇文学术·逻辑

1.1 章士钊　逻辑指要
1.2 金岳霖　逻辑
1.3 傅汎际 译义，李之藻 达辞：名理探
1.4 穆　勒 著，严复 译：穆勒名学
1.5 耶方斯 著，王国维 译：辨学
1.6 亚里士多德 著：工具论（五篇 英文）
2.1 刘培育　中国名辩学
2.2 胡　适　先秦名学史（英文）
2.3 梁启超　墨经校释
2.4 陈　柱　公孙龙子集解
2.5 栾调甫　墨辩讨论
3.1 窥基、神泰　因明入正理论疏　因明正理门论述记（金陵本）

西方哲学经典影印

01. 第尔斯（Diels）、克兰茨（Kranz）：前苏格拉底哲学家残篇（希德）
02. 弗里曼（Freeman）英译：前苏格拉底哲学家残篇
03. 柏奈特（Burnet）：早期希腊哲学（英文）
04. 策勒（Zeller）：古希腊哲学史纲（德文）
05. 柏拉图：游叙弗伦 申辩 克力同 斐多（希英），福勒（Fowler）英译
06. 柏拉图：理想国（希英），肖里（Shorey）英译
07. 亚里士多德：形而上学，罗斯（Ross）英译
08. 亚里士多德：尼各马可伦理学，罗斯（Ross）英译
09. 笛卡尔：第一哲学沉思集（法文），Adam et Tannery 编
10. 康德：纯粹理性批判（德文迈纳版），Schmidt 编
11. 康德：实践理性批判（德文迈纳版），Vorländer 编
12. 康德：判断力批判（德文迈纳版），Vorländer 编
13. 黑格尔：精神现象学（德文迈纳版），Hoffmeister 编
14. 黑格尔：哲学全书纲要（德文迈纳版），Lasson 编
15. 康德：纯粹理性批判，斯密（Smith）英译
16. 弗雷格：算术基础（德英），奥斯汀（Austin）英译
17. 罗素：数理哲学导论（英文）
18. 维特根斯坦：逻辑哲学论（德英），奥格登（Ogden）英译
19. 胡塞尔：纯粹现象学通论（德文1922年版）
20. 罗素：西方哲学史（英文）
21. 休谟：人性论（英文），Selby-Bigge 编
22. 康德：纯粹理性批判（德文科学院版）
23. 康德：实践理性批判 判断力批判（德文科学院版）
24. 梅洛－庞蒂：知觉现象学（法文）

西方科学经典影印

1. 欧几里得：几何原本，希思（Heath）英译
2. 阿基米德全集，希思（Heath）英译
3. 阿波罗尼奥斯：圆锥曲线论，希思（Heath）英译
4. 牛顿：自然哲学的数学原理，莫特（Motte）、卡加里（Cajori）英译
5. 爱因斯坦：狭义与广义相对论浅说（德英），罗森（Lawson）英译
6. 希尔伯特：几何基础 数学问题（德英），汤森德（Townsend）、纽苏（Newson）英译
7. 克莱因（Klein）：高观点下的初等数学：算术 代数 分析 几何，赫德里克（Hedrick）、诺布尔（Noble）英译

古典语言丛书（影印版）

1. 麦克唐奈（Macdonell）：学生梵语语法
2. 迪罗塞乐（Duroiselle）：实用巴利语语法
3. 艾伦（Allen）、格里诺（Greenough）：拉丁语语法新编
4. 威廉斯（Williams）：梵英大词典
5. 刘易斯（Lewis）、肖特（Short）：拉英大词典

西方人文经典影印

01. 拉尔修：名哲言行论（英文）[待出]
02. 弗里曼（Freeman）英译：前苏格拉底哲学家残篇
03. 卢克莱修：物性论，芒罗（Munro）英译
爱比克泰德论说集，马可・奥勒留沉思录，乔治・朗（George Long）英译
04. 西塞罗：论义务 论友谊 论老年（英文）[待出]
05. 塞涅卡：道德文集（英文）[待出]
06. 波爱修：哲学的慰藉（英文）[待出]

07. 蒙田随笔全集，科顿（Charles Cotton）英译
08. 培根论说文集（英文）
09. 弥尔顿散文作品（英文）
10. 帕斯卡尔：思想录，特罗特（Trotter）英译
11. 斯宾诺莎：知性改进论 伦理学，埃尔维斯（Elwes）英译
12. 贝克莱：人类知识原理 三篇对话（英文）

13. 马基亚维利：君主论，马里奥特（Marriott）英译
14. 卢梭：社会契约论（法英），柯尔（Cole）英译
15. 洛克：政府论（下篇） 论宽容（英文）
16. 密尔：论自由 功利主义（英文）
17. 潘恩：常识 人的权利（英文）
18. 汉密尔顿、杰伊、麦迪逊：联邦党人文集（英文）
19. 亚当・斯密：道德情操论（英文）[待出]
20. 亚当・斯密：国富论（英文）

21. 荷马：伊利亚特，蒲柏（Pope）英译
22. 荷马：奥德赛，蒲柏（Pope）英译
23. 古希腊神话（英文）[待出]
24. 古希腊戏剧九种（英文）[待出]
25. 维吉尔：埃涅阿斯纪，德莱顿（Dryden）英译
26. 但丁：神曲（英文）[待出]
27. 歌德：浮士德（德文）
28. 歌德：浮士德，拉撒姆（Latham）英译
29. 尼采：查拉图斯特拉如是说（德文）[待出]
30. 尼采：查拉图斯特拉如是说（英文）[待出]
31. 里尔克：给青年诗人的十封信（德英）[待出]
32. 加缪：西西弗神话（法英）[待出]

崇文学术译丛·西方哲学

1.〔英〕W. T. 斯退士 著，鲍训吾 译：黑格尔哲学
2.〔法〕笛卡尔 著，关文运 译：哲学原理 方法论
3.〔德〕康德 著，关文运 译：实践理性批判
4.〔英〕休谟 著，周晓亮 译：人类理智研究
5.〔英〕休谟 著，周晓亮 译：道德原理研究
6.〔美〕迈克尔·哥文 著，周建漳 译：于思之际，何所发生
7.〔美〕迈克尔·哥文 著，周建漳 译：真理与存在
8.〔法〕梅洛-庞蒂 著，张尧均 译：可见者与不可见者 [待出]

崇文学术译丛·语言与文字

1.〔法〕梅耶 著，岑麒祥 译：历史语言学中的比较方法
2.〔美〕萨克斯 著，康慨 译：伟大的字母 [待出]
3.〔法〕托里 著，曹莉 译：字母的科学与艺术 [待出]

中国古代哲学典籍丛刊

1.〔明〕王肯堂 证义，倪梁康、许伟 校证：成唯识论证义
2.〔唐〕杨倞 注，〔日〕久保爱 增注，张觉 校证：荀子增注 [待出]
3.〔清〕郭庆藩 撰，黄钊 著：清本《庄子》校训析
4. 张纯一 著：墨子集解

唯识学丛书（26种）

禅解儒道丛书（8种）

徐梵澄著译选集（6种）

出品：崇文书局人文学术编辑部
联系：027-87679738，mwh902@163.com